BEST SELLER

Susan Gloss se licenció en la Universidad de Notre Dame y en la Facultad de Derecho de la Universidad de Wisconsin. Gloss es abogada pero ha convertido algunos de sus hobbies en profesiones. Así pues, cuando no está escribiendo ficción, trabaja en su blog o busca nuevos tesoros vintage para su tienda online, Cleverly Curated. *Club vintage* es su primera novela.

SUSAN GLOSS

Club Vintage

Traducción de
Ana Isabel Domínguez Palomo
y M.ª del Mar Rodríguez Barrena

DEBOLS!LLO

Título original: *Vintage*
Primera edición: abril de 2015

Printed in Spain – Impreso en España

ISBN: 978-84-9062-445-6
Depósito legal: B-2.436-2015

Compuesto en gama, sl
Impreso en Liberdúplex,
Sant Llorenç d'Hortons(Barcelona)

P624456

Penguin
Random House
Grupo Editorial

Para mi abuela, Sally Baker,
que me enseñó que cada costura tiene su historia

1

Objeto: vestido de novia.
Fecha aproximada: 1952.
Estado: bueno, pero el forro está un poco descolorido
Descripción: vestido corto de novia de color marfil con escote redondo y manga de casquillo. Falda de tafetán con cancán debajo.
Origen: vestido adquirido a través de la hija de la dueña.

Violet

La tienda Hourglass Vintage se emplazaba bajo los fresnos de Johnson Street, al este del campus universitario, en un edificio de ladrillo desgastado, entre una cafetería que vendía productos procedentes del comercio justo y un establecimiento que se dedicaba a reparar bicicletas. Violet Turner se encontraba en el escaparate de su tienda, colocándole un vestido de tirantes a un maniquí.

Suspiró al ver que las universitarias pasaban frente al escaparate con sus vistosas bufandas y sus caras enrojecidas, sin reparar siquiera en ella ni en la ropa expuesta en el escaparate. Los días de primavera grises como ese incitaban a la gente a ser práctica y a apresurarse, y a Violet no le gustaba ninguno de esos dos conceptos. La gente práctica no entraba en la tienda para ver bisutería de baquelita o echarles un ojo a los guantes de piel de finales de siglo. Hasta los alegres músicos callejeros, unos chicos barbudos que interpretaban bluegrass cerca del cruce, habían recogido sus banjos y se habían marchado.

Violet se colocó un mechón de pelo negro detrás de la oreja y se agachó para atar la cinta de la sandalia de esparto alrededor del tobillo del maniquí. Cuando se incorporó, unos ojos azules la estaban mirando. Al otro lado del escaparate, a escasos centímetros del cristal, había una chica que asía con fuerza un vestido de novia de los años cincuenta contra su chaqueta polar.

Violet recordaba a la chica. Había estado en la tienda hacía unas semanas y se había probado unos seis o siete vestidos de novia antes de elegir el que aferraba en ese momento, cuya vaporosa falda se agitaba con el aire como si fuera una bandera en señal de rendición.

La chica entró y dejó el vestido sobre el mostrador.

—Tengo que devolverlo.

—Lo siento, pero no se aceptan devoluciones —replicó Violet, que se colocó tras la caja registradora y se pasó las manos por las caderas para alisarse la falda a cuadros.

—¿No podría darme al menos parte de lo que pagué por él? La chica acarició el vestido de seda y sus dedos se demoraron en las rosas de tul que adornaban el bajo.

—Ojalá pudiera, pero la política del establecimiento lo prohíbe —respondió Violet, que sintió una bocanada de aire caliente y seco procedente del antiguo radiador fijado a la pared.

Se quitó la rebeca con botones de perlas, un descubrimiento que realizó en el armario de su abuela Lou cuando esta murió.

La chica se fijó en el tatuaje que Violet llevaba en uno de sus pecosos bíceps, un fénix rodeado por llamas, y después apartó la mirada cuando Violet reparó en ella.

—Esperaba que pudiera hacer una excepción —dijo la chica—. El dinero me vendría muy bien.

Se le llenaron los ojos de lágrimas. Un velo acuoso sobre el azul claro de los ojos.

Violet estaba a punto de morderse el labio inferior cuando recordó que se los había pintado de rojo. Aunque la chica le daba pena, necesitaba mostrarse firme en el cumplimiento de las normas. Como vendía objetos de segunda mano, era imposible detectar si un cliente había usado el objeto adquirido y después pretendía devolverlo. Si aceptase devoluciones, correría el riesgo de que su tienda se convirtiera en una especie de biblioteca de ropa usada. Le entregó a la chica un pañuelo de papel que sacó de una cajita con una funda de crochet.

La chica lo aceptó y se limpió las lágrimas que le humedecían las mejillas.

—Lo siento, estoy fatal.

—No pasa nada.

Ver la desolación que transmitía el rostro de la chica hizo que recordara una época de su vida en la que no quería pensar. El dolor que había acompañado a la ruptura de su matrimonio y que la impulsó a mudarse a Madison hacía ya cinco años.

—No tengo por costumbre llorar delante de desconocidos —le aseguró la chica.

—Te ayudé a elegir tu vestido de novia. Me gustaría pensar que no soy una completa desconocida. Por cierto, me llamo Violet.

—Yo soy April Morgan.

La chica metió el pañuelo arrugado en su ajado bolso de piel, cuadrado y con hebillas como la cartera de un colegial.

—Me gusta tu bolso —comentó Violet—. Parece de los setenta.

—Sí, era de mi madre.

Violet percibía que la chica tenía una historia que contar, y escuchar a la gente era su especialidad. Cada objeto que había en la tienda tenía una historia detrás, desde el caftán de Missoni hasta el bolso Baguette de Fendi que todavía conservaba las etiquetas. En caso de desconocer la historia real existente detrás de un objeto, a Violet le gustaba usar la imaginación. Por ejemplo, sabía que el caftán pertenecía a una profesora italiana que lo había comprado durante los años setenta en Italia, mientras estudiaba en la universidad. La profesora aseguraba haber mantenido un apasionado romance con un primo lejano de Víctor Manuel de Saboya, el último príncipe heredero de Italia. Violet la creía, porque reparó en el intenso rubor que cubrió las mejillas de la mujer mientras se lo contaba.

Sin embargo, desconocía la historia que encerraba el bolso de Fendi. Una periodista que trabajaba para un periódico local independiente se lo había vendido a la tienda para poder pagar el alquiler y solo había dicho que había sido un regalo. A Violet le gustaba imaginar que la periodista lo había recibido de una cruel pero brillante editora de moda neoyorquina que se lo había regalado con el fin de arrastrarla a una vida llena de desfiles de moda y tendencias de temporada. Tal vez la periodista había abandonado ese trabajo para poder escribir sobre algo que le pareciera más importante, como política o problemas medioambientales, pero había conservado el bolso durante un tiempo como recordatorio del camino que había rechazado.

—¿Te apetece beber algo? —le ofreció Violet a April—. ¿Una taza de té? ¿Un poco de whisky?

La chica pareció sorprenderse.

—No, yo... no. Solo tengo dieciocho años.

Violet se echó a reír mientras enchufaba la tetera eléctrica que descansaba en una mesita detrás del mostrador. En la mesa, que era de los años cincuenta tal como atestiguaban sus líneas rectas y su roble escandinavo, también había un servicio de té de plata de estilo victoriano y unas cuantas tazas. El efecto era un batiburrillo de estilos, al igual que lo era la boutique y la propia Violet.

—Lo del whisky era broma —le aseguró Violet—. No tengo alcohol en la tienda.

—Pero sí que tienes un montón de jarras antiguas muy bonitas. —April señaló una estantería rebosante de botellas y jarras de todas las formas y colores: verde, azul cobalto, rojo rubí—. ¿Para qué se usaba esa tan grande?

—No estoy segura. —Violet se acercó y cogió la vasija de barro, que tenía un asa diminuta. La dejó en el mostrador—. No tiene marca ni nada. A lo mejor alguien la usaba para destilar licor.

April cogió la jarra y observó el diseño floral de la parte delantera.

—¿Dónde la conseguiste?

—En Bent Creek, donde crecí. Me la dio el dueño de la taberna.

—¿Está aquí, en Wisconsin? —preguntó April—. Es la primera vez que oigo ese nombre.

Violet asintió con la cabeza.

—No me extraña, a menos que fueras una entusiasta de la caza y la pesca. Es un pueblecito diminuto que está cerca del lago Superior. La población no llega a los mil habitantes.

—Ah —exclamó April, que miró de nuevo el tatuaje de Violet—. No me imaginaba algo así.

—Sí, no encajaba muy bien —confesó Violet—. Cuando era pequeña, mi madre me reñía porque, cuando me apetecía, me ponía el disfraz de Halloween para ir al colegio o los guantes de mi comunión para ir a la compra.

Recordó dichos momentos con una sonrisa. Su abuela materna siempre la apoyaba si estaba cerca. La abuela Lou le guiñaba un ojo y le decía: «Cariño, algunas personas nacen para brillar más que las demás».

Violet agitó una mano en el aire para evitar más preguntas sobre su pasado. Abrió la caja de caoba donde guardaba bolsitas de infusiones y pasó un dedo por las distintas hileras ordenadas en el interior satinado.

—¿Seguro que no te apetece un té o una infusión? Yo me voy a preparar uno, así que no me molesta hacerte una taza.

—Vale, muy bien. —April soltó la jarra y se quitó la chaqueta—. Gracias.

—A ver, voy a colgar el vestido o se arrugará.

Violet retiró el vestido de novia del mostrador. Tras alisarlo, lo colocó en un perchero cercano.

—Me da igual que se arrugue —replicó April.

—Pero a mí no. Tardé una hora en plancharlo antes de poder ponerlo a la venta. Planchar el tafetán es un coñazo. —«Mierda», pensó, regañándose por haber soltado un taco delante de una clienta. «Vaya lengua que tengo», se dijo. Miró a April, que no parecía haberse percatado de su desliz o quizá se debiera a que no le importaba—. ¿Qué tipo de té quieres? —le preguntó a la chica mientras servía el agua caliente en dos tazas de porcelana pintadas a mano—. Tengo té verde, Earl Grey...

—¿Tienes alguna infusión sin teína? —preguntó la chica, que se llevó una mano al abdomen.

Violet se percató de que April tenía barriga y se preguntó si estaría embarazada. La idea le provocó una oleada de celos y de lástima. Siempre le habían gustado los niños, pero últimamente el deseo de tener un hijo la golpeaba con una ferocidad inesperada. Ese nuevo anhelo la irritaba, no porque siguiera soltera a los treinta y ocho años, sino porque le gustaba pensar que estaba contenta con su vida tal cual era. Tenía a Miles, su pitbull, y una clientela heterogénea con la que había trabado amistad. Los niños y los relojes biológicos eran algo convencional en su opinión. Y ella se enorgullecía de ser independiente e inconformista... aunque vendiera delantales antiguos y vestidos con corsé.

—Me gusta la manzanilla, si tienes —añadió April—. Mi madre me la preparaba a menudo.

Violet metió las bolsitas en las tazas y le ofreció una a Abril.

—Bueno, ¿qué te impulsó a comprar un vestido vintage?

—Vivo en esta misma calle y paso mucho por aquí delante —contestó April—. Me gustan las cosas antiguas. No sé por qué. Supongo que me gusta la idea de que todo tiene una vida, de que el pasado es importante.

—Sé a qué te refieres —replicó Violet—. A mí también me gusta pensar que las cosas eran más sencillas hace años, aunque estoy segura de que me equivoco.

—Recuerdo lo que me contaste sobre el vestido, que la señora que lo llevó estuvo casada durante cincuenta y cinco años.

—Vaya, me alegro de que alguien preste atención a mis historias —dijo Violet—. Me refiero a que tengo por costumbre hablarles a los clientes sobre los objetos que van a comprar, pero siempre he supuesto que muchos de ellos se limitan a asentir con la cabeza sin prestarme atención. Soy consciente de que no todo el mundo está tan obsesionado como yo con las cosas antiguas.

—Lo que me contaste del vestido fue uno de los motivos por los que lo compré. Bueno, además de por ser precioso y único.

—¿Verdad que sí? —Violet miró con anhelo el vestido, que mantenía su forma aun colgado en el perchero—. Lo confeccionó la misma novia. Es imposible encontrar ese acabado y esos detalles en un vestido de un fabricante convencional.

—¿La señora que lo hizo fue quien lo trajo a la tienda? —quiso saber April.

Violet negó con la cabeza.

—Fue su hija. Sus padres murieron prácticamente a la vez, con una semana de separación.

—¡Qué triste!

Violet bebió un sorbo de té.

—Pues sí, pero el suyo fue un matrimonio largo y feliz. Mucha gente no lo consigue.

—Me refiero a que es muy triste para la hija —puntualizó April, a quien se le quebró la voz—. ¿Estabas ocupada con algo? No quiero entretenerte si tienes cosas que hacer.

—Hoy no hay mucha clientela que digamos. —Violet abarcó la tienda vacía con un gesto de la mano—. ¿Quieres hablar de lo que ha pasado? Me refiero al motivo por el que quieres devolver el vestido.

La chica negó con la cabeza, y algunos mechones rubios le rozaron las mejillas.

—No quiero entretenerte más.

—Solo estaba cambiando la ropa del escaparate por la de verano. Nada que no pueda esperar.

Echó un vistazo hacia los dos maniquíes del escaparate, que en esos momentos no iban conjuntados: uno llevaba un vestido de tirantes y el otro, un jersey de lana de angora de color melocotón.

April dejó la taza en el mostrador, junto a la caja registradora, y tiró un montón de papeles sin querer.

—Lo siento mucho —se disculpó mientras se agachaba para recogerlos.

—No te preocupes. La culpa es mía por haberlos dejado ahí. Un día de estos empezaré a llevar la contabilidad con un programa informático, pero es que no sé por dónde empezar. Además, los libros de contabilidad no son mi fuerte. —Y añadió—: Prefiero limpiar una camisa de seda o planchar unas sábanas de lino.

—A mí me encantan los números —le aseguró April—. Me han concedido una beca para estudiar en la Universidad de Wisconsin el próximo curso.

En ese momento se escuchó el tintineo de las campanillas de la puerta, que se abrió para dar paso a una mujer morena ataviada con un sari rosa. Caminó hasta el mostrador acompañada por el frufrú del brillante tejido.

—Discúlpame un momento —dijo Violet.

—Mejor me voy —replicó April, que se puso de nuevo la chaqueta y se la abrochó—. Gracias por la manzanilla.

—No, no hace falta que te vayas. Solo tardaré unos minutos.

April dio unos pasos hacia la puerta, pero después se volvió.

—Se me olvidaba el vestido. —Miró a Violet con expresión suplicante—. ¿Pasa algo si lo dejo aquí? No me sirve para nada y no quiero verlo cada vez que abra el armario.

—Claro, sin problemas —contestó Violet pensando que a lo mejor podía hacer una excepción a su política de no aceptar devoluciones. Alargó la mano hacia la caja registradora, un voluminoso chisme metálico con hileras de teclas similares a las de una máquina de escribir antigua. Accionó la palanca que abría el cajón, pero se quedó atascada. Aunque la movió, no consiguió nada—. Si te esperas un momentito, conseguiré abrir este chisme —dijo.

Sin embargo, cuando alzó la mirada vio que April había desaparecido. En su lugar estaba la señora del sari, rebuscando algo en su bolso. Violet le miró el pelo y se percató de sus canas.

—Hola —dijo ocultando su sorpresa con una sonrisa—. ¿En qué puedo ayudarla?

Las manos de la mujer salieron del bolso con un saquito de tela roja. Acto seguido, volcó su contenido sobre el mostrador: un colorido despliegue de pulseras y brazaletes.

—Me gustaría venderlos —contestó la mujer.

Violet cogió uno de los brazaletes, una delgada banda dorada con piedras azules engarzadas.

—Son preciosos. ¿Son bisutería?

—No entiendo su pregunta.

La mujer frunció el ceño, arrugando el *bindi* rojo que lucía en la frente.

—Me refería a si son de oro legítimo —explicó Violet.

La mujer negó con la cabeza.

—Tengo algunas pulseras de oro de dieciocho quilates en casa, pero estas son las baratas. Las azules fueron un regalo de mi marido, cuando éramos jóvenes y no teníamos dinero.

Violet soltó la pulsera.

—Ah, en ese caso a lo mejor quiere conservar las azules, ¿no? Me parece que tienen valor sentimental para usted.

—No. Ya no.

El deje brusco con el que lo dijo puso de manifiesto que no quería hablar de su marido y Violet respetó su deseo. Sabía por experiencia que algunas historias eran demasiado dolorosas para contarlas. Cogió una pulsera adornada con una filigrana rosa y naranja.

—Esa era de mi hija —dijo la mujer—. He estado haciendo limpieza en su dormitorio, porque se casó hace poco y se ha mudado con su marido al piso que han comprado al otro lado de la ciudad. Por eso llevo sari, el *bindi* y todo lo demás. —Se tocó la frente—. Solo me los pongo para las ocasiones especiales. Esta mañana hemos celebrado una oración, una *puja*, para los recién casados. Mi hija se negó a casarse con una boda hindú, así que su padre y yo hemos tenido que conformarnos con la *puja* y un almuerzo para los novios después de su luna de miel.

—¿Está segura de que su hija no querrá sus pulseras? —preguntó Violet, tras dejar la pieza en el mostrador.

La mujer asintió con la cabeza.

—Fue ella quien me dijo que me deshiciera de las cosas que había dejado en casa. Le dije que no me importaba conservar algunas de sus pertenencias, pero ella comentó que había llegado el momento de... ¿cómo lo dijo exactamente? De seguir adelante. Dice que yo me aferro a las cosas antiguas.

—A mí me pasa igual.

—¿Tiene usted hijos? —le preguntó la mujer.

Violet negó con la cabeza y respondió con forzada alegría:

—Aunque mi perro es como si fuera mi bebé. —Abrió el diario con tapas de cuero donde llevaba el inventario de todo lo que entraba y salía de la tienda, desde un traje de Chanel hasta un top de tirantes de crochet. Tras ojear varias entradas de piezas de bisutería similares, dijo—: Puedo darle veinte dólares en efectivo por todo el lote, o treinta dólares en un vale. ¿Qué prefiere?

—Efectivo, si no le importa —contestó la mujer—. Tengo muchísimas cosas en casa. No solo pulseras. Puedo traerlas algún día de esta semana si le interesan.

—Claro —dijo Violet—. Abrimos todos los días de diez a siete.

—¿Y cómo se llama, por si vengo y no está usted?

—Violet. Pero no se preocupe por eso. Soy la única persona que trabaja en esta tienda y siempre estoy aquí. Vivo arriba.

—Yo me llamo Amithi.

—Encantada de conocerte —replicó Violet con una sonrisa, tuteándola—. Necesito que me muestres algún tipo de identificación. Debo pedírselo a todo aquel con quien hago negocios en la tienda. Es una normativa estatal, para evitar que la gente intente vender objetos robados, supongo.

Amithi sacó su carnet de conducir, tras lo cual Violet abrió la caja registradora y le entregó a Amithi el dinero por las pulseras.

—Gracias —dijo la mujer mientras guardaba los billetes en el monedero y miraba hacia el escaparate con gesto preocupado—. Y ahora espero que no me tomes por un bicho raro... seguramente no sea nada, pero ¿conoces a ese hombre que tiene el coche aparcado justo delante de la tienda? Cuando entré no le di importancia, pero me he dado cuenta de que sigue en el mismo sitio y de que no deja de mirar hacia aquí.

—¿Cómo? ¿Qué coche? —preguntó Violet acercándose al escaparate y mirando hacia la calle, cuyas aceras estaban llenas de vehículos aparcados, algo habitual en una ciudad universitaria.

—El plateado, ¿lo ves? —dijo Amithi acercándose a ella.

Violet se apartó el flequillo de los ojos y vio un Nissan de color gris aparcado al otro lado de la calle, delante de la clínica de acupuntura. Un hombre estaba sentado al volante, pero no distinguía sus rasgos.

—¿Lo has visto de cerca? —le preguntó a Amithi—. Desde aquí no lo veo bien.

—No me he acercado mucho, pero creo que es moreno y que tiene poco pelo —contestó la mujer—. Me ha parecido corpulento. Grande.

Jed, su ex, posiblemente se estaría quedando calvo a esas alturas. Y con la cantidad de cerveza que bebía, por lo menos mientras estuvieron casados, no le extrañaría nada que hubiera engordado. Durante los primeros meses de su divorcio, Jed era capaz de conducir casi quinientos kilómetros para emborracharse, aparecer en su puerta y amenazarla con llevarla a rastras de vuelta a Bent Creek. Sin embargo, ya no lo hacía tan a menudo.

El hombre del Nissan no podía ser Jed, pensó Violet. Ni borracho conduciría un vehículo que no fuera estadounidense. Se obligó a respirar hondo para tranquilizarse, como había aprendido a hacer durante las clases de yoga a las que había asistido hacía unos meses en un infructuoso esfuerzo por encontrar el equilibrio en su vida.

La puerta del coche gris se abrió y de él salió un hombre cuya camiseta blanca dejaba al descubierto unos musculosos brazos. Lucía la expresión inescrutable de aquellos que hacían el trabajo sucio de los demás.

—¿Lo conoces? —preguntó Amithi.

—No lo había visto nunca.

El hombre entró en la tienda y, cuando cerró, golpeó las campanillas con demasiada fuerza.

—Vaya, lo siento. —Se encogió de hombros y echó un vistazo a la carpeta que llevaba en las manos—. ¿Violet Turner?

—¿Sí? —replicó ella llevándose una mano al pecho.

Amithi se apartó y caminó hasta el fondo de la tienda para echarles un vistazo a las hileras de zapatos.

El hombre le entregó a Violet un grueso fajo de papeles.

—Me han pedido que le entregue esto.

El hombre ni siquiera se había movido del felpudo que daba la bienvenida a los clientes... tal vez porque percibía que en su caso dicha bienvenida no sería muy cálida.

Violet se colocó bien las gafas de pasta que usaba para leer y ojeó las primeras palabras de la página en silencio: «Notificación de desahucio».

—¿Me van a desahuciar? —preguntó.

Sin mirarla a los ojos, el hombre le entregó la carpeta que llevaba en las manos.

—Yo solo sé que debe firmar aquí para que conste que ha recibido la notificación.

—Creo que se equivoca de persona —dijo Violet—. Tengo un contrato de alquiler con opción a compra con mi arrendatario y el derecho de preferencia sobre el inmueble. Así que no entiendo por qué iba a desahuciarme. Parte de mi alquiler mensual va directamente a un fondo para pagar la entrada de la hipoteca en el futuro.

—Señora, yo solo soy el mensajero. No sé nada sobre este tema. Eso tendrá que contárselo a su abogado.

—No tengo abogado —replicó ella en voz baja, mirando

por encima del hombro a Amithi, tras lo cual firmó donde le había indicado el hombre.

—Gracias, señora. Que le vaya bien. —El mensajero se despidió con una breve inclinación de cabeza—. Tiene usted una tienda muy bonita.

Se metió la carpeta bajo un brazo y se fue.

Amithi regresó a su lado.

—Siento no haberme marchado, pero como dijiste que no conocías al hombre, no quería dejarte sola porque me daba miedo que te pasara algo.

A Violet le temblaban las manos mientras aferraba los documentos. Aunque agradecía la preocupación de Amithi, la notificación de desahucio le resultaba mucho peor porque una clienta había sido testigo de la entrega.

—¿Puedo hacer algo por ti? —le preguntó la mujer—. Es evidente que ese hombre no traía buenas noticias.

—No —convino Violet—. No son muy buenas.

2

Objeto: platos, juego de seis.
Fecha aproximada: 1988.
Estado: bueno; pequeño desconchón en el borde de uno de los platos.
Descripción: juego de platos llanos Fiesta; dos melocotón, dos rosa y dos turquesa.
Origen: subasta pública de propiedad.

April

April estaba sentada a la mesa redonda de la cocina, comiéndose una tostada con mantequilla y dos huevos duros. No quería comérselos, de hecho, no quería comer nada, pero la obstetra le había dicho que necesitaba añadir proteínas a su dieta, y los huevos eran baratos y fáciles de preparar. Cortó uno y examinó las dos mitades en el plato. Los dos trozos se balancearon sobre el plato Fiesta rosa que había heredado de su madre, siempre y cuando se considerara una herencia el follón que esta había dejado al morir: un negocio a medio montar y la casa atestada de chismes.

Cogió el plato y tiró el contenido a la basura, pero no antes de captar el olor de algo podrido. Corrió al fregadero y vomitó el desayuno. Adiós a sus intentos de hacer algo bueno por el bebé.

Aunque las náuseas remitieron, April no se sintió mejor. No era justo, pensó, que Charlie se graduara dentro de unas cuantas semanas y se fuera a la facultad de Medicina de Boston en otoño. Seguiría adelante como si nada hubiera cambiado, mientras que ella se quedaría estancada en Madison, en esa casa destartalada.

Había crecido en esa casa, ubicada en un istmo entre el lago Mendota y el lago Monona, a escasas manzanas del capitolio de cúpula blanca y el centro comercial peatonal de State Street. La casa era una de las seis que había en la manzana, mezcladas con otras de estilo victoriano y con casas de planta cuadrada con amplios porches delanteros. Una de las casas de la calle, una belleza construida al estilo de la pradera, con líneas sencillas y un tejado con poca inclinación, había sido diseñada por un discípulo de Frank Lloyd Wright.

Algunas de las casas, como esa, seguían ocupadas por familias, pero muchas habían sido reconvertidas a lo largo de los últimos años en residencias de alquiler para estudiantes, y otras, las unifamiliares, en estudios de yoga, galerías de arte u ostentosos bloques de apartamentos. De niña, April solía sentarse en los escalones delanteros los sábados de otoño y saludaba a los estudiantes universitarios que iban a los partidos de fútbol americano. En aquel entonces imaginaba que algún día sería una de ellos, vestida con sudadera roja y una sonrisa despreocupada. Ya no estaba tan segura.

Estaba embarazada de más de veinte semanas y no había marcha atrás. Aunque pudiera encontrar una clínica en la que le realizaran un aborto con una gestación tan avanzada, sería incapaz de hacerlo. Ese bebé era su única esperanza de tener lo más parecido a una familia.

Hojeó un libro sobre el embarazo que había sacado de la biblioteca. No se identificaba con ninguna de las sonrientes mujeres de pelo lustroso de las fotos. Ojalá su madre estuviera a su lado para preguntarle por las cosas raras que les estaban pasando a su cuerpo y a sus emociones, y si desaparecerían. Recorrió con el dedo las páginas de un capítulo acerca de las complicaciones prenatales, acariciando los complicados términos que daban nombre a todo aquello que podía salir mal: «embarazo ectópico», «polihidramnios» o «preeclampsia». Las cifras, sobre todo, eran lo que le llamaban la atención, y se fijó en las probabilidades y en los porcentajes. «Pasadas las doce semanas, la probabilidad de un aborto es de un tres por ciento.»

Ojalá estuviera su madre, deseó de nuevo, para que por una vez el centro de atención no fueran sus problemas. Un bebé, aunque fuera imprevisto, podría haber proyectado cierta normalidad en los frenéticos altibajos que caracterizaron los últimos años de su madre. La medicación mantenía a raya su trastorno bipolar, pero a duras penas y solo si se la tomaba. En más de una ocasión, April había encontrado botes enteros de pastillas en la papelera del cuarto de baño.

Se enjuagó la boca con agua y la escupió en el fregadero, después volvió a sentarse a la mesa para revisar el correo. Casi todos los sobres iban dirigidos a Clutter Consulting LLC, el negocio que su madre había ideado en mitad de un ataque de paranoia. Su madre había dejado el puesto de secretaria que ocupaba desde hacía mucho tiempo para montar una empresa que nunca despegó. Cuando April puso en duda la viabilidad de asesorar a otras personas sobre cómo organizar sus vidas, dado que ella apenas era capaz de organizar la suya, Kat Morgan replicó:

—Ay, cariño, no todo en esta vida tiene una precisión matemática. A veces hay que correr riesgos.

Sintió la saliva al fondo de la garganta y se levantó para correr al fregadero, segura de que vomitaría de nuevo. A pesar de lo que había dicho su madre, April tenía experiencia en eso de correr riesgos. Había corrido uno enorme cinco meses antes, la mañana de diciembre posterior a su decimoctavo cumpleaños.

Debería haber sabido que cometía un error al mantener relaciones sexuales por primera vez unos cuantos días antes de repetir el examen de acceso a la universidad, pero Charlie y ella ya habían esperado lo que les parecía una eternidad. Cuando el condón se rompió, Charlie la abrazó y le dijo que no se preocupara. Fueron a Walgreens en busca de la píldora del día después, donde un chico con la cara llena de granos los atendió y los informó de los posibles efectos secundarios, como náuseas, vómitos y fuertes calambres. «Una de cada cuatro mujeres sufre desagradables efectos secundarios.»

April no podía arriesgarse a estar mal durante el examen. Ya lo había suspendido cuando lo hizo en noviembre, unas semanas después de la muerte de su madre. Tenía que hacerlo bien esa segunda vez para optar a las becas que había solicitado. Con eso en mente, tiró la bolsita de papel de la farmacia sin abrirla siquiera. Se presentó al examen con la intención de arrasar y sacó un diez en matemáticas. Por desgracia, también arrasó en la prueba de embarazo que se hizo en casa dos semanas después.

Y así fue como había llegado a ese punto, junto al fregadero, con ganas de vomitar aun con el estómago vacío.

En ese momento sonó el timbre y se enderezó, sobresaltada. Salió a la entrada, y a través del cristal emplomado vio en el porche a una mujer de pelo canoso, trajeada y con gafas de sol.

«Mierda», pensó. Era Elizabeth Barrett, miembro de la asociación local de mujeres que le había concedido una beca completa. Se le había olvidado que tenían una cita.

Abrió la puerta e intentó ocultar el cuerpo tras ella. Todavía no le había contado a nadie del comité de becas el asunto de su embarazo.

—Hola, señora Barrett.

La mujer entró en la casa.

—Buenos días.

Se quitó las gafas de sol y las metió en el bolso, que era enorme y de un amarillo chillón. Y seguramente caro.

—Me gusta su bolso —dijo April.

—No tienes que dorarme la píldora, cariño. Ya te hemos concedido la beca. A menos que intentes que te deje algo en mi testamento, motivo por el cual la gente suele lamerme el culo con frecuencia; en ese caso, déjame decirte algo, guapa: no pienso morirme en un futuro cercano.

—Vale —replicó April, sorprendida—. Pero no le estaba dorando la píldora. Me gusta su bolso. Y no quiero que me deje nada. Ya tengo bastantes problemas con las propiedades de mi madre.

La palabra «propiedad» era engañosa, pensó April. Antes de que su madre muriera, siempre creyó que la palabra implicaba cierta riqueza. Descubrió que se equivocaba después de ver todas las cartas de los bancos que querían liquidar deudas mediante los inexistentes fondos de la «propiedad» de su madre. En ese momento se limitaba a apilar las cartas y a llevarlas cada cierto tiempo al despacho de su abogado.

—¿Le apetece beber algo? —preguntó April.

—No, gracias, estoy bien —respondió la señora Barrett—. Sentémonos.

April la condujo al salón. Se sentaron la una frente a la otra en sendos sillones orejeros desgastados.

—Bueno —comenzó la señora Barrett, que se inclinó hacia delante—. Uno de los miembros del comité se pasó el otro día por tu instituto para dejarte algunos formularios.

April se quedó sin aliento. La habían pillado.

—En secretaría le dijeron que habías faltado a clase. ¿Estás enferma?

En un acto reflejo, April se cruzó los brazos por delante del abdomen.

—No exactamente.

—April —dijo la mujer tras una pausa—, ¿por qué crees que he venido hoy?

Se enderezó al escucharla.

—Creía que era obligatorio mantener una reunión con usted para poder recibir la beca. Al menos, eso es lo que me dijo por teléfono.

—Eso no es del todo cierto. Bueno, en tu caso lo es. —La señora Barrett se colocó bien el reloj de oro que llevaba en la huesuda muñeca—. Lo que quiero decir es que en el pasado no hemos obligado a los beneficiarios de las becas a reunirse con un miembro del comité. Pero, dadas tus circunstancias especiales, ya que has perdido a tu madre hace muy poco, nos pareció una buena idea que alguien te hiciera un seguimiento.

April se sintió emocionada y, al mismo tiempo, furiosa. Estaba harta de que todos le tuvieran lástima. La mayoría de sus relaciones sociales acababan esterilizadas tras pasar por el filtro de la lástima. Sin embargo, la gente no sabía que llevaba años cuidándose sola, incluso antes de que su madre muriese. Durante los períodos en los que su madre perdía el control, April se veía obligada a encargarse de todos los asuntos domésticos: la compra, la renovación de las matrículas o el pago de las facturas.

—Puedes contarme lo que te pasa —continuó la señora Barrett—. No se lo contaré al resto del comité si no quieres.

—Vale, pero no puede decírselo a nadie más. Al menos, todavía no —dijo April.

Supuso que no tenía sentido mentir. En breve sería imposible ocultar su estado, si acaso no había llegado ya ese punto. De un tiempo a esa parte había pillado a varias personas mirándole la barriga. La mujer de la tienda vintage con el tatuaje, Violet, lo hizo el otro día.

—No se lo diré a nadie —le aseguró la señora Barrett—. A menos que hayas cometido un delito, claro.

—Que yo sepa, no es un delito —replicó April—. Estoy embarazada.

April solo había pronunciado esas palabras una vez, a Charlie, después de hacerse la prueba de embarazo. Él respondió con una proposición matrimonial.

La reacción de la señora Barrett fue menos entusiasta. Se quedó pasmada, y April estaba segura de que acababa de perder la beca en ese preciso momento. Fue una sorpresa darse cuenta de que la idea no la afectó demasiado. April quería que la afectara, quería experimentar algo que no fuera el enorme vacío que había estado sintiendo desde que Charlie se había ido. Perderlo tan pronto después de perder a su madre, aunque fuera de forma distinta, le dolía como quitarse un vendaje muy pegado a una herida abierta.

—No puedes abandonar el instituto —le recordó la señora Barrett—. Si estás avergonzada o te preocupa lo que piensen tus compañeros de clase, estoy segura de que podemos hablar con tus profesores y encontrar una solución.

—No estoy avergonzada —le aseguró April—. No he dejado de ir a clase solo porque estoy embarazada. También me aburría.

La señora Barrett se llevó una mano a la sien.

—Confieso que es una decepción espantosa. ¿Cómo vas a ir a la universidad si no te gradúas en el instituto?

—Sigo queriendo ir a la universidad. Ya he pasado el examen.

«Mira, no la he cagado del todo», pensó April.

La señora Barrett abrió la boca, pero la volvió a cerrar. Después movió la cabeza.

—Lo he aprobado —continuó April—. Y ya he enviado mis notas a la Universidad de Wisconsin. El comité de admisión me dijo que no había problema en reservarme una plaza en primero. La verdad es que tendría que haber hecho el examen hace meses. Me habría ahorrado todo este tiempo perdido en clase.

April sabía que se había puesto a la defensiva con la señora Barrett, incluso que estaba fardando un poco. Pero una de las principales razones por las que dejó de ir al instituto fue que todo el mundo, desde el orientador hasta la mujer que servía el almuerzo, parecía pensar que sabía lo que más le convenía. Nadie se cortaba a la hora de dar su opinión, pero a ella no se la pedían ni una sola vez.

—Supongo que el hecho de que me lo estés contando quiere decir que piensas quedarte con el niño —dijo la señora Barrett.

April asintió con la cabeza. Sabía que seguramente la señora Barrett esperaba que le dijera lo mucho que le había costado tomar esa decisión, lo mucho que había sopesado sus opciones, incluida la adopción, pero habría sido mentira. Ella sabía lo que era perder una madre, y no quería que nadie tuviera que experimentarlo.

—No tengo hijos —siguió la señora Barrett—, pero he conseguido mantenerme ocupada todos estos años gracias a mis obras de caridad. De haber formado una familia, no sé si habría tenido tiempo para todo.

April comprendió que debía de parecer asustada, porque la señora Barrett añadió:

—No estoy diciendo que no puedas tener hijos y hacer todas las cosas que quieras en la vida. Y de eso es de lo que deberíamos hablar. Si no has ido a clase, ¿en qué has estado empleando el tiempo?

April miró por la ventana. Las peonías que su madre había plantado hacía varios veranos en un lateral de la casa estaban en flor y eran de un color rosa brillante. Las peonías eran las flores preferidas de su madre. En su opinión se trataba de una planta bastante inestable. Las flores eran demasiado llamativas para su propio bien, ya que los tallos solían doblarse hacia el suelo por el peso de los enormes capullos.

Volvió a mirar a la señora Barrett.

—Bueno, sigo asistiendo a clases de cálculo avanzado en la universidad para conseguir créditos, pero acaban dentro un par de semanas —contestó.

April no mencionó que el principal motivo de seguir asistiendo a dichas clases era que tenía la esperanza de cruzarse con Charlie en el campus. Sabía que asistía a varias clases en el mismo edificio donde ella iba a las de cálculo. Se conocieron cuando evacuaron el edificio en otoño por una alarma de incendio. April se quedó en la acera, temblando, a la espera de que los bomberos permitieran a los estudiantes volver a las clases, y Charlie le había ofrecido su sudadera. Aún recordaba su olor a pino y a jabón Ivory.

Después de eso, empezaron a estudiar juntos. April también comenzó a pasar alguna que otra noche en el apartamento que Charlie tenía en el campus, y le ponía de excusa a su madre que se quedaba en casa de una amiga. Detestaba mentirle a su madre, pero estaba dispuesta a hacer casi cualquier cosa por pasar unas cuantas horas seguidas con Charlie, tumbados piel contra piel mientras compartían secretos bajo su edredón, un escudo contra el mundo aburrido y mezquino del instituto, un mundo que April se moría por abandonar.

A su madre no le gustaba la relación. En las pocas ocasiones en las que April lo invitó a cenar, a Kat le pareció un chico muy dulce, pero le preocupaba que, al ser mayor, pronto pasaría página y le rompería el corazón a su hija.

A los padres de Charlie tampoco les gustaba la situación, pero por otros motivos. Judy y Trip Cabot creían que era inapropiado que su hijo saliera con una chica que todavía iba al instituto, y les preocupaba lo que pensaría la gente. Incluso antes de tener la oportunidad de conocer a April, presionaron a Charlie para que la dejara. Sin embargo, después de la muerte de la madre de April, los padres de Charlie suavizaron su postura. No acompañaron a Charlie al entierro, dado que no conocían a Kat ni tampoco a April, pero sí la invitaron a pasar el día de Acción de Gracias con ellos, unas semanas después.

April recordaba lo intimidada que se había sentido, no solo por la impresionante casa de estilo Tudor de los Cabot, sino también por la sonrisa forzada de Judy Cabot y su mirada penetrante, que parecía absorber y analizar todo aquello sobre lo que se posaba. Aunque Judy se comportó con fría cordialidad y Trip casi fue agradable, April se percató de que, si no hubiera muerto su madre, no la habrían invitado.

En un momento de la velada, cuando April volvía de una visita al cuarto de baño, todo de mármol, escuchó que Judy decía:

—Charlie, solo tienes que poner tres copas en la mesa. April casi no tiene edad para conducir, mucho menos para beber.

—No sé por qué te molesta tanto la edad de April, mamá —dijo Charlie—. Papá es siete años mayor que tú.

—Eso es distinto. A mí no me quedaban cuatro años o más de carrera universitaria cuando empezamos a salir. Además, yo tenía ya veintiún años cuando nos conocimos. April tiene diecisiete.

«Cumpliré los dieciocho la semana que viene», deseó decir April, pero no quería que supieran que los había escuchado.

A medida que pasaban las semanas y el accidente fue quedando atrás, los Cabot se mostraron menos sutiles a la hora de expresar su rechazo a la relación entre Charlie y April. Al menos, Judy fue menos sutil, ya que aprovechaba cualquier oportunidad para expresar su desagrado. Trip no decía mucho, ni siquiera cuando Charlie les comunicó el embarazo y el compromiso en el mes de marzo. Judy se echó a llorar sentada a la mesa del comedor, y las lágrimas resbalaron por sus mejillas perfectamente maquilladas hasta caer sobre el salmón a la plancha de su plato.

La señora Barrett también parecía decepcionada en ese momento, ya que se removió en el sillón y le dijo:

—Bueno, quitando las pocas horas a la semana que estás en clase y el tiempo que pasas estudiando, ¿qué más has estado haciendo? ¿Tienes trabajo?

April clavó la vista en el suelo de madera.

—No —contestó en voz baja.

Había estado viviendo gracias al dinero en efectivo que su madre había escondido por toda la casa durante sus brotes de paranoia: detrás del microondas, en el bote de las galletas, bajo la baldosa suelta del cuarto de baño... April ahorraba dinero pasando casi todo el tiempo en casa, viendo programas de telerrealidad y compadeciéndose de sí misma. De hecho, había estado tan apagada y deprimida que se preguntó si empezaba a mostrar los síntomas de la enfermedad mental de su madre, a la que le diagnosticaron un trastorno bipolar cuando estaba en la universidad. La enfermedad tenía un fuerte componente genético, con una probabilidad del setenta y uno por ciento de heredarse, según un artículo que había leído April. A medida que se acercaba a los veinte años, se acrecentaba su miedo de poder desarrollarla en cualquier momento.

—En fin, tienes que encontrar trabajo, unas prácticas o lo que sea —dijo la señora Barrett—. Estamos en mayo. No podemos permitir que estés llorando por los rincones hasta que empieces la universidad en otoño. Por cierto, ¿cuándo nacerá el bebé?

—Para el Día del Trabajo. —April soltó una carcajada carente de humor—. ¿Puedo retrasar el comienzo de la universidad hasta el semestre de primavera?

—Me temo que no —contestó la señora Barrett—. Si decides no matricularte en otoño, el comité tendrá que ofrecerle la beca a otra persona.

—Supongo que tendré que encontrar a alguien que cuide del bebé mientras yo vaya a clase.

April supuso que la señora Barrett tenía razón en lo de encontrar un trabajo de lo que fuera. Necesitaba algo que la obligara a salir de esa casa y, a ser posible, que evitara que se volviera loca.

—¿Has pensado qué clase de trabajo estival te podría interesar? —preguntó la señora Barrett.

April jugueteó con un mechón de pelo.

—¿Quién va a contratar a una adolescente embarazada?

—Haré unas cuantas llamadas. —La señora Barrett se levantó y se colgó el bolso del hombro—. Tengo muchos contactos en esta ciudad.

3

Objeto: sari.
Fecha aproximada: 1968.
Estado: bueno. Tiene una pequeña decoloración cerca del bajo.
Descripción: sari naranja de seda salvaje con estampado dorado de cachemira.
Origen: Amithi Singh.

Amithi

Amithi detuvo el coche en una plaza de aparcamiento con parquímetro delante de la tienda Hourglass Vintage y giró las llaves con una mano mientras sostenía el móvil con la otra.

—Papá no para de dejarme mensajes de voz —le decía su hija, Jayana, por el teléfono—. No pienso llamarlo hasta que me cuentes qué está ocurriendo entre vosotros.

—Eso es algo entre tu padre y yo —replicó Amithi.

Había pasado un mes desde que acompañó a su marido, Naveen, a Chicago, donde debía participar en una ponencia durante una conferencia de ingeniería. Habían viajado en el mismo Honda plateado en el que Amithi estaba en ese momento, y recordaba que había iniciado el viaje ilusionada por visitar la ciudad. Sin embargo, el viaje no salió como ninguno de los dos esperaba y Amithi acabó regresando sola en coche a Madison un día antes de lo previsto y en plena noche.

Naveen volvió a Madison en autobús después de la ponencia, el domingo por la tarde, y aunque la llamó desde la estación de autobuses de Madison para disculparse por todo lo que había sucedido, Amithi se negó a ir a buscarlo. Desde entonces apenas se habían dirigido la palabra aun viviendo en la misma casa. Se cruzaban en los pasillos de su vivienda de dos plantas de estilo colonial como si fueran dos desconocidos que caminaran por las calles atestadas de una ciudad; con la diferencia de que su casa estaba vacía salvo por ellos. Y silenciosa.

Amithi no quería hablar del motivo de la disputa que los había distanciado, ni siquiera con Jayana. Así que cambió el tema de conversación y lo centró en su hija.

—¿Has pensado cuándo vas a ir a la India con Jack para ver a tus abuelos? —preguntó—. Están disgustados porque todavía no han tenido la oportunidad de conocerlo.

—Si de verdad hubieran querido, habrían venido a la boda —replicó Jayana.

A Amithi no le sorprendió que sus padres rehusaran su oferta de pagarles los billetes de avión para asistir a la boda de Jayana. Intentó imaginarse a su madre y a su padre, ambos octogenarios, en el aeropuerto de O'Hare. Primero sorteando a los demás viajeros con las maletas y después subiéndose al tranvía que los llevaría hasta la terminal, todo ello sufriendo las consecuencias de la descompensación horaria. Después intentó imaginar la cara que habrían puesto de haber visto el lugar donde se celebró la boda de Jayana y Jack: un granero de color rojo con la pintura descascarillada, situado en mitad de un frondoso prado. Jayana había descrito el lugar como «sencillo» e «íntimo». Amithi pensaba que «insultante» era un término más apropiado. Su marido había trabajado mucho durante toda la vida y ¿para qué? Para ver a su hija contraer matrimonio debajo de las vigas de madera de un pajar, vestida con lo que parecía un camisón.

—No lo entiendes —dijo Amithi—. Aunque Nana y Nani hubieran venido a la boda, es importante que vayáis a visitarlos y que visitéis también al resto de la familia. Es lo menos que debéis hacer, puesto que decidiste no celebrar la boda en la India.

—No sé si me apetece arrastrar a Jack de templo en templo por todo Rayastán —replicó Jayana—. De todas formas, sé que Nana y Nani no aprueban que me haya casado con un hombre que no es indio. Papá y tú tampoco lo aprobáis.

Era cierto que Amithi y Naveen habrían preferido que su hija se casara con un muchacho indio con raíces cercanas a Jaipur, donde ellos habían crecido y donde seguían viviendo las familias de ambos. Habían pasado años llevando a su hija a las fiestas y *pujas* que celebraban sus amigos con la esperanza de que encontrara algún buen partido. Sin embargo, eso fue lo único que pudieron hacer. Hacía mucho tiempo que descubrieron que Jayana tomaba sus propias decisiones; un hecho que para Amithi era a la vez un motivo de orgullo y de incesante frustración.

No sabía cuándo había empezado a ensancharse el abismo que la separaba de su hija. En los últimos años habían tenido muchas diferencias. Primero, el hecho de que Jayana decidiera mudarse a la Costa Oeste para estudiar en vez de elegir la Universidad de Wisconsin, donde daba clases Naveen. Cuando Jayana volvió a casa después de licenciarse y se instaló de nuevo en su antiguo dormitorio, Amithi se alegró mucho de volver a tenerla bajo su techo. Hasta que Jayana anunció que iba a hacer un doctorado en Historia del Arte.

Amithi intentó hacerle ver a su hija por qué le resultaba preocupante su elección. Trató de explicarle que quería que encontrara un buen trabajo para que pudiera disfrutar de independencia económica. Ella jamás había disfrutado de la libertad que suponía ganar un sueldo. Cuando era joven en la India, comenzó a prepararse para estudiar Administración de Empresas, pero abandonó los estudios al mudarse a Estados Unidos y jamás los retomó. Aunque no se quejaba, estaba muy agradecida por tener buena salud y por la vida tan próspera que Naveen y ella habían logrado llevar, tenía la sensación de que Jayana era demasiado consciente del hecho de que sus opciones en la vida habían sido limitadas. Durante su etapa de veinteañera y treintañera, Jayana les había repetido hasta la saciedad que no pensaba casarse. Después conoció a Jack y, en cuestión de meses, no solo se había casado con él, sino que se había comprado un piso y se había mudado con él al otro extremo de la ciudad.

—¿Qué opina Jack? —le preguntó Amithi—. ¿Quiere viajar a la India?

—Ah, él lo está deseando —contestó su hija—. Lo ve como la oportunidad perfecta para investigar. Le he dicho que no tendrá tiempo para hacerlo porque estará muy ocupado conociendo a un sinfín de parientes a los que ni siquiera yo conozco. Cree que exagero.

Amithi pensaba que era extraño que Jack, un licenciado en Ciencias Políticas, estuviera escribiendo su tesis sobre el mandato de Warren Hastings, el primer gobernador general británico en la India colonial. Cuando Naveen y ella todavía se hablaban, su marido solía bromear diciendo que Jack trataba de colonizar a su hija.

A Amithi no le resultaba gracioso en absoluto. Había protegido a su hija desde que nació, hacía ya más de tres décadas, después de haber superado un parto prematuro y difícil tras el cual los médicos diagnosticaron que no tendría más hijos. Aunque Jayana creció fuerte y sana, y alcanzó el desarrollo de los niños de su edad a una velocidad milagrosa, Amithi siempre la veía tal cual llegó al mundo: un bebé diminuto, con la cara amoratada y tratando de respirar para sobrevivir.

—Solo te pido que honres los deseos de tus abuelos —dijo—. No sabes el tiempo que les queda en este mundo.

—Lo sé —replicó Jayana—. Pero eso no significa que deba permitirles controlar mi vida desde el otro extremo del mundo.

Furiosa, Amithi golpeó el volante y tocó el claxon sin querer.

—Mamá, ¿qué haces?

Amithi respiró hondo.

—No te he educado para que hables así de tus abuelos. Llámame cuando seas capaz de demostrarle respeto a tu familia.

Y con esas palabras colgó, pensando que los móviles no permitían colgar de forma tan satisfactoria como los antiguos teléfonos cuando se estaba enfadado. Antes podía estampar el auricular contra el teléfono. Ahora lo único que podía hacer era apretar con fuerza un botoncito reluciente.

Según el reloj del salpicadero, llevaba un cuarto de hora sentada delante de la boutique. Reparó en el hecho de que su coche, un Honda plateado, era similar al que conducía el hombre que le había entregado la notificación de desahucio a Violet el otro día. Y deseó que la mujer no se hubiera alarmado innecesariamente al ver su vehículo aparcado durante el último cuarto de hora.

Una chica pasó al lado de su coche por el carril bici, con la cesta de su bicicleta a rebosar de verdura y flores, seguramente después de haberlas comprado en el mercadillo matinal que todos los sábados se organizaba en Capitol Square. El Prius aparcado delante de ella tenía una pegatina que decía: SI ESPERAS QUE EL UNIVERSO TE ENVÍE UNA SEÑAL, AQUÍ LA TIENES.

Amithi cogió una bolsa del asiento del copiloto y, tras bajarse del coche, caminó hasta la boutique.

Violet estaba atendiendo a una clienta, una mujer ataviada con una gabardina, pero sonrió al verla entrar.

La señora de la gabardina cogió un vestido rojo.

—¿Todo lo que vende es usado? —preguntó.

Amithi torció el gesto al escucharla.

—Yo prefiero decir que todo lo que vendo ha sido muy querido —contestó Violet—. Aceptamos objetos preciosos y de gran calidad, y les ofrecemos una vida nueva. Los salvamos del olvido en algún sótano o, peor todavía, en algún basurero.

La mujer soltó el vestido que sostenía como si estuviera plagado de piojos. Pasó junto a Amithi sin mirarla siquiera.

—Qué maleducada —comentó Amithi después de que la mujer se hubiera marchado.

—No ha mirado ni la etiqueta. —Violet cogió el vestido y lo acunó un instante antes de devolverlo al perchero—. ¡Por el amor de Dios, que es un vestido de Diane von Furstenberg de 1970! Seguramente sea uno de los primeros que diseñó. No merece que lo tiren al suelo. Si entras en cualquier tienda hoy en día, encontrarás por lo menos doce imitaciones de este mismo diseño.

—Algunas personas solo se fijan en las cosas si son nuevas y brillantes —comentó Amithi—. Creo que esa filosofía las lleva a perderse gran parte de la belleza del mundo.

Violet sonrió.

—Me alegro de que hayas vuelto. Esperaba poder hablar contigo sobre lo que pasó el otro día.

—No se lo he comentado a nadie, si es eso lo que te preguntas.

—Te lo agradezco. —Violet ladeó la cabeza—. ¿Qué fue lo que escuchaste, exactamente?

Lo educado sería decir que no había escuchado nada, pensó Amithi. Pero Violet no le parecía el tipo de persona que se contentaría con esa respuesta, así que respondió:

—Te escuché decir algo relacionado con tu alquiler. Algo sobre un desahucio.

—¡Madre mía! —Violet comenzó a pasearse de un lado para otro, con sus zapatos rojos de tacón. Se tapó la boca con una mano—. Lo siento, ha debido de parecerte muy poco profesional. Es que, en fin, la tienda es mi vida.

Amithi asintió con la cabeza, aunque ella jamás había tenido un negocio. Nunca había tenido un trabajo remunerado, ya puestos. Pero sabía lo que era poner el corazón en algo y descubrir que las cosas no salían como uno esperaba.

Violet dejó de pasearse.

—Espero que no se lo digas a nadie. Mantener una buena reputación es muy importante para mí. Cuando me mudé a esta ciudad hace unos años, nadie me conocía. He tenido que trabajar mucho para hacerme un nombre y para que respeten mi tienda.

—Por supuesto. No diré nada.

Amithi se estiró los pliegues de la túnica que llevaba. La había confeccionado usando una tela de estampado floral que le había enviado su hermana desde la India y, aunque en un principio la diseñó para que quedara suelta, de un tiempo a esa parte le quedaba justa en la cintura. Se dijo que debía abandonar la costumbre de picotear entre horas para mantenerse entretenida en casa.

—Gracias —dijo Violet.

—De nada. ¿Puedo hacer algo para ayudarte?

—No creo. Por desgracia, es algo que debo solucionar yo sola —respondió Violet—. Bueno, ¿qué te trae hoy por aquí?

Amithi levantó la bolsa que llevaba.

—He traído algunas cosas más que creo que pueden interesarte para la tienda.

—Debes de estar haciendo una buena limpieza para venir dos veces en una semana —comentó Violet.

—Pues sí —reconoció Amithi.

Aunque era cierto que había estado vaciando los armarios, uno de los motivos por los que había regresado a la tienda era que necesitaba hablar con alguien, necesitaba algo que la ayudara a estructurar sus días. Recordaba el agotamiento que la abrumaba todas las noches cuando Jayana era pequeña y ella deseaba que el día tuviera más horas. En la actualidad pensaba que había demasiadas y a menudo deseaba que cayera la noche, porque llegaba acompañada de una serie de tareas concretas: preparar la cena, comer, recoger la cocina e irse a la cama. Ese día, Naveen se había ido al trabajo antes de que amaneciera. Verlo marcharse, librarse de la tensión que se había instalado entre ellos, la aliviaba. Sin embargo, no sabía cómo ocupar las largas y solitarias horas del día.

—Vamos a ver lo que has traído —dijo Violet.

—Si no te sirve nada de lo que hay en la bolsa, por favor, dímelo. No me ofenderé.

Vació la bolsa en el mostrador con cuidado.

Violet desplegó una pieza de tela naranja de unos dos metros de largo.

—Es un sari —le explicó Amithi—. Tengo muchos y ya apenas los uso, así que he traído varios. Lo malo es que ese tiene una manchita.

Violet examinó la mancha que tenía la prenda cerca del bajo.

—Apenas se ve.

Dobló de nuevo la tela y cogió otra prenda. Una blusa corta sin mangas.

—Es la blusa que va debajo del sari. Se llama *choli*.

—Todo es precioso —dijo Violet—. Te compraré el naranja, pero de momento no puedo comprar los demás. Antes debo ver si vendo este. Nunca he tenido nada de este estilo en la tienda.

—¿Y si los convierto en otra cosa? —sugirió Amithi—. ¿En faldas cortas o vestidos?

—¿Sabrías hacerlo?

—Claro —respondió Amithi—. Me gusta coser.

—Eso podría funcionar —admitió Violet—. Pero no te garantizo que pueda vender las prendas que confecciones. Mi inventario depende de aquello que se venda bien en un momento dado.

Amithi no estaba tan interesada en el dinero como en el hecho de encontrar un proyecto que la mantuviera ocupada.

—Podría hacer un vestido o dos y traértelos para ver si se venden. Si no interesan, no me sentiré ofendida.

—Me parece perfecto, siempre y cuando no sea una molestia para ti.

—En absoluto. Me vendrá bien hacer algo creativo. Ah, casi se me olvida. También he traído otra cosa. —Metió la mano en el bolso y buscó el estuche de terciopelo que la acompañaba desde hacía varios días. Una vez fuera, sacó su contenido: unos pendientes largos de oro. Las piedras rojas engarzadas en el centro de cada uno de ellos relucían bajo las luces de la tienda—. Estos son buenos —aseguró Amithi—. No es bisutería como las pulseras.

—Ya lo veo —replicó Violet con los ojos como platos—. ¿Son rubíes?

—Sí. He traído la tasación, por si te interesa —dijo buscando el documento en el bolso.

Violet levantó una mano.

—No es necesario. Sin ver la tasación, sé que no podré pagarte una cantidad cercana a su valor. Deberías vendérselos a un joyero.

—¿Sabes de alguien que acepte joyas usadas?

—Claro. —Violet anotó el nombre de un joyero en el dorso de una tarjeta de visita—. Este establecimiento está en la parte occidental de la ciudad y suele vender joyas vintage. Si quieres, puedo llamarlos para decirles que esperen tu visita. Pero, antes de hacerlo, tengo que preguntarte una cosa. ¿Estás segura de que quieres venderlos?

Amithi asintió con la cabeza. Llevaba sopesando la posibilidad de venderlos desde que su hija se negó a ponérselos el día de su boda. Amithi se los había ofrecido como regalo de todas formas, pero Jayana los había rechazado porque le parecían una horterada. Incluso le había dicho que, antes que las joyas, prefería dinero en efectivo para amueblar el piso que Jack y ella se habían comprado. Amithi rememoró la conversación que acababa de tener con su hija un rato antes. Decidió que vendería los pendientes al joyero que le había recomendado Violet y le daría el dinero a Jayana, como esta deseaba.

20 de junio de 1968

Hacía justo una semana, Amithi estaba sentada en el patio de la casa de sus padres, charlando con sus tías a la sombra mientras bebía una infusión de menta para librarse del nerviosismo que la abrumaba. En ese momento estaba sentada en un avión con aire acondicionado, junto a un hombre al que apenas conocía salvo por las cortas y esporádicas conversaciones que habían mantenido antes de la boda, por el roce de sus manos mientras caminaban juntos alrededor del fuego sagrado durante la ceremonia hindú y por el breve pero apasionado encuentro sexual de la noche de bodas.

Pese a las risas tontas y a la emoción, todo había acabado en cuestión de minutos y, aunque había experimentado cierto dolor, la experiencia no había sido desagradable. Antes de la boda, sus amigas de más edad y las mujeres de su familia, sus tías, le habían susurrado un sinfín de trucos para seducir a su marido mientras la envolvían en el sari nupcial y plisaban la tela de color carmesí en torno a su estrecha cintura. Tanta importancia le habían dado al sexo que Amithi esperaba que fuese una experiencia espantosa o espectacular. De modo que no se desilusionó al descubrir que no era ni una cosa ni la otra. Después, se acurrucó como una niña y se durmió agotada en la cama cubierta de pétalos de flores hasta que, al amanecer, se levantó para echarle un vistazo al equipaje por última vez.

En ese momento volaban a un lugar llamado Chicago, donde Naveen, su marido (una palabra que hacía que el estómago le diera un vuelco, como las volteretas de un mono que saltaba en la copa de un árbol), realizaría su doctorado en ingeniería química. Aunque era el único estudiante indio del programa de doctorado, le había asegurado a Amithi que se sentiría como en casa en el barrio de las afueras de la ciudad. Le había dicho que cerca de su apartamento había una tienda de productos indios, donde podría comprar *samosas* listas para comer que estaban casi tan buenas como las de su madre. Las noticias le supusieron un alivio. Detestaba freír las empanadas triangulares rellenas de patata. Siempre acababa llena de salpicaduras de aceite, y le era imposible quitarle las manchas a la ropa por más que la lavara.

Mientras contemplaba las nubes por la ventanilla redonda, recordó asombrada la rapidez con la que había sucedido todo. En marzo, estaba viendo un concierto de los Beatles acompañada por su hermana menor, Priya, en la pequeña televisión de la familia. Todo el mundo, desde su profesor de música al vendedor de los sabrosos *chaat* que instalaba su puestecillo en la esquina de la calle, hablaba de la visita del grupo musical británico al lugar santo de Rishikesh. Daba igual que estuviera a casi quinientos kilómetros de Jaipur. Eso no era impedimento para que la ciudad entera hablara sin parar de los músicos. Amithi no comprendía por qué esos hombres se habían desplazado hasta un lugar tan lejano para que un anciano canoso les enseñara a meditar. Era algo que podía aprenderse de forma gratuita invirtiendo un poco de tiempo y con disciplina.

De repente, estaban viendo a los miembros del grupo y a sus esposas, todas rubias, en la pantalla en blanco y negro, cuando entraron sus padres, apagaron el televisor y anunciaron que «habían hablado con los Singh en el club». El hijo de los Singh estudiaba en Estados Unidos, pero estaba pasando una temporada en casa y sus padres los habían invitado a tomar el té esa misma tarde.

Mucho antes de ese día, Amithi había oído hablar de los Singh y de su único hijo, Naveen. Sus padres habían logrado sacar a colación su nombre y sus logros en cualquier tipo de conversación.

—¿Te gusta el *paneer* que he hecho para acompañar este plato, cariño? —le preguntó su madre un día durante la cena—. La señora Singh me ha dado su receta. Utiliza zumo de limón en vez de suero agrio, y eso hace que la textura sea un poco más firme.

Su padre se llevó un trozo de queso blanco a los labios.

—Sí, querida. Está muy bueno.

—La señora Singh dice que es el preferido de su hijo.

—Ese muchacho tiene un gusto exquisito.

Confundida por los halagos de sus padres, cuando Amithi por fin conoció a Naveen esa tarde del mes de marzo esperaba encontrarse con un dios moderno, con un príncipe de piel dorada. En cambio, quien entró en el salón familiar fue un muchacho desgarbado de tímidos ojos marrones y piel sudorosa. Amithi se compadeció de él por haberse visto obligado a acompañar a sus padres y sufrir el calor y el polvo, mientras que ella había estado la mar de cómoda en su dormitorio, cepillándose la melena negra y eligiendo un sari perfecto de color celeste ayudada por su madre. Los Singh vivían a unos kilómetros de su casa, pero bastaban unos minutos en la calle con la humedad estival para que cualquiera acabara con la ropa empapada de sudor.

Amithi y Naveen no hablaron mucho durante aquel primer encuentro. Sus padres fueron los que conversaron y se hicieron preguntas sobre sus respectivos familiares, dónde vivían y a qué se dedicaban. Hablaron de sobrinas con niños preciosos y sanos, y de sobrinos que eran los primeros de sus clases.

A sus diecisiete años, Amithi jamás había hecho una entrevista de trabajo, pero imaginaba que sería muy similar a ese primer encuentro con los padres de Naveen.

—¿Y a ti, Amithi? ¿Qué te gusta hacer? —le preguntó la señora Singh.

—Me gusta coser y diseñar ropa —contestó ella.

—El *salwar kameez* que llevo es obra suya —presumió su madre pasándose una mano por el blusón ancho y los pantalones—. Nunca se me ha dado bien trabajar con la seda, es muy escurridiza, pero Amithi la trabaja con facilidad.

La señora Singh asintió con la cabeza a modo de aprobación.

—Coser es una buena habilidad. Una mujer que sabe remendar la ropa ayuda a su marido a ahorrar mucho dinero.

Amithi jamás había remendado ropa de hombre y no tenía el menor interés en hacerlo. Prefería diseñar vestidos con elaborados bordados y de estilo hollywoodiense, pero prefirió guardarse esa información. Solo era un pasatiempo, y seguramente a los Singh les parecería absurdo.

Durante aquel primer encuentro, apenas cruzó una mirada con Naveen. No quería que la tildara de atrevida. Sin embargo, lo miraba de reojo cada vez que él cogía su taza o movía el té con la cucharilla. En su opinión no era muy guapo, pero tampoco feo. Decidió que eso la alegraba. Siempre había pensado que sería una carga tener un marido que fuese más guapo que ella.

La pareja no se vio hasta el día de la ceremonia de compromiso, durante la cual intercambiaron anillos mientras un erudito cantaba en sánscrito y elegía el día de la boda siguiendo el calendario astral.

En ese momento, sentada en el avión, Amithi se acomodó en el asiento y se envolvió mejor en el chal que llevaba sobre los hombros. Durante las semanas que habían precedido a su viaje, había pasado mucho tiempo preocupada por el vuelo. Por fin sabía que el vuelo en sí no era tan malo. Era ese espacio tan vacío y austero lo que la incomodaba.

Amithi sintió una mano cálida en el hombro y, al mirar, vio que una azafata le ofrecía una taza de té. La aceptó, pero al intentar beber un sorbo se derramó unas gotas sobre el sari naranja.

Naveen se sacó el pañuelo del bolsillo y se lo ofreció.

—Gracias —dijo ella, emocionada por el sencillo gesto. Eso quería decir que estaba pendiente de ella—. Tu madre me ha dicho que no sería muy práctico llevar un sari durante el vuelo, que debería haber elegido algo más cómodo. Pero siempre llevo sari para las grandes ocasiones, y hoy es una de ellas.

—No le hagas caso a mi madre —replicó Naveen—. Estás preciosa.

Amithi se puso colorada mientras se limpiaba el té, con la esperanza de que no dejara mancha en la tela. Había comprado el sari en un puesto del bazar cercano a la casa de sus padres. En posteriores visitas no logró encontrar a ese vendedor en concreto, ni tampoco vio otra pieza de seda con ese tono tan brillante y alegre. Le recordaba a las caléndulas que florecían en los parterres de las avenidas rosadas de Jaipur, el único hogar que había conocido y que acababa de dejar atrás.

Miró a Naveen, que estaba dando cabezadas a su lado. Observó las manos que descansaban en su regazo. Pese a la semana de celebraciones organizadas en honor a su boda, la pareja apenas había tenido tiempo para hablar entre sí por culpa de la música, de las oraciones y de la continua llegada de familiares. En ese momento se percató de que Naveen tenía los dedos delgados y unas uñas muy pulcras, adecuadas para una persona cuya profesión requería mucha precisión.

Se miró las manos, cubiertas por el tatuaje de henna, ya descolorido. Se acarició el lugar entre el pulgar y el índice donde el artista *mehendi* había escrito el nombre de Naveen, oculto entre los pétalos de loto y las serpenteantes enredaderas. Se preguntó cuánto tardaría la henna en desaparecer del todo. No quería que eso sucediera, porque temía que su vínculo con la India, con su infancia y con su familia desapareciera junto con el tatuaje.

No podía confesarle a Naveen que la nostalgia por el hogar comenzaba a provocarle una opresión en el pecho y en la garganta. Durante los días que precedieron a la boda, entre las *pujas* y los fastuosos banquetes celebrados, sus tías le habían advertido de que jamás le dijera a Naveen que echaba de menos a su familia. Uno de los motivos por los que los Singh habían elegido a Amithi como esposa para su hijo era su reputación de mujer fuerte, sensata y firme. El programa de doctorado de Naveen lo obligaba a trabajar durante muchas horas en el laboratorio, a veces durante la noche. Una esposa joven y excesivamente dependiente, que suspirara por su familia y por su tierra natal, no sería una buena compañera para él.

Amithi aceptó el consejo de sus tías, pero no les hizo mucho caso. Embriagada por el olor a jazmín de la guirnalda que llevaba en torno al cuello y cegada por el brillo de las joyas de oro, el futuro le parecía una interminable y preciosa aventura. Y casarse con Naveen era la forma más rápida de disfrutar de dicho futuro.

En aquel entonces no comprendía, como sí hacía en ese momento, rodeada por el zumbido del avión, que pasaría muchísimo tiempo sin ver a su familia. Se preguntó cuándo probaría de nuevo las tortas *roti* de su madre y cuándo se reiría otra vez con las bromas de su hermana.

Sintió un tirón de pelo. Un mechón se le había enganchado

en los pendientes con rubíes que había recibido como regalo de boda por parte de su madre, que a su vez los había recibido durante su boda muchos años antes. Levantó una mano y liberó el mechón. El metal precioso, que antes brillaba por la luz, le pareció frío y afilado al tacto.

4

Objeto: traje.
Fecha aproximada: década de los ochenta.
Estado: excelente.
Descripción: traje negro de lana fría. Chaqueta con cintura entallada y hombreras. Falda ceñida con abertura trasera.
Origen: antigua presidenta de la Cámara de Comercio de Madison.

Violet

Cuando Violet se mudó a Madison cinco años antes, creyó haber dejado lo peor atrás. Dado que Bent Creek quedaba a unos quinientos kilómetros y su divorcio estaba prácticamente listo, pensaba que lo único que se interponía entre su sueño de abrir una exitosa boutique vintage y ella era el dinero para empezar y mucho trabajo.

Escogió Madison por su fama de ser un lugar donde no solo se aceptaba ser diferente, sino que se celebraba. Como Austin o Portland, pero con más nieve en invierno. En Bent Creek, Violet siempre se había sentido un bicho raro. Mientras todos llevaban vaqueros y chaquetas de chándal, ella hacía recados y servía mesas con vestidos de los años cuarenta o corpiños de estilo rockabilly y pantalones piratas ceñidos. En Madison, con sus grupos de teatro experimental, sus uniciclistas y sus casi continuas protestas políticas, era fácil expresarse sin destacar demasiado. A Violet le gustaba eso de la ciudad.

El día que firmó el contrato de alquiler con opción preferente de compra, se sentó en el despacho del propietario de su edificio, una estancia con paredes forradas de madera, y puso su inicial en todas las páginas del documento antes de pasárselo a Ted Mortensen, uno de los dueños de la empresa Mortensen & Son Properties Inc. Mientras esperaba a que la secretaria de Ted le hiciera una copia, Violet pensó en el perfecto tono azul con el que pintaría las paredes de su tienda y en la tela vintage de color dorado y blanco con estampado en zigzag que usaría para las cortinas del probador. Intentó imaginarse cómo organizaría el escaso mobiliario del apartamento situado sobre la tienda.

Violet no había supuesto que tendría que sentarse de nuevo en el mismo despacho, con sus paredes forradas de madera, para suplicarle a Ted que le permitiera firmar otro contrato de alquiler o que le diera más tiempo a fin de conseguir la entrada para comprar el edificio, o algo, cualquier cosa que impidiera que la echaran a la calle. La ubicación del edificio era ideal para los transeúntes y para atraer a la clientela de la que había llegado a depender para ganarse la vida.

El edificio que tenía alquilado estaba a un paso de los edificios gubernamentales y de las oficinas de Capitol Square, lo que quería decir que muchas mujeres trabajadoras y también los políticos con dinero pasaban por Hourglass Vintage durante la hora del almuerzo o después del trabajo. El edificio también estaba a un tiro de piedra del campus de la Universidad de Wisconsin. Eso no solo le garantizaba una clientela habitual de distinguidos profesores, sino también un flujo constante de ropa de firma en buen estado que le vendían las universitarias y que anteriormente habían comprado en Nueva York o en Los Ángeles con la tarjeta de crédito de sus padres cuando volvían a casa de vacaciones.

No había otra calle en toda la ciudad que tuviera la calificación necesaria para montar una tienda y que le permitiera a Violet llegar a tanta variedad de clientes como esa. Casi no había alquileres disponibles en la zona y, cuando aparecía alguno, el precio se disparaba. En los años transcurridos desde que firmó el contrato de alquiler con opción a compra, los precios se habían puesto por las nubes. Académicos y jóvenes profesionales habían empezado a comprar como locos las antiguas casas de los edificios colindantes a precios desorbitados, algo que había disparado el precio de los alquileres. Violet tuvo suerte de firmar un alquiler por un precio justo antes de que el mercado enloqueciera. Si no lograba que Ted cumpliera su acuerdo, no tendría la menor oportunidad de conseguir otro local en el vecindario que se ajustara a su presupuesto.

Violet se inclinó hacia delante.

—Dime qué pasa, Ted —dijo—. No he dejado de pagar una sola mensualidad, así que ¿por qué se ha presentado un mensajero en mi puerta con una notificación de desahucio?

La luz del tubo fluorescente del techo se reflejaba en el pelo de Ted, con su corte militar, que parecía haber sido definido con pegotes de gomina. Llevaba la corbata ladeada sobre su abultada barriga.

—Es verdad que has pagado todas las mensualidades —reconoció él—. Pero hay una cláusula en el contrato que establece que podemos invalidarlo en cualquier momento si decidimos poner en venta la propiedad.

Violet se dijo que debía revisar el contrato o, mejor todavía, llevárselo a su amiga Karen, que era abogada.

—Desconocía que pensarais vender el edificio.

Ted volvió la cabeza hacia la ventana del despacho, con su vista de la cúpula blanca del capitolio, coronada por una estatua dorada que recordaba a una diosa griega.

—Estoy seguro de que eres consciente de que el valor inmobiliario de la zona ha subido —dijo Ted—. Un hecho curioso teniendo en cuenta que ha bajado prácticamente en el resto de la ciudad. Así que nos irá mejor si vendemos las propiedades que tenemos en esa zona para reinvertir en otras.

Violet dio un respingo al escuchar que se refería a su tienda y a su casa como una «propiedad».

—Creía que tenía derecho a preferencia de compra —replicó.

—Y lo tienes —le aseguró Ted—. Si consigues reunir el dinero para comprar el edificio al precio de mercado, puedes hacerlo. Pero, mientras tanto, las condiciones del contrato de alquiler nos permiten poner el edificio a la venta hasta que ejercites tu derecho a compra preferente o renuncies a él.

—¿Cuál es el precio de mercado? Quiero decir que a qué precio lo estáis anunciando —preguntó ella—. Porque me interesa comprarlo.

—Casi un millón.

Violet parpadeó.

—No tenía ni idea de que valiera tanto.

—El edificio es el único de dos plantas en la manzana, así que es muy atractivo para los promotores.

—Es imposible que consiga una hipoteca de un millón de dólares.

—Novecientos noventa mil para ser exactos —puntualizó Ted.

—Bueno, en ese caso... —Violet lo miró con una sonrisa cínica, aunque quería ponerse a gritar—. ¿Por qué no me dijiste sin más que ibas a poner el edificio a la venta en vez de mandarme el desahucio?

—Técnicamente todavía no es un desahucio —le recordó Ted—. Solo es una notificación de que vamos a ejercer nuestro derecho de vender la propiedad ahora en alquiler. Solo será un desahucio si no te vas para finales de agosto.

—O si no compro la propiedad para esa fecha —añadió Violet.

—Claro.

Ted sonrió con sorna, como si supiera tan bien como Violet que conseguir una entrada y una hipoteca de casi un millón de dólares quedaba muy pero que muy lejos de su alcance.

—¿No puedo alquilar el edificio al nuevo propietario? —preguntó Violet.

—Creo que sería muy improbable. La anunciamos como una propiedad para remodelar —explicó Ted—. Tener un inquilino y un local comercial limita mucho sus opciones de venta así que de todas formas necesitamos que te vayas a finales de verano. A no ser, claro, que quieras hacer un trato.

Se acomodó en su sillón y cruzó los brazos.

—Creo que no te sigo —dijo Violet.

—Esperamos que te animes a abandonar el edificio antes del final del verano y a firmar la renuncia a tu derecho de compra preferente. Si lo haces, podemos ofrecerte un pequeño incentivo.

Su sonrisilla la ponía nerviosa, pero aun así le preguntó:

—¿Qué clase de incentivo?

—Cierta cantidad de dinero para que empieces en tu nueva ubicación. Te devolveríamos los dos últimos meses de alquiler.

Violet se mordió el labio para no echarse a reír. Dos meses de alquiler no eran moco de pavo, pero ni mucho menos bastaban para compensar el alquiler más alto que tendría que pagar si se mudaba de edificio.

—No quiero mis dos últimos meses de alquiler —rehusó Violet—. Lo que quiero es no tener que mudarme de tienda y de apartamento, con apenas dos meses de preaviso. Lo que quiero es comprar el edificio. Creía que el contrato de alquiler con opción a compra era el camino de conseguirlo.

—Piensa en la oferta —dijo Ted—. No es necesario que tomes una decisión ahora mismo. Siempre puedes volver si cambias de idea.

—Pues me parece que no voy a volver —replicó Violet.

Se despidió entre dientes y salió del despacho de Ted, tras lo cual se dio cuenta de que el traje negro de los ochenta que se había puesto para la ocasión no le había otorgado poder alguno. Mientras atravesaba la recepción, los tacones de sus zapatos oxford bicolor resonaban contra el suelo de mármol. Le pareció que la recepcionista la miraba con compasión.

Cuando volvió a Hourglass Vintage, Betsy Barrett, su amiga y clienta desde que abrió la tienda, estaba junto a la puerta cerrada.

—Betsy, me alegro de verte. —Violet la abrazó—. Espero que no lleves mucho tiempo en la puerta. Vamos, pasa —le invitó mientras metía la llave en la cerradura.

Betsy la siguió al interior.

—Solo llevo esperando unos minutos —le aseguró—. Pero ¿qué haces con la tienda cerrada en pleno día?

Betsy nunca titubeaba a la hora de decir lo que pensaba. Era uno de los rasgos que más le gustaban de ella.

—He estado en una reunión —contestó Violet.

No vio motivos para explicarle a qué se debía dicha reunión. Cuantas menos personas supieran los problemas que tenía con su arrendador, mejor. Además, Betsy seguramente querría ayudar, y Violet creía que ya le debía demasiado. Cuando abrió la tienda, Betsy estaba en el comité de una asociación de mujeres empresarias que le concedió una subvención para abrir su negocio. De no ser por dicha subvención, Violet habría tenido el dinero justo para pagar el alquiler y los gastos fijos, no le habría quedado nada para pagarse el salario mínimo necesario y sobrevivir los primeros meses.

—¿No te parece que ha llegado el momento de tener a alguien que te ayude? —preguntó Betsy mientras se sentaba en uno de los dos sillones Eames de color naranja que había delante de los probadores, unas joyas que Violet había encontrado en un rastrillo y que había mandado tapizar de nuevo.

—No me hace falta —contestó Violet.

—Pues en los cinco minutos que llevo esperando, tres personas distintas se han acercado a la puerta y se han dado la vuelta al ver que la tienda estaba cerrada —comentó Betsy—. Puedes tener la mercancía más bonita del mundo, pero si la tienda no está abierta cuando la gente quiere comprar, no va a servirte de mucho.

Violet se sentó en el otro sillón. Se quitó los zapatos y enterró los dedos de los pies en la alfombra blanca. Si Betsy supiera toda la ayuda que necesitaba... Intentó cambiar de tema.

—He visto que ya llevas tu ropa de seda, aunque todavía hace un poco de fresco.

Betsy se miró la falda y la chaqueta de seda china en color crema.

—Me he liado la manta a la cabeza. A mi edad, me he dicho que solo me quedan un par de telediarios para ponerme mi ropa preferida de verano.

A Violet no le gustaba pensar en eso, pero seguramente hubiera parte de verdad en las palabras de Betsy. La mujer nunca confesaba su verdadera edad, sino que decía que estaba en algún punto «entre los setenta y tantos altos y los ochenta y tantos bajos». Eso no le impedía ayudar no solo a los pequeños negocios como el de Violet, sino también a una gran parte de la comunidad artística de Madison. Desde la mansión situada en la cima de la colina que se alzaba junto al lago Mendota, Betsy dirigía y financiaba el ballet, la sinfónica joven e incontables agrupaciones artísticas. Su energía rivalizaba con la de cualquier persona joven. En cierta forma le recordaba a su abuela Lou, o al menos a como fue antes de que sufriera el ataque.

—¿Has traído cosas para vender? —preguntó Violet—. Sabes que me encanta cuando haces limpieza de armarios.

—No —contestó Betsy—. Necesito un favor.

Cuando Betsy pedía un favor, solía implicar la donación de algún objeto de la tienda para una rifa o una subasta benéfica, y Violet siempre estaba encantada de hacerlo. Era buena publicidad y sabía que le debía a Betsy muchísimo más que unos vestidos de estilo retro o unos carteles. De no ser por ella y sus amigos ricos, a los que les encantaba comprar antigüedades raras y accesorios vintage, la tienda no habría sobrevivido a sus dos primeros años.

—Lo que quieras —replicó Violet—. ¿Qué necesitas?

—Que pienses en la posibilidad de contratar a alguien.

«Bueno, casi lo que quieras», pensó Violet.

—Ah, bueno, no sé...

Betsy la interrumpió.

—Antes de que me des largas, déjame que te explique. No tendría que ser por muchas horas a la semana y seguramente solo sea para el verano. Tengo a una chica, es la beneficiaria de la beca de este año y... bueno, lo está pasando mal. Tiene muchos problemas personales. Es muy lista, casi un genio en matemáticas, pero creo que necesita un poco de orden en su vida. He pensado en ti porque, en fin, sé que tú tampoco has tenido las cosas fáciles.

Violet dudaba mucho de que una chica de dieciocho años con problemas supusiera una gran ayuda en la tienda, fuera un genio de las matemáticas o no. Había contratado antes a universitarios y había dejado de hacerlo porque no podía contar con ellos para que hicieran lo que quería. Su capacidad de atención fluctuaba en función del calendario académico, y a Violet le resultó casi imposible encontrar a alguien que trabajara los sábados que había partido o durante las semanas de exámenes. Al final, tuvo la sensación de que tener empleados daba más trabajo en vez reducirlo.

—Betsy, me halaga que hayas pensando en mí —dijo—. Pero creo que no puedo permitirme contratar a alguien ahora mismo. Estoy ahorrando todo lo que puedo para dar la entrada y comprar el edificio.

—Ah, no te preocupes por eso —replicó Betsy—. Eras la primera de mi lista, pero puedo pedírselo a más gente. Ya se me ocurrirá algo. —Se levantó del sillón con evidente esfuerzo—. Ah, vendré pronto con algunas cosas para la tienda. Estoy intentando hacer limpieza de primavera. Ni te imaginas todo lo que he acumulado tras vivir cuarenta años en la misma casa.

Después de que Betsy se fuera, Violet sacó los documentos de su bolso. Había pasado una semana desde que le entregaron la notificación y había esperado que su reunión con Ted solucionara el asunto. Al parecer, no iba a ser tan sencillo. Necesitaba un abogado, pero no podía permitirse pagar la minuta astronómica que ya se imaginaba que le pedirían.

Levantó el auricular de su teléfono azul con disco de marcación y marcó el número del único abogado que conocía capaz de ofrecer sus servicios a cambio de ropa: su amiga Karen Young.

—Hola, Violet —digo Karen al descolgar—. Siento haber estado tan perdida últimamente.

—No pasa nada. Tienes un buen motivo. ¿Cómo está esa niñita preciosa tuya? —preguntó Violet mientras intentaba que no se le notara la envidia.

—Edith está genial —contestó Karen—. Pero no quiero hablar de bebés. Necesito conversación adulta. A lo mejor podemos salir una noche de estas como hacíamos antes, ¿te parece?

—Claro —respondió Violet, aunque dudaba de que alguna de las dos tuviera fuerzas para dar vueltas por los bares y los espectáculos de burlesque como hacían antes de que Karen se casara.

—¿Has salido con alguien últimamente? —preguntó Karen—. Si lo has hecho, cuéntamelo todo. Necesito vivir a través de alguien.

—Me tomé un café con un informático que conocí en una página de citas —dijo Violet.

—Espera, ¿cuál es su perfil? Voy a mirarlo.

—No tiene perfil —explicó Violet—. Es uno de los técnicos de sistema de la página. No sabía dónde poner mi foto, y había una cajita que decía «Pincha aquí para obtener ayuda del servicio técnico». Así que hice clic. Mientras me estaba ayudando, nos pusimos a hablar de otras cosas y me preguntó si quería tomarme un café con él. Como era simpático, le dije que sí.

—Típico de ti, Violet. —Karen se echó a reír—. Pero estoy segura de que eso viola un montón de las normas de uso de la página. Por no mencionar las condiciones de su contrato laboral.

—Vamos, no te pongas en plan abogada conmigo. La cosa es que resultó ser mucho menos parlanchín en persona que por chat. Apenas si me miraba a los ojos. No hace falta que te diga que no hemos vuelto a salir.

—¿Ya está? —preguntó Karen—. ¿No tienes nada más que contarle a esta pobre mamá enclaustrada?

—Por desgracia, no —contestó Violet.

La verdad era que, aunque había salido de vez en cuando con hombres, se pasaba casi todas las noches repasando el inventario de la tienda y las facturas, o acurrucada en el sofá con Miles mientras veía películas antiguas de Rodgers y Hammerstein. Sabía que nunca conocería a alguien de esa forma, pero así se evitaba el sufrimiento y jamás tendría que tomar la difícil decisión de abandonar a alguien ni pasaría por un abandono. Ni tendría que renunciar a la independencia a la que se había acostumbrado. Además, estaba casi segura de que ningún hetero se prestaría a ver *La feria de la vida* y *Carrusel* tantas veces como ella las veía. Pero es que adoraba los vestidos de cintura ajustada y el maquillaje en tecnicolor que llevaban las protagonistas de esos musicales.

—El asunto es que he estado muy liada con ciertas cosas que están pasando en la tienda —continuó Violet—. Por eso te llamo. Quería saber si podemos hablar de temas legales. Detesto molestarte cuando estás de baja maternal y eso, pero necesito tu consejo, de verdad. No puedo pagarte, pero puedes saquearme el inventario si quieres.

—Joder, sí —dijo Karen—. Necesito con desesperación ropa nueva. No me vale nada de lo que tengo de AE.

—¿AE? ¿Eso es una marca nueva o algo?

—Antes de Edith.

Violet se echó a reír.

—Vale, bueno, ¿cuándo puedo pasarme por tu casa?

—Cuando quieras. Se puede decir que estoy de clausura estos días. ¿Qué tal te viene el viernes por la noche? Compraré vino.

—El viernes me va bien. Pero, igual en cuanto veas a qué me enfrento, quieres cambiar el vino por whisky.

El viernes por la noche, Violet condujo hasta casa de Karen bajo un cielo que todavía no había oscurecido aunque ya eran más de las ocho. Pronto llegaría el solsticio de verano, que en Madison se celebraba todos los años con una fogata cerca de los jardines botánicos Olbrich. En dichos jardines se reunían viejos hippies y familias con niños con pañales de tela, y habría redobles de tambores y pañuelos de seda al viento para conmemorar el día más largo del año.

El sol flotaba en un mar rosado sobre las resistentes hileras de maíz y de soja que bordeaban la carretera de dos carriles que había a las afueras de Madison. Pese al aparente orden de las cosas, pensó Violet, la vida distaba mucho de ser predecible. Había crecido en un pueblecito, se había casado pronto y había supuesto que tendría un montón de niños. En ese momento vivía en una ajetreada calle de una ciudad, mientras que Karen, que había jurado que nunca sentaría la cabeza, lo hacía en las afueras.

Cuando llamó al timbre de la casa de Karen y Tom, no escuchó el ladrido de un perro ni el ruido de las patas al correr para saludarla. Si volvía a vivir en el campo, pensó, adoptaría a otro perro, a un compañero para que Miles pudiera jugar. Se estaba haciendo mayor y un cachorro sería buena compañía para él.

Karen abrió la puerta con un bebé de mejillas sonrosadas en brazos. El puñito de la niña aferraba con fuerza un mechón pelirrojo de su madre.

—¡Ay! —exclamó Karen al tiempo que liberaba el mechón de pelo—. Pasa.

—Gracias por invitarme. Me alegro de verte. —Violet entró en la casa y abrazó a su amiga con cuidado de no aplastar al bebé—. Por Dios, Edith está enorme.

La cara de Karen se iluminó con una sonrisa orgullosa.

—¿Quieres cogerla? No tienes que hacerlo si no quieres. Sé que a mí me cabreaba que la gente siempre supusiera que quería coger a un bebé solo porque tenía cierta edad.

Violet extendió los brazos.

—Me encantaría cogerla. —Le quitó el cálido bultito a Karen. Los bracitos y las piernecitas rechonchas de Edith se pegaron a la húmeda piel de Violet de un modo que debería haber sido incómodo pero que le resultó maravilloso. Aspiró el aroma del pelo de la pequeña y la besó en la coronilla—. Hola, preciosa —dijo con una punzada de anhelo.

Aunque sabía que romper con Jed fue un capítulo esencial en su vida, la posibilidad de no tener a una Edith jamás era el precio que tenía que pagar por su independencia y su nuevo comienzo. Era una putada que se redujeran tanto las probabilidades a medida que se hacía mayor. Que sí, que Karen había tenido a un bebé con casi cuarenta años, pero estaba casada, después de salir dos años con Tom. En su caso, si no pasaba por un rollo de una noche o por una visita a un banco de esperma, le resultaría imposible quedarse embarazada, aunque conociera al hombre perfecto al día siguiente.

—¿Quieres algo? ¿Una copa de vino blanco? ¿Agua? ¿Leche materna congelada? —preguntó Karen.

Violet se quedó a cuadros.

—El vino me va bien. ¿Dónde está Tom?

—En un viaje de negocios, como de costumbre. Estos días soy como una madre soltera. Ven, nos sentaremos en la cocina.

Con el bebé en brazos, Violet siguió a su amiga hasta la enorme cocina con electrodomésticos Restoration Hardware y armarios de estilo rústico envejecidos. Siempre le sorprendía ese afán por intentar que el interior de las casas nuevas pareciera antiguo. Se sentó a la mesa. Karen sacó una botella medio vacía del frigorífico. Sirvió una copa y la dejó delante de Violet.

—La abrí hace un par de días —le explicó—. Perdona si sabe un poco raro. El vino ya no desaparece con tanta rapidez como antes en esta casa.

—Está bueno —le aseguró Violet tras darle un sorbo. Se fijó en la imagen de un caballito de mar grabado en la base de la copa—. Oye, tenemos unas copas Waterford como estas en la tienda. Mi amiga Betsy las llevó. ¿Desde cuándo usas cosas tan elegantes?

—Fueron un regalo de bodas. He pensado que es mejor usarlas.

—¿Tú no vas a beber? —preguntó Violet.

—A lo mejor dentro un rato. A Edith le toca pronto el pecho. —Karen se sentó en la silla situada enfrente de Violet y apoyó los codos en la mesa—. Bueno, ¿a qué nos enfrentamos?

Violet rebuscó en el bolso los documentos que había llevado. Se los ofreció a Karen.

—Esta es la notificación que me llegó. Y también hay una copia de mi contrato de alquiler.

Karen agachó la cabeza y comenzó a leer el documento mientras Violet acunaba a Edith.

Cuando terminó de leer, Karen preguntó:

—En fin, parece que tienes que desalojar el edificio o ejercitar tu derecho preferente de compra. ¿Puedes comprar el edificio?

—El precio de venta es de casi un millón de dólares.

—En ese caso, supongo que la respuesta es no, a menos que tengas escondido un montón de dinero en alguna parte que yo desconozca —replicó Karen—. ¿Has podido hablar con el propietario de tu edificio?

—Sí, pero...

—Desembucha —ordenó Karen—. Nunca es bueno ocultarle cosas a tu abogado.

—Vale, sí, me han hecho una especie de oferta.

Karen se inclinó sobre la mesa.

—¿Qué quieres decir con «oferta»? ¿Qué condiciones te han ofrecido exactamente?

Violet repitió lo que le había dicho Ted, y se sorprendió al ver que Karen asentía con la cabeza.

—Un momento, ¿crees que debería aceptar la oferta? —preguntó tras terminar su explicación.

Karen se encogió de hombros.

—Mira, sé que parece ilógico, pero lo que te están ofreciendo puede que sea una alternativa decente.

—Pues no sé cómo. El dinero que me ofrecen de «incentivo» es ridículo.

—Podríamos negociar para intentar que te ofrezcan más.

Violet negó con la cabeza.

—Aunque doblaran la cantidad que me ofrecen, no bastaría para cubrir los gastos de mudanza y el aumento de la mensualidad que tendré que pagar en el hipotético caso de que encuentre otro local en el vecindario. Ya he estado buscando en los anuncios, y los dos sitios que hay disponibles están fuera de mi alcance si quiero seguir pagando el recibo de la luz. No sé cómo puede ser una buena opción lo que me ofrecen.

—Aceptar la oferta implica menos riesgo —explicó Karen—. Verás, si no puedes comprar el edificio y no lo desalojas según sus condiciones, puedes estar segura de que Mortensen & Son te llevarán a juicio. Y si ganan, podrán reclamarte la minuta de sus abogados y las costas del juicio. Por la firma del abogado que he visto en la última página del contrato de alquiler, veo que es de un bufete muy caro de la ciudad. Si te enfrentas a ellos y pierdes, acabarías pagando miles de dólares. Y, por desgracia, a tenor de lo que veo aquí, las cláusulas favorecen al arrendador.

—No me parece justo —protestó Violet—. Me parece engañoso.

—Engañoso sí, pero eso no quiere decir que sea ilegal.

Violet movió la cabeza.

—Me estás tomando el pelo.

—Me has pedido mi opinión profesional, Violet, no que te dé palmaditas en la espalda.

Como si quisiera romper la tensión, Edith extendió una manita hasta la cara de Violet y le tocó los labios. Después, el bebé comenzó a retorcerse y a lloriquear, de modo que Karen le quitó el cálido cuerpecito de los brazos para darle de mamar. Aunque hacía calor, Violet sintió un escalofrío, como si hubiera perdido algo.

—No pienso aceptar la oferta —sentenció—. Me niego a darle las llaves de mi casa sin más a alguien, a que me echen del vecindario por no poder pagar los alquileres y a que me corten el acceso a mi clientela habitual.

Karen se levantó la camiseta y acercó el bebé a su pecho. Edith soltó una especie de gritito y comenzó a succionar. Karen miró a su amiga.

—No te importa, ¿verdad?

—Claro que no —contestó Violet—. Por favor, que hemos estado en clubes de striptease juntas. ¿Crees que me voy a escandalizar por que le des el pecho?

—Bueno, si no te interesa su oferta, creo que nuestra mejor opción es dilatar el proceso —dijo Karen.

—¿De verdad? ¿Es nuestra mejor opción?

—Es la única que tienes si no estás dispuesta a hacer un trato ni a mudarte. Hay que dilatar el proceso hasta que se te ocurra la forma de reunir el dinero para la entrada de una hipoteca o bien para permitirte pagar un alquiler más alto en otra parte del vecindario.

—Y ¿cómo lo hago? —preguntó Violet.

—¿El qué? ¿Reunir fondos? Ni zorra idea. Si supiera cómo sacar dinero de la nada, no estaría trabajando para esos vejestorios del bufete, te lo aseguro.

—No. ¿Cómo vamos a dilatar el proceso?

—Ah —dijo Karen—. Eso sí que sé hacerlo. Nadie se licencia en derecho sin saber cómo estirar un conflicto legal.

Esa noche Violet se sentó en el sofá con un cuaderno mientras Miles dormitaba con el hocico sobre su regazo. Escuchaba su respiración agitada mientras buscaba ideas acerca de cómo conseguir dinero... lo antes posible. Podía subir los precios, pero temía que eso conllevaría el indeseado efecto de alejar a su clientela fija. Podía subastar online algunas de sus piezas más caras, pero detestaba la idea de mandarle a un desconocido esos objetos que habían sido tan importantes para sus dueños.

Cuando el teléfono sonó a las diez y media, Miles saltó del sofá y se puso a gruñir.

Violet le dio unas palmaditas al pitbull en la cabeza.

—No pasa nada, bonito —dijo, aunque casi nunca recibía llamadas tan tarde. Cogió el teléfono—. ¿Diga?

—Violet, siento molestarte —contestó una voz conocida.

—¿Betsy? ¿Va todo bien?

Se incorporó en el sofá. En una ocasión le dijo a Betsy que podía llamarla a cualquier hora cuando la necesitara. Le preocupaba que su amiga se encontrara sola en su enorme mansión. Betsy estaba sana y tenía mucha energía, pero aun así... a su edad, un resbalón en el suelo de mármol o en la escalera pulida podría resultar fatal.

—Sí, sí, estoy bien —contestó Betsy—. No llames a la ambulancia todavía.

Violet intentó reírse, pero le salió una tos seca. Se acercaba demasiado a la verdad como para resultar gracioso.

—¿Qué pasa?

—Después de salir de tu tienda el otro día, pensé en lo que dijiste de no poder permitirte contratar a nuestra becaria.

A Violet se le disparó el pulso y se preguntó si Betsy se las había apañado para averiguar que corría peligro de perder el apartamento y la tienda. Si Betsy lo sabía, por buena que fuera, ya lo sabría la ciudad entera, desde el alcalde hasta el hombre de barba pelirroja que tocaba el flautín en State Street.

—Ajá... —murmuró Violet, ya que no sabía qué otra cosa decir.

—Supongo que podría haber llamado a otra persona para buscarle un trabajo, pero me había empeñado en que trabajara contigo concretamente. Hace poco que perdió a su madre, y por si eso no bastara, también está embarazada.

«¡Dios!», pensó Violet. Le daba pena la chica, pero tenía la sensación de que, fuera lo que fuese aquello que Betsy tenía en mente, podría ser un desastre. Ya tenía bastantes problemas como para creer que podía ayudar a otra persona.

—Estaba pensando en que lo mejor sería que la tuvieras en prácticas —dijo Betsy.

—¿Te refieres a que trabaje gratis? No me gusta mucho la

idea —replicó Violet—. Creo que tendría la sensación de estar aprovechándome de una adolescente que va a ser madre.

—No trabajaría gratis. Conseguiría créditos para la universidad, lo que le vendría muy bien dado que tal vez pierda clases en otoño, cuando nazca el bebé. Ya he llamado a mis contactos en la universidad, Walt estaba en el junta directiva antes de morir, como ya sabes, y habrá que mover muchos papeles para prepararlo todo, pero creo que sería una magnífica oportunidad para April y para ti.

—Perdona, ¿has dicho April? —preguntó Violet.

—Sí, April Morgan. Una estudiante de último curso del East High. Aunque dejó de asistir a clase y se presentó a los exámenes por libre. ¿La conoces?

Violet recordó a la chica rubia que se había plantado delante de la tienda con el vestido de novia ondeando al viento.

—No estoy segura. ¿Cuántos años dices que tiene? —quiso saber.

—Dieciocho.

Violet recordó cómo era a esa edad. Su vida estaba definida por dos amores: la moda y Jed Cline. En su pueblecito con un solo semáforo, tenía poco acceso a lo primero y mucho a lo segundo. Jed se había fijado en ella cuando cursaba segundo en el instituto y él estaba a punto de graduarse en el Bent Creek High. La había sacado de las filas de los catetos y de los drogatas que se sentaban en las mesas exteriores de la cafetería y la había elevado al estatus de «novia de Jed». Ser la novia de Jed implicaba muchas cosas. Implicaba que se sentaba todos los días a su lado, en el centro de la cafetería, rodeados de sus amigos deportistas, con sus sonrisas perfectas y sus llaveros de coches. Implicaba que perdería la virginidad en mitad de un campo de maíz, en la parte trasera de la camioneta Ford de Jed, bajo el infinito cielo de junio. E implicaba aceptar su proposición de matrimonio en su fiesta de graduación del instituto y matricularse en una escuela superior local en vez de probar suerte en las universidades estatales que habían escogido sus compañeros de clase.

Claro que nada de eso le importó en aquel momento. Violet no había visto sacrificio alguno en sus elecciones. Jed había sido el objetivo, un objetivo que había conseguido sin esforzarse siquiera; pero, cuando consiguió algo que todo el mundo parecía desear tan fácilmente, no se le pasó por la cabeza preguntarse por qué. No se lo preguntó durante el banquete de su boda, celebrado en el gimnasio del instituto, donde bailó eufórica envuelta por una nube de tul y cerveza de barril, con el vestido de satén de la abuela Lou, de los años cuarenta. Y no se lo preguntó en el dúplex que alquilaron detrás de la gasolinera, donde Jed y ella vivieron la década y media de su vida de casados... o al menos no se lo preguntó hasta el final.

La abuela Lou no quería que Violet se casara tan joven. Se lo dijo a Violet y a Jed cuando se comprometieron, y lo repitió en la diminuta sacristía de la iglesia, minutos antes de que recorriera el pasillo hasta el altar.

—¿Estás segura de que es lo que quieres, cariño? —le preguntó la abuela Lou mientras su madre le colocaba un largo velo sobre su pelo oscuro.

Violet se miró en el espejo y se retocó los labios con otra capa de brillo.

—Ajá.

—Porque si no estás segura, dilo sin más —siguió su abuela—. Tú y yo nos meteremos en mi Buick y conduciré hasta que me digas que pare.

—Mamá, no busques líos —dijo la madre de Violet—. La mitad de Bent Creek está sentada en la iglesia. El padre de Violet está en el pasillo, esperando para acompañarla.

—Solo digo que no estás atrapada. —La abuela Lou se inclinó hacia delante y le dijo al oído—: Nunca lo estarás, que no se te olvide.

La abuela Lou no le prometió que liberarse sería fácil o rápido, por supuesto. Violet tardó mucho tiempo en liberarse de las decisiones que había tomado en sus primeros y críticos años como adulta. Betsy también lo sabía. Había escuchado la historia completa de Violet cuando la entrevistó para concederle la subvención con la que podría abrir Hourglass Vintage. Betsy le había dicho que era «incapaz de resistirse a las segundas oportunidades» y había convencido a los restantes miembros del comité para que le concedieran la subvención.

Y en ese momento Betsy le pedía que la ayudara a concederle a otra persona esa segunda oportunidad.

Violet no podía negarse.

5

Objeto: maleta.
Fecha aproximada: años cincuenta.
Estado: bueno, no hay arañazos ni roces.
Descripción: maleta Samsonite amarilla con forro acolchado de color marfil.
Origen: Lucille Rollins. No está a la venta.

Violet

Las campanillas de la puerta tintinearon y Violet atisbó a su nueva empleada a través del escaparate. Puesto que no la esperaba hasta media hora después, contaba con dicho margen de tiempo para acabar de leer el legajo de documentos que Karen le había impreso a fin de ayudarla a comprender lo que estaba pasando con su alquiler. Abrió un cajón situado bajo el mostrador y guardó los papeles.

April se acercó al mostrador. Llevaba un vestido azul marino de manga francesa y cuello bebé (un modelo de los años cincuenta, pensó Violet), unas botas de vaquero y una gruesa pulsera con turquesas. Aunque el vestido era de talle imperio y le quedaba suelto en torno a la cintura, Violet se percató con una punzada de envidia de que la chica tenía más barriga que la última vez que la vio, apenas dos semanas antes.

—Hola —la saludó April—. Llego un poco temprano. Espero que no te moleste. No quería llegar tarde el primer día.

—No pasa nada —le aseguró Violet—. Si vienes en coche, puedes aparcar en la parte trasera del edificio. El aparcamiento de Johnson Street tiene un límite de dos horas y los policías están muy atentos a la hora de poner multas.

—No necesito aparcamiento. Vivo al final de la calle. Además, no conduzco.

Se aferró al asa de su bolso marrón.

—¿Te refieres a que no tienes carnet de conducir?

—No, es que no me gusta.

Violet se percató de que la chica se había puesto a la defensiva y decidió dejar el tema de conversación. ¿Qué más daba si no le gustaba conducir? Todo el mundo tenía sus neuras, ella también.

—¿Me recuerdas? —le preguntó April.

—Por supuesto —contestó Violet.

«No todos los días me compran un vestido de novia, ni mucho menos me lo devuelven unas semanas después», añadió para sus adentros.

No sabía qué hacer. Por una parte, quería devolverle el dinero a April porque se arrepentía de no haberlo hecho cuando le llevó el vestido. Pero, por otra, temía que si sacaba a colación el tema del vestido April recordaría el motivo por el que lo había devuelto y no quería disgustarla.

Para romper el silencio, dijo:

—Hace calor hoy. El buen tiempo se agradece.

—Sí —replicó April apartándose el pelo de la nuca—. A ver, quería darte las gracias por permitirme hacer esto. Sé que no fue idea tuya, aunque Betsy intentó que lo pareciera. Te ha dicho que estoy embarazada, ¿verdad?

Violet asintió con la cabeza mientras pensaba: «La cosa va a ponerse incómoda». Sin embargo, ya no podía echarse atrás. Había firmado los documentos que le había mandado la universidad para formalizar el período de prácticas.

April se quitó el bolso y lo dejó junto a la caja registradora.

—Voy a enseñarte dónde puedes dejar el bolso en la trastienda —se ofreció Violet.

Esperaba no haber parecido una remilgada. Había pasado años puliendo el aspecto de su tienda, desde los tonos naranjas y dorados hasta los espejos dorados y los taburetes de metacrilato de los probadores. No le importaba que hubiera un cierto desorden en la tienda, eso le otorgaba encanto a su establecimiento, siempre y cuando ella fuera la causante de dicho desorden y todo estuviera a su gusto.

Acompañó a April hasta la trastienda y le mostró los colgadores donde podía dejar el abrigo, el bolso y sus objetos personales.

—Bueno, ¿por qué decidiste hacer las prácticas aquí? —le preguntó—. A ver, ya sé que Betsy fue quien te lo propuso, pero también tiene relación con otros muchos negocios de la ciudad. Seguramente podrías haber trabajado en alguna de las boutiques de diseñador de Monroe, o en una de las tiendas más modernas de State Street, que tanto atraen a los estudiantes. ¿Por qué elegiste una boutique vintage?

April se encogió de hombros.

—Supongo que porque la ropa vintage me parece más interesante. Es fácil entrar en una franquicia y comprarte el mismo jersey que llevan todas tus amigas, pero no tiene ninguna historia detrás.

—Exacto —convino Violet; para ella, los objetos antiguos representaban otras vidas, otras decisiones, y apartaban el foco de interés de sí misma.

April señaló con la cabeza hacia unas estanterías llenas de cajas de tela.

—¡Madre mía! Tienes muchas cosas aquí.

—Aquí es donde guardo la ropa que no es de temporada o lo que no puedo exponer en la tienda. Todo está organizado por décadas.

April señaló una caja etiquetada como «Años noventa».

—¿Las cosas de los noventa se consideran vintage?

—Claro —respondió Violet—. Sobre todo de comienzos de la década.

Cogió la caja y levantó la tapa. Después, apartó un pliego de papel de seda y dejó a la vista un vestido negro estampado con triángulos de color rosa chicle.

—Vale, supongo que eso sí es vintage —comentó April—. Era pequeña cuando acabaron los noventa, así que no recuerdo la moda de esa época salvo unas cuantas prendas de mi madre. Creo que no me perdí gran cosa.

—Ojito —le advirtió Violet con una sonrisa—. Este tipo de ropa se vende muy bien ahora.

Recordaba que condujo casi cincuenta kilómetros desde Bent Creek hasta la tienda de JCPenney más cercana para comprarse un vestido con un estampado parecido al de los triángulos, que se puso durante un baile en el instituto. Cuando Jed le ofreció un sorbo de la bebida que llevaba en la petaca que había logrado colar, se puso tan nerviosa por la posibilidad de que la pillara alguno de los profesores que los vigilaban que se echó la bebida encima. Consciente de que no podía volver a casa con el vestido apestando a alcohol, acabó lavándolo con el jabón para manos en el vestuario de las chicas y lo secó con el aire caliente del secador de manos, ataviada tan solo con el sujetador y las bragas.

—¿Por qué lo envuelves todo con papel de seda? —quiso saber April.

—Es papel libre de ácidos. —Violet tapó la caja—. Algunas telas pueden dañarse o decolorarse con el tiempo si están en contacto con otros objetos.

—Mi madre intentó poner en marcha una asesoría —comentó April—. Le encantaría ver lo ordenado que tienes todo.

Violet recordó que Betsy había dicho que la madre de April había muerto. Sentía curiosidad por saber qué había pasado, pero jamás se le ocurriría preguntar. De modo que dijo:

—Creo que podría decirse que soy muy obsesiva con mi mercancía. Es que mi tienda es mi bebé. Además de mi perro, Miles.

Devolvió la caja a la estantería.

—¿No traes a Miles a la tienda? —le preguntó April—. Me encanta que haya perros en las tiendas. El dueño de la ferretería que está al lado de mi casa siempre lleva a su labrador. Así que lo veo cuando voy en busca de alguna cosa rara para hacer un arreglo en casa.

—Me encantaría traer a Miles, pero es un pitbull y algunas personas les tienen miedo. —Guardó silencio un momento—. ¿Has dicho que haces arreglos en casa?

—Cosas sin importancia. Vivo en la casa verde de una planta que está al lado de la cooperativa de productos ecológicos.

—Ah, sí. Sé de qué casa hablas. Es preciosa.

—Sí, pero requiere trabajo. Un trabajo que yo no sé hacer y para el que no tengo dinero. Mi madre me la dejó cuando murió.

—Lo siento mucho.

Violet no sabía qué más decir.

—Sí, yo también. —April bajó los hombros—. La casa está en venta y espero que aparezca un comprador pronto. El agente inmobiliario ha traído a mucha gente, pero de momento nadie ha hecho una oferta. Es normal, supongo. ¿Por qué van a adquirir una casa de cien años cuando pueden comprarse un piso a estrenar al final de la calle?

—Si has heredado la casa, digo yo que tu padre no tiene nada que decir, ¿no? —le preguntó Violet.

—Mis padres se divorciaron cuando yo tenía dos años. Él vive en Ohio con su mujer y sus hijos. Cuando era pequeña venía un par de veces al año, pero hace mucho que no lo veo. Para ser sincera, me alegro de que sea así. Sus visitas eran incómodas. —April se volvió hacia la estantería—. Así que sabes dónde guardar cada cosa, pero ¿cómo voy a apañármelas yo? Me refiero a que no sabré en que década colocar una prenda solo con mirarla.

Violet sabía que su sistema perfecto era perfecto solo para ella, y que lo había organizado así a propósito. Jamás confiaría en sus empleados tanto como para permitirles hacer otra cosa que no fuera doblar ropa o manejar la caja registradora.

—Si necesitas algo de la trastienda, me lo dices y yo te enseño dónde está —contestó Violet.

—Pero ¿y si no estás?

—Casi siempre estoy —respondió ella.

—¿Qué es todo eso?

April señaló una mesa plegable cubierta con montones de papeles. Violet soltó una carcajada nerviosa. Por supuesto, April tenía que fijarse en la única zona de su establecimiento que escapaba a su control.

—Facturas que no me hacen falta, pero que tengo que guardar para calcular los impuestos y demás. Lo dejo todo ahí para archivarlo después, pero nunca tengo tiempo.

—¿Has pensado en escanearlo todo para guardarlo en formato electrónico? —sugirió April.

—Sí, pero no sé de dónde voy a sacar tiempo.

—¿Para qué están los empleados en período de prácticas?

—Pero es que guardarlo todo en el ordenador solo es el primer paso —dijo Violet—. Después tendré que aprender dónde está cada factura guardada.

—Yo podría enseñarte. ¿Llevas un inventario?

—Sí, claro, espera. —Violet se acercó a la mesa y cogió el diario con sus tapas de cuero. Pasó con orgullo las manos por la desgastada cubierta y se lo entregó a April—. Aquí es donde anoto todo lo que entra en la tienda, de dónde viene y en qué estado se encuentra.

April leyó la letra inclinada de Violet con los ojos entrecerrados.

—Vale, esto también podremos informatizarlo. Porque tienes un ordenador, ¿verdad?

—Arriba, en mi apartamento —contestó Violet—. Para el correo electrónico y esas cosas. A veces también busco piezas vintage para la tienda.

—Si lo bajas, yo podría encargarme de todo y así tú no tendrás que ver todas esas facturas, ni los libros de cuentas ni nada de nada.

Violet recuperó el cuaderno donde llevaba el inventario.

—No estoy segura de que sea necesario. A ver, a lo mejor esto te parece un poco desorganizado, pero lo creas o no, sé exactamente dónde está todo. —Caminó hacia la puerta, ansiosa por ponerle fin a la conversación sobre la tecnología y la organización—. Vamos a la tienda. Te enseñaré a usar la caja registradora.

Una vez en la tienda, Violet pasó orgullosa la mirada por las impecables hileras de vestidos y por el arcoíris de zapatos y bolsos alineados en las estanterías. Ese espacio le gustaba muchísimo más que la trastienda. Le relajaba estar rodeada de cosas bonitas, como las mantelerías irlandesas de lino que había doblado esa mañana y había colocado en el expositor. Las cosas bonitas le hacían olvidarse de los aspectos más feos de su vida, del divorcio y de las desilusiones.

—¿Solo tienes esta caja registradora? —le preguntó April, que se inclinó sobre el armatoste con su rollo de papel y su manivela.

—Ajá —respondió Violet—. A veces da la lata, pero te acostumbrarás. Se abre pulsando estos botones. —Pulsó una combinación que hizo que saliera el cajón. En los compartimentos se alineaban unos cuantos billetes de forma muy pulcra. Al igual que el resto de los objetos de la tienda, la caja registradora era de segunda mano—. El rollo de papel se queda atascado de vez en cuando. Si eso te pasa, puedes usar este aparato de gran precisión para desatascarlo. —Violet cogió un alfiler que descansaba junto a la caja registradora—. También te recomiendo ponerla de vuelta y media. Eso ayuda.

—¿Y si alguien devuelve algo? —preguntó April.

—No se aceptan devoluciones.

—Ah, sí. —El semblante de April se entristeció por un momento—. El vestido de novia.

—Por cierto... —Como la caja registradora estaba abierta, Violet contó unos cuantos billetes y se los ofreció—. Esto es para ti. Por el vestido.

April contempló el dinero que tenía en la mano.

—Y ¿qué pasa con la política de la tienda?

Violet sonrió.

—Puedo hacer una excepción con mi empleada en prácticas.

April la miró a los ojos, emocionada por el gesto.

—Gracias. No se lo diré a nadie.

Las campanillas de la puerta tintinearon y entró una mujer descalza, sosteniendo una escoba de plástico en una mano y un cigarro encendido en la otra. Una larga melena canosa le tapaba la cara, pero Violet solo necesitó verle los pies descalzos para identificarla. Era Erma, una vagabunda que vivía por el barrio.

—Erma, te lo he dicho muchas veces. No puedes fumar aquí dentro —le dijo—. La ley lo prohíbe.

La anciana volvió al exterior, mascullando algo sobre el fascismo.

—¿Conoces a esa señora? —le preguntó April a Violet.

—Todo el mundo la conoce. Es difícil no fijarse en alguien que no lleva zapatos ni siquiera en invierno.

—¿Sabes qué le ha pasado?

—Nadie lo sabe. Algunos dicen que es una bruja. —Violet miró por el escaparate y vio que Erma estaba en la acera acabando de fumarse el cigarro—. Me visita desde que abrí la tienda. A veces me trae champiñones o hierbas que asegura que son comestibles. Asegura ser una «recolectora urbana». Jamás compra comida. Solo come lo que encuentra.

—Es una sintecho.

Violet negó con la cabeza.

—Dice que tiene un apartamento.

—¿Alguna vez has comido lo que te trae? —preguntó April.

—¿Estás de broma? Me da miedo. Menudos colocones lleva a veces. No sé si es por lo que come o porque ella es así.

—¿A la gente no le molesta que ande por aquí?

—Creo que le tienen miedo.

Como si las hubiera escuchado, Erma pegó la cara al escaparate y miró hacia el interior de la tienda. Puesto que la mujer padecía estrabismo, era difícil saber a quién o qué miraba. Tras apagar la colilla en la acera, entró de nuevo en la tienda.

—¿En qué podemos ayudarte? —le preguntó Violet.

Erma levantó una mano huesuda.

—Te equivocas, preciosa. La vieja Erma ha venido a ayudarte a ti.

Levantó la escoba hacia el techo y caminó por el perímetro de la tienda, murmurando algo entre dientes. Al pasar junto a la caja registradora, sus murmullos aumentaron de volumen. Se detuvo y comenzó a mecerse hacia delante y hacia atrás con movimientos espasmódicos.

—¿Qué está haciendo? —susurró April.

Violet se encogió de hombros.

Erma sacó una petaca del bolsillo de la camisa de hombre que llevaba puesta y bebió un buen trago.

—Estoy limpiando la energía. Es mala. Muy mala. —Erma enroscó de nuevo el tapón de la petaca—. La tienda que había antes aquí tuvo que cerrar, ¿lo sabes?

Violet asintió con la cabeza. Lo supo antes de alquilar el edificio y había intentado no pensar en ese detalle. En una ocasión había entrado en la tienda que tuvo que cerrar antes de que ella alquilara el edificio. Una tienda de ropa que vendía prendas confeccionadas con materiales sostenibles, como lino o algodón orgánicos. Un concepto que le pareció estupendo, hasta que entró y vio que, al menos en ese establecimiento en particular, «sostenible» era sinónimo de «sin forma, semejante a un saco y carísimo». De modo que deseó que a Hourglass Vintage, que era ecológicamente sostenible en otro sentido, le fuera mejor. Sin embargo, en ese momento se preguntó si Erma estaría en lo cierto, si el lugar tendría una mala energía.

Erma se acercó a ella y la miró de cerca.

—A ti también se te han torcido las cosas, ¿verdad que sí?

Violet no contestó. El aliento de la mujer olía a alcohol.

—Tendré que regresar —anunció Erma—. Hay muchos residuos. Estoy cansada.

Movió la cabeza y salió de la tienda, arrastrando la escoba por el suelo de madera.

—¿A qué ha venido todo eso? —preguntó April.

Violet titubeó. Parte de ella quería hablarle a April del desahucio, o más bien de la notificación de desahucio, o como se llamara técnicamente hablando. No obstante, era un peso demasiado grande para echárselo encima el primer día y, aunque no lo fuera, Violet era demasiado orgullosa como para admitir que era incapaz de manejar ese asunto sola. De modo que se encogió de hombros y dijo:

—Con Erma nunca se sabe.

April pareció aceptar su respuesta y señaló hacia la pared.

—¡Oye! ¿Son de verdad?

Violet se volvió y miró unos cuernos de ciervo que ella misma había pintado de color blanco y que había reutilizado como percha para los collares y abalorios.

—Sí —contestó—. Mi ex era cazador. Esos cuernos son de una pieza que cobró un año. Me los quedé durante el divorcio para cabrearlo. Sabía que no iba a conseguir dinero porque él estaba a dos velas. Todo lo que ganaba en la fábrica se lo gastaba en la taberna de Vern.

—¿Es la misma taberna donde conseguiste esa jarra tan chula? ¿La que me enseñaste el otro día? —le preguntó April.

—Ajá. Supongo que el dueño creyó que me debía algo, porque mi ex se pasaba el día gastando nuestro dinero en su bar. Me dijo que sabía que me gustaban las cosas antiguas. —Violet miró los collares que colgaban de la cornamenta de la pared y se percató de que algunos estaban enredados entre sí. Los bajó para arreglarlos—. Oye, ¿te importaría desenredarlos? —le preguntó.

April cogió los collares.

—En absoluto. ¿Puedo sentarme? Me duelen un poco los pies.

—Claro. No había caído... en que podrías... —Violet sintió que le ardían las mejillas—. Nunca he estado embarazada, así que no se me ha ocurrido que podrías estar incómoda.

—Normalmente estoy bien de pie, pero hoy hace calor y se

me han hinchado —dijo April y se sentó en uno de los sillones naranjas situados junto al probador, Violet lo hizo en el otro.

—Bueno, creo que debería preguntarte qué esperas conseguir de las prácticas, para fijarnos un objetivo común.

April frunció el ceño mientras desenredaba los collares.

—En fin, Betsy me dijo que supuestamente adquiriría experiencia en matemáticas, ya sabes, la contabilidad y esas cosas. Para justificar los créditos. Tengo que redactar un trabajo para finales de verano y entregárselo al profesor que va a ser mi orientador. Así que esperaba poder ayudarte a organizar la contabilidad para ir aprendiendo cómo llevar los libros de cuentas.

Cuando Violet accedió a tener una empleada de prácticas, se imaginó a alguien que colocaría la ropa en las perchas y que limpiaría el polvo de las estanterías con una sonrisa. No esperaba que una adolescente le dijera cómo debía manejar su negocio.

—A ver —replicó Violet—, lo que quieres es adquirir experiencia. Lo entiendo. Y espero que lo consigas conmigo. Pero vamos a echar el freno un momento, si no te importa. Hace tiempo que no tengo empleados a mi cargo y reconozco que puedo ser un poco... especial en mi forma de hacer las cosas. Así que me va a costar un poco acostumbrarme a todo esto, ¿vale?

—Vale. —April abrió los ojos como platos—. Lo siento, es que... no sé, supongo que aunque soy joven puedo ser un poco autoritaria. Durante la enfermedad de mi madre tuve que tomar ciertas decisiones.

—No sabía que tu madre había estado enferma. Me refiero a que sé que la has perdido, pero... —Guardó silencio, porque no sabía si se conocían lo suficiente como para mantener esa conversación—. Lo siento.

April agitó una mano en el aire.

—No pasa nada. No era una enfermedad física, como un cáncer o algo así. Tenía problemas mentales, supongo. Pero, de cualquier forma, murió en un accidente de tráfico.

Violet supuso que debió de parecer descompuesta, porque April añadió al instante:

—Sé lo que estás pensando y no, no se suicidó. Fue durante una ventisca, a principios de noviembre. Su coche se salió en un paso elevado. Estaba muerta cuando llegó la ambulancia.

«Eso explica su miedo a conducir», pensó Violet.

—Por Dios —añadió en voz alta.

—Sí. —April clavó la mirada en sus botas de vaquero—. El caso es que llevo viviendo sola unos cuantos meses e, incluso antes de que muriera, mi madre estaba pasando por una mala racha. Me he acostumbrado a hacer las cosas a mi modo, porque sabía que no podía contar con nadie más.

Violet se acomodó en su sillón y dijo:

—Bueno, pues en ese caso tenemos algo en común.

Mientras April desenredaba los collares, Violet decidió desentrañar la historia de la chica, aunque en el fondo ni siquiera hubiera desentrañado la suya propia.

Cinco años antes

Violet caminó con cuidado sobre la nieve para llegar hasta el buzón. Una vez dentro de casa, estampó las botas varias veces contra el felpudo y abrió el sobre remitido por el Bent Creek Community College. La carta le informaba de que no habían podido hacer efectivo el cheque que debía cubrir la matrícula del curso 405: Aspectos básicos del negocio de la moda.

Al entrar y estampar los pies contra el felpudo, Miles se levantó y le puso las patas en los muslos. Jed y ella habían adoptado al pitbull unos meses antes en un refugio de animales y todavía no había aprendido a comportarse bien.

—Abajo, Miles —dijo Violet, que le colocó las patas al perro en el suelo y se acercó hecha una furia a Jed, que estaba en el sofá viendo en la televisión un partido de fútbol de la liga universitaria. Sobre la mesa auxiliar había un minivertedero de latas de cerveza vacías. Se interpuso entre Jed y el televisor con la carta en la mano—. Aquí dice que han rechazado el cheque con el que pagué la matrícula, así que han cubierto mi plaza con alguien que se había quedado en la lista de espera.

—Oh —replicó Jed estirando el cuello para seguir viendo la televisión.

Violet se movió hacia un lado para bloquearle la visión. Sus botas estaban dejando un charco de agua sucia sobre la desgastada moqueta.

—Sé que había suficiente dinero en la cuenta cuando extendí el cheque el lunes. —Puso los brazos en jarras—. Y no he gastado nada desde entonces, salvo para echar combustible en el coche. El combustible no me costó ochocientos dólares ni mucho menos, que es justo la cantidad que había en la cuenta cuando extendí el cheque.

Jed se cambió de sitio en el sofá y Violet se movió para impedirle que viera la televisión.

—El curso costaba quinientos dólares, así que no deberían haber tenido ningún problema para cobrar el cheque —siguió—. ¿Qué ha pasado con el dinero?

—No lo sé —murmuró Jed.

—¿De verdad? Supongo que tendré que llamar al banco para que me lo expliquen.

—Espera un momento, déjame pensar. —Jed, cuyo rostro estaba abotargado por el alcohol, puso cara de estar resolviendo una ecuación matemática en vez de buscar la respuesta a una sencilla pregunta—. El lunes fue el cumpleaños de Smithy, así que fuimos al bar después del trabajo.

—¿Y te gastaste ochocientos dólares? ¿Cómo es posible? Las cervezas cuestan dos dólares. ¿En qué otra cosa te lo gastaste?

Jed se rascó el mentón, áspero por la barba.

—No me acuerdo. Bebí mucho y tengo una especie de laguna. A lo mejor fuimos a algún sitio después de salir del bar, pero no lo tengo muy claro.

—Si tienes una «especie» de laguna, estoy segura de que el banco podrá darme más detalles. Seguro que pueden decirme dónde gastaste el dinero —dijo caminando hacia el teléfono.

—Espera, acabo de recordarlo.

Violet se volvió para mirar a Jed.

—Qué oportuno.

—Fuimos a Chubby's Bunnies.

Clavó la vista en el suelo.

—¿Te gastaste el dinero de la matrícula en un club de striptease?

Violet se clavó las uñas en las palmas de las manos para no arrojarle algo a la cabeza.

—No te enfades, Vi. Smithy es mi mejor amigo.

—Claro —replicó con sequedad—. Era una ocasión especial.

Jed asintió, sin captar el sarcasmo del comentario.

—Yo voy a explicarte lo que es una ocasión especial. —Arrojó el sobre con tanta fuerza sobre la mesa que tiró una lata de cerveza vacía—. Una ocasión especial es cuando el único instituto de enseñanza superior de este dichoso pueblo imparte por una vez un curso que me interesa. Un curso relacionado con lo que quiero hacer, que es, por si se te ha olvidado, abrir una tienda de ropa vintage.

—Sí, sé que has dicho que es tu sueño y eso, pero pensé que era eso... un sueño y ya está.

—No sé si sabes que hay gente que se esfuerza por conseguir sus objetivos —replicó Violet—. Y eso es lo que yo trataba de hacer al asistir a ese curso. ¿Crees que he estado acumulando toda esa ropa vieja y todas esas cosas en el garaje por un sueño que nunca voy a hacer realidad?

—¿No puedes asistir al curso el próximo semestre?

—Sí, claro, si viviéramos en Madison, por ejemplo, donde hace falta una carpeta del tamaño de un listín telefónico para guardar la información de todos los cursos que se dan en un solo departamento de la universidad. Pero aquí solo se impartirá este curso en esta ocasión, porque viene un profesor de fuera.

Jed soltó un resoplido desdeñoso.

—Te crees mejor que los demás, ¿verdad? Crees que Bent Creek está bien para otra gente, pero no para ti, porque tú eres especial o algo. ¿Quieres abrir una tienda? ¿Quieres vivir en otro sitio? Pues hazlo. No pienso detenerte.

Violet sabía que debería cabrearse, pero el hormigueo que le recorría el cuerpo no se debía a la furia. Se debía al entumecimiento. Jed y ella ni siquiera se habían intercambiado regalos esa Navidad. Cuando se enteró de que un ejecutivo de una conocida cadena de tiendas de ropa iba a ofrecer un curso en el instituto de enseñanza superior del pueblo, empezó a ahorrar parte del dinero de las propinas. Por temor a que pasara algo del estilo de lo que había sucedido, escondía el dinero en el cajón de su ropa interior. No había llevado el dinero al banco hasta el lunes, y lo depositó en la cuenta que tenía en común con Jed. El mismo día extendió el cheque. Jed solo había necesitado veinticuatro horas para destrozar sus sueños.

Fue al dormitorio, pasando por completo de las disculpas de Jed, que quedaron ahogadas por los comentaristas del partido de fútbol, que en ese momento discutían si había sido o no penalti. Después, abrió una maleta, una Samsonite amarilla de los años cincuenta que su abuela le había regalado «por si acaso» la última vez que Violet estuvo en su casa, y empezó a hacer el equipaje.

6

Objeto: colgante.
Fecha: 1970.
Estado: bueno, le faltan algunas piedrecitas.
Descripción: cadena bañada en oro y colgante ovalado con piedrecitas incrustadas.
Origen: Amithi Singh.

Amithi

Un soleado viernes de mayo, un mes antes de que entrara por primera vez en Hourglass Vintage, Amithi acompañó a su marido a Chicago para asistir a una convención sobre ingeniería. Naveen tenía reserva en un hotel de Oak Park, un barrio al oeste de la ciudad. Además de ser un viaje de trabajo, se suponía que el fin de semana iba a ser una escapada para ambos. Amithi y Naveen habían vivido en Oak Park al principio de su matrimonio, y los dos guardaban buenos recuerdos de la zona, de los barrios históricos por los que solían pasear cuando necesitaban salir de su diminuto apartamento sin gastar dinero, y de los bares que no eran buenos, pero sí baratos, y le permitían a Amithi descansar de vez en cuando de la cocina.

Sin embargo, mientras salían de la autopista ese viernes,

Amithi solo veía centros comerciales y gasolineras por la ventanilla. Las calles parecían diferentes a como eran cuando vivieron allí años antes. Habían desaparecido los restaurantes familiares y las tiendas de toda la vida, que habían sido sustituidos por franquicias de comida rápida y de ropa.

Naveen enfiló hacia el centro del distrito y Amithi se animó al ver el Lake Theater, con sus columnas art decó y su cartel de neón azul. Eso al menos no había cambiado. Los fines de semana que Naveen no pasaba en el laboratorio, por la noche, iban a ver películas: *Tiburón*, *El padrino* o la última de James Bond. Aunque siempre fingía escandalizarse por la violencia y los desnudos de las películas norteamericanas, adoraba esas horas sumida en la oscuridad durante las cuales podía lanzarse al peligro y a la aventura sin sufrir las consecuencias.

Después de registrarse en el hotel, Naveen se duchó mientras Amithi se ponía un sari púrpura decorado con minúsculos espejitos plateados. A lo largo de los años, conforme se acostumbraba a la vida norteamericana, había tenido cada vez menos oportunidades de vestir un sari. Unos chinos con una blusa o las holgadas líneas de un *salwar kameez* de dos piezas eran mucho más cómodos para las labores domésticas, para cocinar y para hacer recados. Sin embargo, para ocasiones especiales nada le parecía más adecuado que los femeninos pliegues de un sari con sus tres metros de seda.

Amithi terminó de sujetarse la tela púrpura al cuerpo y después sacó el collar de la maleta. No era caro, solo una cadena bañada en oro con un colgante de piedras de cristal, pero Naveen se lo compró en una tienda de bisutería en Devon Avenue, recién casados. Se lo puso esa noche para recordar todo el camino que habían recorrido. Cuando se fueron de Chicago hacía tantos años, tenían muy poco. Mientras Naveen estaba en la universidad, ganando el sueldo de un profesor interino, contaban con el dinero justo para llegar a fin de mes. Desde entonces, habían conseguido algo que los dos valoraban: seguridad, tanto en lo económico como en el familiar ritmo de su relación.

Naveen salió del cuarto de baño secándose con una toalla. Amithi se fijó en que su torso ya no era tan liso y duro como antes. En cambio, la piel colgaba alrededor de las costillas y el vello del pecho, que en otro tiempo fue negro y fuerte, estaba canoso y ralo. Aun así, sintió que la ternura la invadía al verlo.

—Hay una recepción esta noche para los asistentes. ¿Te has acordado de traer el horario que nos mandaron? —preguntó Naveen mientras se abrochaba la camisa.

—Creo que es en algún lugar del centro. —Amithi sacó una tarjeta del bolso. De no ser por ella, estaba convencida de que Naveen sería incapaz de llegar a cualquier sitio—. Aquí dice que es en la Signature Room, en Michigan Avenue. Empieza a las siete.

Fueron en taxi hasta el centro, a la altísima torre trapezoidal que era el Hancock Building, y subieron a la planta noventa y cinco en el ascensor. Los condujeron a una sala de celebraciones privada, donde numerosos hombres trajeados y mujeres ataviadas con vestidos de cóctel negros se congregaban alrededor de la barra y de la mesa de los canapés. Los enormes ventanales ofrecían una panorámica de la ciudad y del cielo nocturno. Amithi se acercó a los cristales para ver mejor. La niebla se enroscaba alrededor de las luces de los rascacielos vecinos, y los coches que circulaban por la calle parecían de juguete.

Le dio la espalda al ventanal y siguió a Naveen mientras este circulaba por la estancia y saludaba a la gente. Cada vez que se acercaban a alguien, Naveen decía: «¿Te acuerdas de mi esposa, Amithi?». Los ojos de la persona en cuestión se abrían al reconocerla. Amithi se dio cuenta de que seguramente la recordasen porque resaltaba entre la multitud con su piel morena y con la colorida ropa que solía llevar. Se miró el sari púrpura y dorado, y se preguntó si debería haber vestido otra cosa, si debería haberse puesto algo más occidental para mezclarse con las chaquetas oscuras y los vestidos negros del resto de invitados.

Aunque los colegas de Naveen parecían reconocerla, ella no los recordaba. Varios de los asistentes a la convención fueron compañeros de estudios de Naveen, pero los nombres se confundían en su mente: Kevin, Carl, Kent. Le costaba todavía más distinguir a sus esposas. Muchas de ellas tenían el mismo tono rubio ceniza en el pelo. Todas las conversaciones se le antojaban iguales: una discusión interminable acerca de quién vivía dónde, quién trabajaba en qué y quién se estaba divorciando de quién.

Para la cena formal, Amithi se sentó con Naveen a una mesa cerca del ventanal. Dos hombres se reunieron con ellos y Amithi recordó vagamente que fueron buenos amigos de Naveen cuando estaba estudiando. Uno de ellos, un hombre de cara oronda y muy escandaloso llamado Mel, se había convertido en un afamado investigador para una empresa farmacéutica. Apenas llevaban cinco minutos sentados cuando se lanzó a describir cuántas patentes tenía (nueve) y cuántas casas de vacaciones (tres).

Después de la ensalada, Amithi se disculpó para ir al tocador de señoras, y agradeció el respiro de todos esos alardes. Cuando volvió a la mesa, Mel seguía hablando. Estaba de espaldas a Amithi, inclinado hacia Naveen, mientras decía:

—Oye, me encontré con Paula Sorensen en la convención de Miami de esta primavera. Tío, está buenísima. Pero seguro que tú lo sabes mejor que yo, ¿no, Naveen?

Naveen, que estaba de cara a Amithi, la vio.

—Ah, ya has vuelto, cielo —dijo.

Su comentario la puso sobre aviso. Aunque Naveen y ella usaban apelativos cariñosos en privado, nunca lo hacían en público.

—Por favor, no interrumpáis la conversación por mí —dijo mientras se sentaba—. ¿Estabais hablando de una tal Paula?

—Fue compañera nuestra en la universidad —explicó Naveen.

—Fue más que eso para Naveen —añadió Mel con una carcajada estentórea.

—No sé de qué hablas.

Naveen clavó la mirada en su whisky y agitó el vaso para que los cubitos de hielo se movieran.

Amithi sabía que Naveen había salido con una chica estadounidense de su clase antes de comprometerse. Se lo contó antes de la boda. Tal vez la tal Paula de la que hablaban fuera esa chica. Pero lo que no entendía era por qué Mel la sacaba a colación en ese momento. Había muchas preguntas que quería y necesitaba hacerle a Naveen, pero esperaría. Los asuntos personales no se aireaban en público.

Durante el primer plato, Amithi comió poco del maravilloso festín: fletán empanado con crema de limón, puré de patatas y espárragos. Lo que más le preocupaba era que Naveen también parecía distraído. Se dijo que no debía preocuparse, que fuera quien fuese Paula, era agua pasada. Amithi y Naveen llevaban casados más de cuarenta años. Intentó relajarse y disfrutar de la tarta de chocolate que el camarero le puso delante.

En el taxi de camino al hotel, Naveen no dejó de hablar sin parar acerca de las personas a las que habían visto. Expresó su sorpresa por el éxito de aquellos que sacaban malas notas cuando eran estudiantes y su decepción por aquellos que, como Mel, al menos en su opinión, habían desperdiciado sus brillantes mentes amasando dinero fácilmente con las grandes empresas en vez de contribuir al mundo académico.

Durante la primera pausa en su diatriba, Amithi preguntó:

—¿Y qué me cuentas de Paula?

Naveen se volvió hacia ella. Un coche que pasaba iluminó una parte de su rostro, pero Amithi pudo ver su cara de sorpresa.

—¿Qué pasa con ella?

—Bueno, ¿por qué ha hablado Mel de ella esta noche? ¿Es la chica con la que salías antes de que nos comprometiéramos?

Naveen hizo una pausa antes de contestar:

—Sí. Te hablé de ella, ¿no te acuerdas? No fue serio. Sabía que no podía casarme con ella.

—¿Porque era estadounidense?

—No solamente por eso. Era una radical y no dejaba de meterse en una lucha política tras otra. Supongo que podría decirse que era una hippy. Mi familia nunca la habría aceptado y yo nunca les habría hecho pasar ese mal trago. Supongo que me estaba rebelando un poco, al estar tan lejos de casa. Pero solo fue una aventura.

«Una aventura», pensó Amithi, que frunció el ceño. Le costaba mucho ver a su serio y erudito marido teniendo una aventura. Se le pasaron mil cosas por la cabeza. Cuando se casó con Naveen, era tímida e inexperta. Se preguntó si Paula, la hippy radical, fue mejor amante. Se preguntó si Naveen seguía pensando en ella. O peor todavía, si seguía viéndola.

—¿Sigues en contacto con ella? —preguntó Amithi.

—La veo de vez en cuando en congresos y demás. —Naveen le echó un brazo por encima de los hombros—. Sé lo que estás pensando y no tienes que preocuparte. Somos colegas de profesión, nada más.

Amithi tensó los hombros al sentir el contacto.

—Mel ha dejado caer que sigues conociéndola muy bien.

Naveen volvió a poner las manos sobre su regazo.

—A Mel le gusta exagerar, por si no te has dado cuenta.

—Tienes razón. Pero ¿por qué nunca me has hablado de Paula? Al menos, no desde que éramos jóvenes.

—Porque no merecía la pena mencionarla —contestó Naveen al tiempo que la miraba a los ojos.

Amithi miró esos ojos castaños en los que había confiado desde que tenía diecisiete años y no encontró nada de lo que dudar.

—¿Estás seguro de que me lo has contado todo? —preguntó.

—No hay nada más que saber.

De vuelta en el hotel, Amithi se dio cuenta de que estaba agotada por la preocupación y por la conversación banal de toda la noche. Supuso que el cansancio había contribuido en gran medida a la forma en la que había respondido a los groseros comentarios de Mel. Se metió en la cama y cerró los ojos, mientras Naveen se apoyaba sobre una almohada para leer una revista científica.

Justo antes de dormirse, Amithi recordó que aún tenía el collar puesto. Se lo desabrochó y lo dejó en la mesita de noche. Al hacerlo, sintió una mano cálida en el brazo.

—¿Qué pasa? —preguntó al tiempo que se volvía hacia Naveen, que se aferraba el pecho y tenía el gesto torcido como si le doliera—. ¿Te encuentras mal?

—Me encuentro fatal —contestó él—. Pero no estoy enfermo.

En ese momento Amithi se dio cuenta de que Naveen no se lo había contado todo.

—Paula —dijo ella.

Naveen asintió con la cabeza. Torció el gesto y le enseñó todas las arrugas, la mayoría de las cuales habían aparecido a lo largo de sus años de matrimonio.

—Lo sabía. —Amithi se levantó de la cama de un salto, como si tocar la misma superficie sobre la que estaba Naveen la quemara—. ¿Cuánto tiempo lleva pasando?

—Ya no pasa —le aseguró Naveen—. Por eso no he ido este año a la convención de Miami. No quería verla.

A Amithi se le formó un nudo en la garganta por la rabia y las lágrimas que se negaba a derramar. Recordó que le resultó raro que Naveen no hubiera viajado a Florida esa primavera para asistir al simposio anual de bioquímica al que siempre acudía. También recordó todas las veces que se había ofrecido a acompañarlo, ya que deseaba un respiro soleado donde descansar de la primavera de Wisconsin, que solía ser fría la mayoría de las veces. Año tras año, Naveen la había convencido para que no lo acompañara diciéndole que estaría muy ocupado y que ella se aburriría.

Por fin sabía por qué tendría tan poco tiempo para ella. No porque fuera a pasar todo el día en conferencias y charlas. Iba a pasar el tiempo con otra mujer.

—No has contestado la pregunta —insistió, sorprendida por la frialdad de su voz pese a la rabia que borboteaba en su interior—. ¿Cuánto tiempo lleva pasando?

Naveen soltó el aire.

—¿Recuerdas el viaje que hiciste con Jayana a la India cuando era pequeña y yo me quedé en casa para...?

—Para ir al simposio de Miami —terminó Amithi por él—. Dijiste que ese año ibas a presentar una ponencia.

—Y la presenté —le aseguró—. Paula se acercó después para felicitarme por los descubrimientos que había hecho. Llevaba años sin verla y nos tomamos una copa para ponernos al día y...

—Ya basta. Me imagino lo que pasó después.

Amithi se llevó una mano al estómago, aunque parecía habérsele caído a los pies.

Recordó el viaje a la India del que hablaba Naveen, cuando Jayana tan solo tenía un año. Había llevado a la inquieta niña de la casa de un pariente a la casa de otro, y no solo de su familia, sino también de la familia de Naveen. Había permanecido despierta por las noches en las habitaciones de invitados de primos y de tíos lejanos. Había soportado sus consejos sobre cómo educar a los hijos y había contestado sus agotadoras y repetitivas preguntas. Y justo en ese momento Naveen empezó a serle infiel. No con cualquier mujer, sino con alguien que era su igual en el ámbito académico. Amithi se preguntó si Naveen creía que era tonta. Ni había acabado sus estudios superiores ni tenía un doctorado.

—¿Me estás diciendo que os habéis estado viendo durante más de treinta años? —preguntó Amithi, aunque fue casi incapaz de pronunciar las palabras.

—¡No! —exclamó Naveen—. No. Después de esa vez, Paula estuvo varios años sin asistir al simposio de Miami, aunque vive en Florida. Los dos nos sentíamos fatal por lo que pasó y acordamos que nunca volvería a suceder. Pero después volvió a asistir cuando consiguió la plaza fija en Gainesville. Creo que la presionaron mucho desde otra facultad para que asistiera y presentara...

Amithi no daba crédito. Naveen estaba poniendo excusas, no solo por su comportamiento, sino también por el de Paula.

—Naveen, el mero hecho de que asistiera no te obligaba a acostarte con ella.

—Lo sé —replicó él con voz apenas audible—. Eso fue hace unos diez años, y ha estado pasando todos los años desde entonces, hasta hace unos cuantos meses, cuando le dije que se había acabado y que no iba a asistir al simposio.

Amithi tenía miedo de hacer la siguiente pregunta, pero necesitaba conocer toda la historia a esas alturas.

—¿Eso quiere decir que pasó solo en Miami o en más sitios?

—Me avergüenza reconocer que sucedió en más sitios. A veces se reunía conmigo en Chicago, cuando yo iba por cuestiones de trabajo. Incluso fue una vez a Madison. Acudió para dar una charla y se alojó en un hotel...

Amithi jadeó.

—¿Cómo has podido hacerlo? —gritó—. Ya es bastante malo que me hayas sido infiel... ¡y durante tanto tiempo! Pero que encima te líes con ella en nuestra casa...

Naveen negó con la cabeza.

—Nunca la he llevado a casa.

—Da igual —le soltó Amithi—. Madison es nuestra casa. Hemos construido nuestra vida allí. En lo que a mí concierne, la has llevado a nuestra casa.

De repente, se dio cuenta de que otros huéspedes podrían oírla. En circunstancias normales, le habría importado algo así. Pero esa noche, no.

—Es espantoso, lo sé. Imperdonable.

Naveen movió la cabeza con tanta fuerza que a Amithi le recordó a un perro que se sacudía el agua de encima. Ojalá fuera tan fácil sacudirse el pasado.

—¿Por qué no me lo has dicho nunca? —preguntó aferrándose a los pliegues del camisón como si al asirse a algo tangible, por pequeño que fuera, pudiera evitar que su vida se desintegrara del todo—. ¿Me creías tan tonta como para no averiguar nunca la verdad?

Las lágrimas resbalaban por las mejillas de Naveen. Amithi no sintió pena. De hecho, ese hombre sollozante y destrozado no se parecía en nada al marido del que creía haberse enamorado con el tiempo.

—Siempre supe que era un error —dijo él.

—Pero tuviste la oportunidad de dejar de cometerlo después de la primera vez.

Apretó los labios para sellar la rabia que sentía dentro.

El sonido que brotó de la garganta de Naveen fue una mezcla de grito y susurro:

—Sí.

«Sí» siempre fue una de las palabras preferidas de Amithi en ese idioma. Tenía un sonido rotundo, contundente. Sin embargo, en ese contexto no pudo desentenderse del deje de finalidad que conllevaba.

—¿Cómo has podido ocultar semejante secreto todos estos años?

—Porque he sido un cobarde.

Naveen era incapaz de mirarla a los ojos.

Amithi se acercó a la puerta de la habitación del hotel y la abrió.

—Fuera —le ordenó.

—Pero ¿adónde voy a ir?

—Me da igual. Búscate una habitación. O duerme en el coche. Pero quiero que te vayas.

Naveen se levantó y se acercó a la puerta con la cabeza gacha, arrastrando los pies. Antes de salir al pasillo, levantó la vista y miró a Amithi.

—¿Crees que podrás perdonarme alguna vez?

Amithi cerró la puerta y echó el pestillo sin contestar. No volvió a la cama. En cambio, apagó la luz y se sentó en un sillón cerca de la ventana, sin descorrer las cortinas. Quería llorar, pero no podía. Al final, cuando ya no aguantó más sentada, salió de la habitación del hotel. Recorrió el pasillo desierto y entró en el ascensor para bajar al aparcamiento subterráneo.

Mientras conducía de madrugada hacia el oeste por la I-90 en dirección a Madison, los recuerdos de su vida de casada pasaban por su cabeza a toda velocidad. Las vacaciones, los cumpleaños. Las incontables camisas planchadas, las incontables comidas preparadas.

Todo había sido mentira.

7

Objeto: zapatos de vestir.
Fecha aproximada: años sesenta.
Estado: decente. Suelas y plantillas un poco desgastadas.
Descripción: zapatos de tacón de estilo d'Orsay de satén rojo, con puntera y talón cerrados.
Origen: los ha traído una profesora de Derecho de la universidad.

April

Una mañana de junio, dos semanas después de que April comenzara las prácticas, Violet le entregó las llaves de su jeep.

—¿Te importaría recoger un paquete al otro lado de la ciudad? —le preguntó—. Hay una señora que va a trasladar a su madre a una residencia de ancianos y ha puesto en Craiglist fotos de un joyero con unas joyas increíbles que quiere vender. Broches esmaltados y collares de cuentas de colores. Ya la he llamado y me ha dicho que me las regala todas si voy a recogerlas hoy mismo.

—Ahora mismo voy, pero ¿puedo coger el autobús? —sugirió April, avergonzada por tener que recordarle su fobia a conducir.

—Vale. —Violet también se sintió avergonzada—. Lo siento, se me ha olvidado que no conduces. —Recuperó las llaves—. Olvídalo. Yo iré a por las joyas. ¿Puedes encargarte de la tienda durante media hora o así, mientras yo estoy fuera?

—Claro —contestó April, contenta al ver que por fin confiaba en ella no solo para limpiar piezas de plata antigua o para planchar faldas plisadas.

Mientras Violet estaba fuera llegó a la tienda una mujer vestida con pantalones de hacer yoga y una sudadera con cremallera. Caminó con dificultad hasta la caja registradora, ya que llevaba en los brazos un voluminoso montón de terciopelo y lentejuelas. Lo soltó en el mostrador con un exagerado suspiro.

—Buenas tardes. ¿En qué puedo ayudarla? —le preguntó April.

—Necesito espacio en mi armario. —La mujer, rubia y con mechas, se colocó un mechón de pelo que se le había escapado de la coleta—. Así que he decidido que ha llegado la hora de deshacerme de mi antiguo vestuario del teatro.

April levantó una prenda de la parte superior del montón: un vestido de terciopelo de color vino y talle imperio, con un ribete dorado en el corpiño.

—Ese es de cuando interpreté a Julieta —comentó la mujer con un deje nostálgico en la voz.

—¿Es usted actriz?

April intentó imaginársela en el escenario, siendo el centro de atención de todo el público. Le costó trabajo.

—Era —la corrigió la mujer—. En Nueva York, cuando tenía veinte años. Después de casarme, nos mudamos a Madison. Mi marido consiguió una plaza de profesor de Historia. Fue la única oferta de trabajo que le hicieron, así que no podíamos rechazarla.

—Es increíble que haya conservado todo el vestuario.

—No es normal hacerlo. —La mujer pasó una mano sobre la falda de gasa de lo que parecía un vestido de baile—. Pero yo era amiga de la diseñadora. Cuando me fui de Nueva York, convenció al director de la compañía de teatro de que me permitiera conservar algunos de los vestidos como regalo de despedida.

La tristeza que apareció en los ojos de la mujer incomodó a April, que deseó poder ofrecerle algunas palabras de apoyo para animarla, pero no encontró ninguna.

—En la ciudad hay algunos grupos de teatro decentes —comentó tras un silencio—. ¿Ha actuado alguna vez en sus montajes?

—Cuando llegué hice unas cuantas pruebas, e incluso conseguí el papel de Eliza Doolittle en una representación de *Pigmalión*. ¡Dios, qué divertido habría sido! —La mujer movió la cabeza—. Tuve que rechazar el papel porque en aquella época mi hijo pequeño sufría continuas infecciones de oído. Faltaba a muchos ensayos porque tenía que llevarlo al médico o a urgencias. Como no era justo para el resto del elenco, renuncié al papel.

April se preguntó por qué el marido profesor de universidad no podía llevar al niño al médico de vez en cuando, pero no dijo nada. Insultar a las clientas juzgando a sus maridos no sería una buena actitud para el negocio.

—Bueno, ¿quiere vender todo esto?

—Ajá. Los he guardado para que mis hijos se disfrazaran algún día. Pero mis tres hijos mayores no parecen interesados. A estas alturas, lo único que hacen es ocupar un espacio que necesito en mi armario.

—Voy a tardar un rato en examinarlo todo. Es la primera vez que lo hago sin mi jefa. ¿No le importa volver más tarde, cuando la avise por teléfono de que he acabado?

—Ah, prefiero quedarme y echar un vistazo por la tienda. Mi marido está con mis hijos por una vez y quiero aprovechar esta oportunidad al máximo. Si me voy a casa, alguien necesitará que lo lleve a algún sitio, o querrá que le prepare un sándwich o que le lave la camiseta de la equipación de baloncesto. Prefiero quedarme aquí para disfrutar del tiempo libre.

—Necesito ver su identificación —dijo April—. Es un requisito para todo aquel que quiera vendernos algo. Eso lo tengo claro.

La mujer rebuscó en su bolso de lona y extrajo un enorme monedero de vinilo. Tras sacar su carnet de conducir, lo dejó en el mostrador con un exagerado suspiro.

—Odio esa foto. Ojalá contara con un equipo de maquillaje y peluquería como en mi época de actriz.

April miró la foto de la mujer y después la miró a ella, y después leyó su nombre: Lane Lawton. Copió en un papel su nombre, el número de su carnet de conducir y su fecha de nacimiento. La fotografía, aunque demasiado iluminada, mostraba a una mujer con una sonrisa segura e imponente. En dicha sonrisa, April atisbaba a la diva dramática que no veía en el papel de madre agotada que Lane parecía estar interpretando en ese momento.

Tras devolverle el carnet, le dijo:

—Gracias. Mire todo lo que quiera, la llamaré cuando acabe de examinarlo todo.

Lane caminó hasta el otro extremo de la tienda para ver los bolsos y los zapatos. April se llevó una mano a la barriga e intentó zafarse de la ansiedad que la recorría por dentro. O tal vez estaba sintiendo al bebé. Se preguntó qué le reportaría la maternidad, si una actriz neoyorquina se había visto obligada a abandonar los escenarios para hacer sándwiches y llevar a los niños en coche de un lado para otro.

Pero ella no conducía. Le avergonzaba que su miedo le hubiera impedido realizar su trabajo esa mañana. Sabía que en algún momento dado tendría que ponerse otra vez al volante, seguramente antes de que el bebé naciera. Pero cada vez que se sentaba en el Toyota de su madre, que estaba aparcado en el garaje (el coche con el que su madre no tuvo el accidente), le temblaban las manos y no podía respirar.

Bajó la vista hasta el montón de ropa de teatro de Lane. Eran disfraces que cubrían muchos lugares y momentos de la historia. Había un vestido vaquero ideal para una chica de un rancho, y un vestido de baile azul con enaguas de la época de la Guerra Civil. Se preguntó cómo había podido Lane renunciar a la interpretación. Ser capaz de transformarse en otra persona, aunque solo fuera durante unas horas y bajo los focos, era un don.

Cayó en la cuenta de que Violet no le había explicado nada sobre la valoración de las prendas. Buscó el inventario encuadernado en cuero para hacerse una idea de lo que debía pagarle a Lane por su ropa. Estaba en el mostrador y sobre él había un vaso rojo marroquí de té medio lleno de agua. Apartó el vaso y hojeó el cuaderno hasta hacerse con una idea apropiada de lo que debía pagar por los disfraces.

—¿Lane? —dijo.

La mujer la miró.

—¿Sí?

—Ya he acabado de examinar tus cosas, así que si quieres, estoy lista. Siento haber tardado tanto. Solo llevo un par de semanas trabajando aquí.

—No pasa nada. Tranquila. Ha sido la media hora más tranquila de la que he disfrutado en mucho tiempo. Tengo que venir más a menudo. —Lane sonrió—. Ah, y he encontrado estos.

Llevaba unos zapatos rojos en una mano.

—Son preciosos —replicó April—. Violet, mi jefa, me contó que eran de una profesora de la facultad de Derecho que tiene un armario lleno de trajes negros y cientos de zapatos llamativos. Qué suerte que usted tenga su mismo número. Si vuelve dentro de unas semanas, seguro que ha traído alguno más. Supongo que la mujer repasa su colección al final de cada curso y trae los que ya no va a ponerse más.

—No sé cuándo podré ponérmelos —dijo Lane—. Una excursión a una granja con la clase de mi hijo no es precisamente el mejor momento para ir con tacones, pero ya encontraré el adecuado, aunque tenga que forzarlo.

Lane aceptó un vale para usar en la tienda en vez de dinero. Gastó parte de dicho vale para comprar los zapatos y dijo que volvería pronto para gastar el resto.

—Tengo más disfraces en casa —confesó—. Así que puedes llamarme cuando quieras si necesitas algo específico.

Lane escribió sus datos de contacto y salió por la puerta con una bolsa de papel naranja en la mano en la que se leía HOURGLASS VINTAGE.

April se sentía orgullosa de sí misma por haber manejado con éxito su primera transacción en solitario y estaba deseando que Violet regresara para contárselo.

Sin embargo, cuando llegó, la vio mirar con gesto crítico el montón de disfraces que seguía en el mostrador.

—¿Qué es todo esto?

—Una mujer que antes era actriz ha traído unos cuantos disfraces de cuando actuaba en el teatro. Mira este.

Levantó unas mallas de color rojo brillante que bien podían ser un atuendo circense y acarició la reluciente cinta del escote.

Violet examinó las prendas una a una con el ceño fruncido.

—Espera, ¿son todo disfraces? No vendemos disfraces.

—Oh —exclamó April sintiéndose como una idiota—. Bueno, pues... a lo mejor deberíamos, o al menos deberíamos tener unos cuantos para Halloween. Para atraer a gente que de otra manera no compraría en una tienda de segunda mano.

Violet no parecía muy convencida.

—Es una idea interesante, pero no sé yo qué iban a pensar mis clientes si ven en la percha de los disfraces algo que ellos se pusieron para una ocasión importante, como una boda o una graduación.

—Lo siento. Supongo que debería haber esperado a que llegaras antes de comprar todo esto —se disculpó April.

—En el futuro, llámame cuando tengas alguna duda si no estoy en la tienda. —Ojeó los disfraces y suspiró—. Supongo que los colgaremos hasta Halloween, como has dicho, a ver si los vendemos.

April sentía que había tenido una oportunidad de demostrar su valía a Violet y la había desaprovechado. Necesitaba redimirse.

—Quería comentarte una cosa —dijo—. Me ha resultado complicado encontrar en el inventario la información que necesitaba. Si te parece bien, podría intentar dar con un modo más sencillo de organizarlo todo. Si digitalizáramos todos los archivos, tal como ya hemos comentado, la búsqueda sería más fácil. En serio, no me importa hacer ese tipo de trabajo.

Violet levantó las manos.

—Vale, vale, obsesa de los datos organizados. Como tú quieras.

Esa noche April se sentó al antiguo secreter de su madre y se dispuso a hojear los libros de cuentas y los archivadores que se había llevado de la tienda. Cuanto más analizaba los documentos de Violet, más se convencía de que podría dar con un sistema mejor para archivar y organizar los datos y la contabilidad.

Escuchó un tintineo y abrió el correo de forma distraída en su portátil. Tenía un mensaje nuevo de Charlie en la bandeja de entrada, con el asunto: «En Boston para orientación». April sintió una patada en algún punto de su interior y se miró la barriga.

—Un mensaje de correo electrónico de tu padre —dijo.

La tristeza le provocó un nudo en el pecho y borró el mensaje sin leerlo siquiera.

Durante las semanas siguientes a su compromiso con Charlie, Judy Cabot se negó a verla o a hablar con ella. En consecuencia, Trip tampoco le dirigió la palabra. Charlie hizo las veces de intermediario entre ellos y les suplicó a sus padres que aceptaran a su prometida y al hijo que pronto iban a tener.

Y después, un sábado, April recibió una llamada de Judy, invitándola a ir a su casa sin Charlie. Tan pronto como llegó al hogar de los Cabot, Judy le plantó en las manos el libro de Emily Post sobre las bodas y la llevó hasta el salón, donde vio a una entusiasmadísima mujer morena con una carpeta bajo un brazo, ataviada con un conjunto de jersey y rebeca del mismo color.

—April, te presento a Lila —dijo Judy—. Es la mejor organizadora de bodas de Madison.

—Ah, hola.

April observó a Judy con gesto interrogante. Judy la miró a los ojos.

—Esta situación —dijo Judy al tiempo que examinaba la todavía pequeña pero ya creciente cintura de April— no es en absoluto como me gustaría que fuese. La boda, por lo menos, sí será a mi gusto.

April no sabía si era peor el silencio que había recibido al principio o verse obligada a sentarse durante horas con Judy y Lila mientras discutían distintos tipos de letra para el monograma o las flores para los ojales de los caballeros. De todas formas, nada de eso importaba porque la boda se había suspendido.

Aunque Charlie y ella ya no estaban juntos, detestaba la idea de que se mudase al este en agosto. Al menos había esperado que viera al bebé de forma habitual. Pero Charlie solo había sido aceptado en una de las facultades de Medicina en las que había solicitado el ingreso. En su primera opción, la facultad de Medicina de la Universidad de Wisconsin, se había quedado en la lista de espera y, según le dijeron en la oficina de admisión, ocupaba un puesto muy bajo en la lista.

April intentó concentrarse en los datos que tenía que pasar al ordenador, procedentes de las facturas y de las ventas de la tienda. A diferencia de su pasado, los números tenían sentido. Ese día, sin embargo, unir todas las piezas le resultó frustrante, porque su mente no paraba de recordar a Charlie y todo lo que había sucedido.

Mentiría si le escribiera para decirle que no quería verlo más. Porque sí que quería. No sabía si se debía a que todavía estaba enamorada de él o a las hormonas del embarazo, pero echaba de menos su sonrisa, su cálido cuerpo abrazándola y el vínculo tan íntimo que habían compartido.

Tres meses antes

—Oye, despierta. No pasa nada. Estás bien.

April escuchó la voz de Charlie, pero parecía proceder de muy lejos. Sintió sus brazos alrededor; sus labios, besándola en la frente y en las sienes.

Abrió los ojos y lo vio limpiándole las lágrimas con un pico de la sábana. Al otro lado de la ventana de su apartamento, el viento de febrero agitaba las ramas desnudas de los árboles, que creaban extrañas sombras en la pared.

—Otra vez estabas llorando dormida —le dijo Charlie, que la abrazó mientras ella asimilaba de nuevo que su madre ya no estaba.

April deseaba no despertarse por las noches preguntándose si el accidente de su madre había sido una pesadilla. Deseaba poder sonreír sin sentir que algo se le iba a quebrar por debajo de la piel.

Se apoyó en Charlie, pegando el torso y el abdomen a los suyos y entrelazando sus piernas. En esos momentos, había algo más visceral y palpable que su dolor: el abrumador deseo que sentía por Charlie, un deseo que era recíproco. A su alrededor solo había oscuridad y muerte. Pero en ese lugar, bajo su edredón, bajo el peso de su cuerpo y en esa barriga que ya iba creciendo, había vida.

8

Objeto: sombrero.
Fecha aproximada: 1949.
Estado: excelente.
Descripción: sombrero de forma acampanada confeccionado con fieltro verde lima y decorado con una cinta de raso negra y una pluma de pavo real.
Origen: Lucille Rollins. No está a la venta.

Violet

—Perdona, ¿tenéis sección de caballeros? —preguntó una voz masculina.

Violet levantó la vista del jersey Pendleton rojo que estaba doblando. Un hombre ataviado con una camisa de franela acababa de entrar en la tienda. Le resultaba vagamente familiar, pero no sabía por qué. Supuso que debía de ser por los ojos castaños, los hombros anchos y la constitución recia; tenía ese aire imperecedero de todos los oriundos del Medio Oeste.

—No, lo siento —contestó—. Antes sí que tenía algunas prendas de ropa, pero las ventas no eran buenas, así que ya no tengo nada. ¿Buscas algo en concreto? A lo mejor puedo indicarte la tienda apropiada.

—Necesito un sombrero —respondió él—. Es la última semana de clase. Les prometí a mis alumnos que si ninguno de ellos suspendía el examen final, me pondría un sombrero ridículo durante los últimos días de clase. Ellos han cumplido con su parte del trato, así que ahora me toca a mí.

—¿Qué asignaturas impartes? —preguntó Violet.

—Biología y Ciencias de la Naturaleza —contestó él—. A los de primero y segundo.

—Bueno, tengo algunos sombreros que podrían considerarse unisex. O, si quieres tener una pinta muy ridícula, podrías ponerte uno de señora. Ven, te enseñaré lo que tengo.

Violet lo condujo hasta un rincón de la tienda en el que se exponían los sombreros de estilo vintage de fieltro, seda, paja y terciopelo, colgados en un perchero circular.

—Bonita percha —dijo él, que se cubrió la boca con la mano—. No puedo creer que haya dicho eso en voz alta. A veces no me funciona el filtro.

Violet se echó a reír.

—A mí también me pasa. Además, estoy dispuesta a admitir que es una percha muy bonita.

No era frecuente que Violet tuviera clientes masculinos, y mucho menos tan atractivos como ese. Era un tío guapo, pero no como para desmayarse. Lucía una barba de pocos días, pero daba la impresión de que la llevaba porque se le había olvidado afeitarse, no a propósito.

Se probó un sombrero de lana gris de ala corta con una pluma.

—¿Qué te parece?

—Te queda genial. Puedo traerte un espejo si quieres comprobarlo tú mismo —respondió ella.

—Gracias. Oye, me llamo Sam Lewis.

Le tendió la mano y sonrió. Le aparecieron unas arruguitas alrededor de los ojos.

—Me alegro de conocerte. Yo soy Violet Turner.

Le estrechó la mano derecha y se fijó en que no llevaba alianza en la izquierda.

—Ya lo sabía —dijo Sam.

—¿Cómo dices?

—Eres de Bent Creek, ¿no? Fuimos juntos al instituto. Ibas un curso por detrás de mí.

—Con razón me sonaba tu cara —comentó Violet.

Cogió un espejo de mano de plata de una mesa y se lo dio a Sam. Él se miró en el espejo y ladeó el sombrero.

—Mmm, creo que mis alumnos se llevarán un chasco si me pongo algo tan normal.

—Es muy de los años cincuenta, muy Wall Street —comentó Violet.

Sam devolvió el sombrero a su lugar y se colocó una gorra roja.

—No pasa nada si no me recuerdas de la época del instituto.

—Quizá te recordaría si te hubieras puesto una gorra como esa —bromeó Violet.

—Te recuerdo porque... en fin, porque salías con Jed Cline, ¿no? —preguntó Sam—. Estaba en mi clase.

Violet detestaba que aún en ese momento ese fuera el único detalle que la definía en las mentes de algunas personas.

—Y me casé con él —apostilló.

—¿Cuándo os mudasteis a Madison?

—Bueno, ya no estamos casados. Me mudé sola hace unos años para abrir esta tienda y para terminar los estudios sobre el negocio de la moda que empecé allí en el instituto de estudios superiores.

—¿Hiciste las dos cosas a la vez? Estoy impresionado.

—Llevaba años pensando en abrir una tienda, así que ya había decidido muchos detalles. También había acumulado más artículos vintage de los que podría justificar tener si no abría una tienda. Se me pasó por la cabeza hacerlo en Bent Creek, pero la población no es la ideal para una boutique de lujo. Además, estaba demasiado ocupada cuidando de Jed. Me necesitaba, y durante mucho tiempo que me necesitara me pareció lo más importante del mundo.

—Sí, me enteré de que tenía un problema con la bebida. Pero nunca se sabe qué es verdad y qué no de todos los cotilleos que corren por un pueblo pequeño.

Sam se quitó la gorra.

—Desde luego.

Violet no quería ni imaginarse qué clase de cotilleos circularon tras su divorcio. Los pueblos pequeños tenían memorias selectivas, y a pesar de que Jed podía ser cruel y controlador, sobre todo cuando bebía, se había quedado en Bent Creek. Había personas que se quedaban en Bent Creek y personas que se iban. Violet sabía que, por el mero hecho de haberse ido, se había convertido en sospechosa en opinión de muchas personas. Incluso sus padres recelaban de su decisión. Sabían que Jed y ella tenían problemas, pero no entendían el motivo de que tuviera que mudarse. No entendían, al contrario de lo que sucedió con la abuela Lou, que no podía cambiar de vida si todas las personas que la conformaban la veían de cierta manera.

«Las raíces son importantes, cariño —le dijo la abuela Lou cuando le contó que estaba sopesando la idea de marcharse—. Pero a veces una flor se sale del tiesto.»

Sam cogió un casquete de color celeste y se lo puso. Se bajó el velo por la cara y pestañeó de forma exagerada.

—¿Qué te parece?

Violet se echó a reír.

—Si buscas algo ridículo, lo has encontrado.

Sam cogió el espejo de mano del mostrador y examinó su reflejo.

—Es perfecto. Mis alumnos se van a partir de la risa.

—Tienen suerte de contar con un profesor dispuesto a ponerse en ridículo por su formación.

—Oye, hay que hacer lo que sea con tal de que funcione.

Sam se quitó el sombrero y se pasó una mano por el abundante pelo castaño, salpicado de canas. Violet se preguntó por qué nunca le había prestado atención en el instituto, y luego recordó que en aquella época tenía visión de túnel y solo veía a Jed.

Sam echó un vistazo por la tienda.

—No me va mucho la moda ni el diseño ni nada de eso, pero tienes una tienda muy chula. ¿Trabajas tú sola?

—Tengo a una chica en prácticas, pero está en una cita —contestó Violet—. Bueno, yo te he contado por qué estoy aquí. Y a ti ¿qué te trajo a Madison?

—Vine a la universidad. Y al igual que mucha gente, me enamoré del sitio y no me fui. Cuando voy en bicicleta al trabajo, veo a un tío con una cresta de medio metro que pasea a su dachshund en un cochecito junto al carril bici. Hay un grupo que anda con zancos y que se reúne todos los lunes por la noche en un bar de mi barrio. ¿En qué otro sitio puedo encontrar semejante diversión?

—¿En un circo?

Sam sonrió.

—La cosa es que, aunque me encanta esta ciudad, me alegra encontrarme con gente de casa.

Violet le devolvió la sonrisa mientras se preguntaba por qué no se dio cuenta en el instituto de lo mono que era.

—En fin, tengo que volver al trabajo —dijo Sam—, es mi hora del almuerzo.

—Claro —repuso Violet, decepcionada—. Anda, deja que te cobre.

Le cogió el sombrero y lo llevó hasta la caja registradora. Sam le dio su tarjeta de crédito.

—Me encantaría poder seguir hablando en otro momento.

—Sería estupendo.

Violet pasó la tarjeta e imprimió el tíquet de compra. Metió el sombrero celeste en una bolsa y se lo dio. Sus manos se rozaron, y Violet fue consciente del escalofrío que le recorrió los brazos, que estaban al descubierto por el vestido de tirantes.

—Gracias —dijo Sam—. Bonito tatuaje.

Violet se ruborizó, y deseó que él no se fijara en la piel de gallina. O tal vez deseó que sí lo hiciera.

—Si me das tu número, puedo guardarlo en mi agenda —dijo él.

Violet abrió un cajón y rebuscó en una caja de zapatos llena de viejas fotografías en blanco y negro. Eran fotos que había ido coleccionando en tiendas de segunda mano y en mercadillos, de gente que no conocía. Había bebés con gorros de encaje y soldados de uniforme, mujeres montadas a caballo y niños en ferias. Violet no sabía por qué las compraba, salvo por el hecho de querer conservar un momento de las historias de esas personas.

Buscó en la caja hasta dar con la que buscaba: una foto de una mujer con un velo similar al que tenía el sombrero que Sam había comprado. Le dio la vuelta a la fotografía amarillenta y anotó su número de teléfono en el dorso.

Sam se echó a reír al ver la foto.

—Tengo que confesar que nadie me había dado su teléfono de esta forma.

Violet sonrió.

—Me gusta hacer las cosas a mi manera.

—Oye, ¿por qué no me has dejado probarme ese?

Sam señaló la pared pintada de color naranja que había detrás del mostrador. Bajo las letras metálicas bruñidas de HOURGLASS VINTAGE había un sombrero de fieltro verde decorado con una pluma de pavo real.

—Porque ese es especial —contestó ella.

Un año antes

Después del entierro, mientras sus familiares charlaban y tomaban café y galletas en la cocina, Violet se escabulló por el pasillo enmoquetado hasta el dormitorio de la abuela Lou. Entró en el vestidor y se sentó en el suelo, entre los percheros, para aspirar el olor a tabaco y a perfume White Shoulders. El olor de su abuela.

No supo cuánto tiempo estuvo sentada allí hasta que escuchó la voz de su madre.

—Violet, ¿dónde estás?

—Aquí dentro —contestó, alzando la voz.

Celeste Turner apareció en la puerta del vestidor y puso los brazos en jarras. Violet pensó que su madre, ataviada con unos pantalones de pinzas negros y un jersey holgado, estaba fuera de lugar en el armario de la abuela Lou, lleno de sedas y de lentejuelas. Celeste se vestía de forma práctica. No compartía la afinidad por la moda de su madre, que parecía haber heredado Violet tras saltarse una generación.

—¿Qué haces aquí? —preguntó Celeste.

Violet pasó una mano por un joyero lacado en negro.

—Me estaba despidiendo.

A Celeste se le llenaron los ojos de lágrimas.

—Lo sé, yo también la echo de menos.

Habían pasado seis semanas desde que a la abuela Lou la habían ingresado en el hospital tras sufrir un ataque que la dejó en coma. Celeste tuvo que tomar la difícil decisión de desconectarla del respirador artificial, siguiendo las indicaciones del testamento vital de su madre.

Violet se puso unos de los zapatos de tacón preferidos de su abuela.

—¿Qué vas a hacer con todas sus cosas?

—No lo sé. —Su madre suspiró—. Supongo que las donaremos a Goodwill, como vamos a hacer con todo lo demás. Si tus tíos pensaran quedarse unos cuantos días más para echar una mano, les diría que eligieran los muebles y los objetos personales que quisieran conservar. Pero se van del pueblo mañana. Además, todos han dicho que ya tienen muchos trastos y que no disponen de sitio para más.

—No son trastos —replicó Violet.

Tocó el bajo de una capa negra de terciopelo con un vivo de satén. Era una «capa de ópera», según la abuela Lou. Daba igual que Bent Creek no tuviera una sala de cine, mucho menos un teatro donde se representaran óperas. Era una prenda preciosa.

La expresión de su madre se suavizó.

—Tienes razón. Es que me abruma tener que poner en venta la casa.

Violet deseó poder hacer algo que le quitara presión a su madre, que la aliviara. Pegó una mejilla al cuello de piel de zorro de uno de los abrigos de su abuela.

—¿Puedo quedarme con algunas de sus cosas si nadie más las quiere?

—Claro —contestó su madre—. Supongo que podrías venderlas en tu tienda. No sé cómo no se me ha ocurrido antes.

—No voy a venderlas, mamá. Por favor, solo quiero algunas cosas para recordarla.

Su madre se encogió de hombros.

—Bueno, era un simple comentario. De todas maneras, vamos a donarlo todo, así que a nadie le importaría que decidieras vender las cosas.

Violet negó con la cabeza, molesta por la sugerencia.

—Cambiando de tema, he venido a buscarte porque todos preguntan por ti —dijo Celeste—. Y no sé qué decirles.

Violet se dio cuenta de que era culpa suya. Desde que dejó a Jed, había pasado poquísimo tiempo en Bent Creek, y sus padres tenían que recorrer casi quinientos kilómetros para visitarla en Madison. A su madre no le gustaba la autopista, y dado que vivía en un condado donde solo había carreteras de dos carriles desiertas, nunca había superado su miedo. El padre de Violet, que regentaba una tienda de suministros agrícolas, no visitaba Madison por el mismo motivo que ella no visitaba Bent Creek: no quería dejar su tienda en manos de otra persona.

—Vale —le respondió Violet a su madre—. Dame unos minutos más.

Después de que su madre se marchara, Violet cogió la sombrerera de rayas que había en un estante. Si iba a salir para contestar un montón de preguntas acerca de lo sucedido con su matrimonio y si estaba viendo a «alguien especial» en Madison, iba a necesitar ayuda de su abuela: un poquito de la fuerza y del estilo de la abuela Lou.

Abrió la sombrerera, en cuyo interior encontró un sombrero acampanado de color verde lima, decorado con una cinta de raso y una pluma de pavo real iridiscente. Apartó el papel de seda amarillento, cogió el sombrero y se lo puso.

Se acercó a la cómoda de su abuela y apartó los tarros de cosméticos y el cenicero de cristal para poder inclinarse hacia el espejo. El alegre color del sombrero contrastaba vivamente con la chaqueta negra de corte peplum y la falda de tubo. Habría jurado que, con el sombrero, se parecía un poco a su abuela en las fotos de cuando era joven.

Apagó la luz del vestidor y salió del dormitorio. Estaba segura de que sus tíos la mirarían con extrañeza al verla con el sombrero. A lo mejor sus padres también lo hacían, pero le daba igual. A la abuela Lou le habría gustado.

9

Objeto: abrigo de piel.
Fecha aproximada: 1950.
Estado: bueno.
Descripción: abrigo tres cuartos de visón de color marrón claro. Forro de seda rosa. Pequeñas calvas en los codos.
Origen: mercadillo.

Violet

A la tarde siguiente, Violet estaba mirándose en el espejo tarareando una canción de estilo bluegrass mientras se pintaba los labios de rojo. Le había prometido a Karen que esa noche saldrían como acostumbraban a hacer.

Karen solía pasarse por la tienda al regresar del trabajo cuando vivía en esa misma calle. Casi siempre estaba al tanto de los eventos que se organizaban en la ciudad, ya fuera la inauguración de un restaurante o un festival de cine independiente. Algunas noches solo compartían una botella de cabernet en un pequeño restaurante que les encantaba, emplazado en Machinery Row. Otras noches bailaban música funk hasta casi el amanecer, sudando y rodeadas de desconocidos en algún pub atestado.

Los hombres formaban parte de esas noches, bien porque los conocían en los bares o bien porque quedaban con ellos de antemano. Karen, con sus largas piernas, su piel blanca y su salvaje melena pelirroja despertaba admiración allá adonde iba. A Violet no le molestaba, ni mucho menos. De hecho, agradecía que su amiga fuera el centro de atención. Poco después de su divorcio, Violet solo quería disfrutar de su reciente libertad. Si conocía a algún hombre interesante, genial, pero eso no era lo importante. Después de que Karen se casara y construyera junto con Tom una casa en las afueras de la ciudad, sus aventuras se hicieron menos frecuentes, y desaparecieron casi por completo una vez que Karen se quedó embarazada. Violet no la culpaba. Ya no eran jóvenes y, si ella estuviera en el lugar de su amiga, tampoco habría esperado para empezar una familia.

Violet contaba con algo de tiempo hasta que Karen llegara, incluso después de acabar con la siempre difícil tarea de buscar qué ponerse en su armario, lleno hasta los topes. Esa noche había elegido un traje pantalón de color negro y un top atado detrás del cuello, original de la década de los setenta. Unos pendientes de cuentas diseñados por una clienta que vendía joyas, y lista.

Mientras esperaba a que Karen llegara, sacó una caja de debajo de su cama y la abrió. En su interior estaban todos los recuerdos de Bent Creek, que llevaba años sin tocar. Sacó el ramillete de claveles que Jed le había regalado para que lo llevara durante su primer baile en el instituto, el mismo durante el que se derramó el licor en el vestido; un osito de peluche que la acompañaba a todas partes cuando era pequeña; y el anillo que había hecho las veces de anillo de compromiso y de alianza de boda. Lo dejó todo sobre la moqueta. En el fondo de la caja descubrió sus anuarios. Los sacó y se sentó en el sofá con Miles para ojearlos.

Buscó el índice del anuario de su segundo año de instituto. Pasó el dedo por la lista de nombres hasta dar con el de Sam Lewis. Páginas treinta y nueve y noventa y cuatro. Por curiosidad, buscó su propio nombre. Había tres páginas distintas con fotos en las que aparecía ella.

Primero buscó la página treinta y nueve, donde encontró la foto de primer año de Sam. Un muchacho sonriente con ortodoncia y acné juvenil. En ese momento lo recordó. Era uno de los chicos con los que se metían Jed y su pandilla.

Adelantó hasta la página noventa y cuatro, donde esperaba ver una foto de Sam con la banda de música o el club de ajedrez, o alguna otra actividad extracurricular. Sin embargo, la otra foto de Sam era una instantánea tomada en el comedor. Los protagonistas de la foto eran un grupo de chicos que posaban tomados del brazo alrededor de una concurrida mesa. Sam no formaba parte de dicho grupo. Estaba en una mesa del fondo casi desocupada, mordiendo una porción de pizza. Violet observó al adolescente feúcho y pensó: «Tranquilo, estarás mucho más guapo dentro de veinte años».

Alguien llamó a la puerta y Miles se puso a ladrar. Oyó el sonido de sus uñas al correr sobre el suelo de madera.

—¿Hola? —dijo Karen.

—Estoy aquí.

Violet salió al salón, donde estaba su amiga con dos enormes bolsos.

Los rizos pelirrojos de Karen le enmarcaban la cara, compitiendo ferozmente para llamar la atención contra los cojines de estampado de leopardo y los estampados de estilo étnico de la estancia. Una vez que soltó los bolsos, se quitó la gabardina y dejó a la vista un blusón ancho de tirantes finos y unos pantalones negros ajustados.

—¡Madre mía! —exclamó Violet al tiempo que abrazaba a su amiga—. Estás estupenda.

—Deberías echarle el pestillo a la puerta —le advirtió Karen.

—Suelo acordarme de cerrar bien cuando salgo, pero no lo hago si estoy en casa. Bueno, menos por las noches. En todo caso, el vecindario es mucho más seguro de lo que lo era. ¿No has visto la cantidad de restaurantes modernos que han abierto a lo largo de la calle? ¿Y la peluquería para mascotas?

—Bueno, durante mi época de estudiante de Derecho, cuando vivía aquí, había una casa en la esquina donde se vendían drogas y había tíos en los porches de las casas bebiendo litronas. Siento mucho si te parezco un poco paranoica.

—Cariño, esos días ya han pasado. Ahora solo hay profesores universitarios y *hipsters*. Dudo mucho que todavía vendan litronas en la licorería. Ya solo venden paquetes de seis latas de cerveza elaborada con lúpulo ecológico. —Miró a su amiga con una sonrisa burlona—. El vecindario ha cambiado mucho desde que te mudaste a tu residencia campestre.

—Hablando de residencias campestres, los taxis no hacen servicios hasta allí, así que me quedo a dormir esta noche.

—¿Y Edith?

—Tom está con ella. Una noche libre me vendrá muy bien.

—Si te preocupa volver a casa después de beber, yo te llevo. No me importa hacer de chófer y controlar la bebida.

Karen negó con la cabeza.

—Necesito una amiga. Y necesito divertirme un poco. ¿Sabes lo que es tener a una personita pegada a ti durante casi todo el día?

—No puedo decir que sí —contestó Violet, que añadió con un deje tristón—: y seguramente nunca lo sabré.

—Pues no es fácil. —Karen caminó hasta la cocina, de planta alargada y abierta al salón. Una vez allí, cogió la botella de whisky que estaba encima del frigorífico. Después, con la familiaridad de alguien que había estado muchas veces en el apartamento, abrió un armarito y sacó dos vasos de cristal. Sin preguntarle a Violet, sirvió dos dedos de whisky en cada vaso—. ¿Hielo? —preguntó al tiempo que abría el congelador.

—Mierda, se me ha olvidado meter la bandeja —contestó Violet.

—No pasa nada. Me gusta solo de todas formas. —Karen bebió un buen trago de whisky y arrugó la frente, que parecía tener más arrugas que la última vez que Violet la vio—. ¿Cómo es que se te ha olvidado hacer cubitos? Solo tienes que rellenar las bandejas de agua.

Violet se encogió de hombros.

—No tengo a nadie que se queje.

Karen le pasó un vaso y Violet bebió un sorbo. El ardiente líquido le bajó por la garganta mientras se sentaba en el sofá y le daba unas palmaditas al cojín que tenía al lado para invitar a su amiga a hacer lo propio. Miles interpretó mal el gesto y fue él el que se sentó junto a Violet, que empezó a acariciarle las aterciopeladas orejas.

—¿Cómo está Edith? —preguntó—. Es una monada.

Karen se sentó en el otro extremo del sofá.

—En el fondo no te interesa escuchar todas las ñoñerías típicas de los niños, ¿verdad?

Violet se molestó un poco al ver que Karen suponía que no le interesaba escuchar cosas de Edith por el simple motivo de no tener hijos. Sin embargo, sabía que su amiga solo intentaba ser considerada con ella. Antes de que naciera Edith, Karen y ella se sentaban en un rincón apartado durante las fiestas que sus amigas organizaban para celebrar la llegada de sus hijos, bebiendo mimosas y poniendo los ojos en blanco. O más bien era Karen quien lo hacía. Porque a Violet le encantaban los bebés. Lo que no le gustaba era toda la presión y la preocupación que conllevaban.

Karen cruzó sus largas piernas.

—Bueno, ¿sabes algo del propietario?

—Nada nuevo —contestó Violet—. Según tengo entendido, debo dejar el edificio antes de finales de agosto o conseguirán una orden de desahucio. ¿A esa mente tuya llena de leyes y esas cosas se le ha ocurrido alguna genialidad desde la última vez?

Karen fue de nuevo a la cocina. Tras servirse otro whisky, levantó la botella.

—Esta es la estrategia que siguen los socios más antiguos de mi bufete cuando se enfrentan a un caso particularmente complicado.

—¿No tienes que darle el pecho a Edith?

—Dame un respiro, ¿quieres? Puedo contar con los dedos

de una mano las copas que me he bebido durante el último año. Además, esta noche me sacaré leche, pero la tiraré.

Violet levantó las manos.

—No te estoy criticando, es simple curiosidad. De todas formas, siento haber sacado el tema legal. No hablaremos de eso esta noche. Me dijiste que necesitabas salir a divertirte y estoy segura de que no te referías a pasar la noche hablando del problema con mi arrendador. Bueno, ¿qué hacemos?

—Estaba pensando que podíamos ir al espectáculo de drag queens que organizan esta noche en King Club —contestó Karen—. Se llama «Queens en el King».

—Y yo pensando que íbamos a ver alguna película antigua de Marilyn Monroe y a hacer galletas... para comernos la masa cruda. ¿No puedo convencerte de ninguna manera?

—No. Pero es posible que veamos a Marilyn.

Y efectivamente, esa misma noche, en un escenario iluminado con un foco azul, Violet y Karen vieron a una rubia pechugona de metro ochenta de altura cantando «Happy Birthday, Mr. President» mientras un chico disfrazado de Rita Hayworth tocaba la batería, interpretación que acabó con un *rimshot*. El colofón del show fue un desfile de ropa de diseñador, durante el cual las drag queen que hacían de modelos lucieron ropa de Versace de los años noventa y de Pucci de los sesenta.

Una incluso llevaba un abrigo de visón que Violet juraría que había comprado en Hourglass Vintage. Recordaba ese forro de seda que la modelo enseñó cuando se abrió el abrigo para dejar a la vista el vestido drapeado de terciopelo morado que llevaba debajo.

Tras ver en la pasarela una prenda procedente de su tienda, a Violet se le ocurrió una idea que podría ayudarla a reunir el dinero necesario para la entrada de la hipoteca y, tal vez, para convencer a un banco de que le concediera dicha hipoteca a fin de comprar el edificio.

Una vez que el espectáculo acabó y las luces se encendieron de nuevo, Violet le dijo a Karen:

—Oye, ¿puedo comentarte una idea que se me acaba de ocurrir a ver qué te parece?

—Claro —respondió Karen, que en ese momento se tocó el abdomen; esa parte de su cuerpo que antes estaba plana, o más bien cóncava, lucía un pequeño michelín.

—No te obsesiones con eso. Yo tengo más barriga que tú y no acabo de tener un bebé —le recordó Violet.

Karen ladeó la cabeza y la miró con los ojos entrecerrados.

—¿Crees que lo tendrás algún día?

—Teniendo en cuenta que la idea de casarme me aterra y que ni siquiera tengo una relación sentimental, no lo veo muy probable.

—¿Sabes que no necesitas a un hombre? —le preguntó Karen.

Una drag queen con los hombros muy anchos pasó junto a ellas y dijo:

—Cierto, cariño.

Violet sintió un nudo en la garganta, renuente a contestar porque temía no poder disimular la envidia que sentía de su amiga. Sin embargo, Karen estaba achispada y siempre habían hablado con libertad. Después, solo tenían que analizar las torpes palabras y buscar la verdad que se escondía tras ellas, como si fueran buscadores de oro cribando la arena de un río.

—No sé yo. —Violet clavó la mirada en su bebida, que empezó siendo un whisky con soda y a esas alturas era el agua derretida de los cubitos—. Siempre he pensado que habría un niño en mi vida, pero me faltan dos años para cumplir los cuarenta. Debo ser realista.

—¿Ni siquiera tienes a alguien en mente? —le preguntó Karen—. No para convertirlo en padre necesariamente, sino para salir con él al menos.

Violet pensó en Sam.

—Esta semana ha pasado un tío muy interesante por la tienda. Le di mi número de teléfono, pero no me ha llamado. Ya veremos.

—¿Ah, sí? —replicó Karen enarcando las cejas—. Cuéntame más.

Violet negó con la cabeza.

—Acabo de conocerlo y no quiero obsesionarme ni montarme una película rara. Además, a lo mejor ni me llama.

—Vale, muy bien. —Karen hizo un mohín y después bebió un sorbo de su cóctel—. Bueno, ¿qué idea querías comentarme?

Violet agitó una mano y señaló hacia el escenario.

—Estaba pensando que podía organizar algo parecido a esto y recaudar fondos para la tienda.

—¿Te refieres a un espectáculo de drag queens?

—Bueno, más bien a un desfile de moda, pero sí. También podríamos tener drag queens. Sería una buena manera de enseñar la ropa de diseñador que vendo y podría darle un empujón a las ventas. ¿Qué te parece?

—Genial —contestó Karen, que se tapó la boca mientras bostezaba.

—Sí, ya veo que la idea te emociona mucho.

—En serio, creo que podría funcionar. Pero estoy agotada. Llevo meses sin dormir más de cuatro horas seguidas. Olvida lo que te he dicho de que tengas un niño. Quédate con mi hija.

10

Objeto: vestido.
Fecha aproximada: años setenta.
Estado: excelente.
Descripción: vestido de dama de honor con un hombro descubierto. Poliéster verde claro y encaje blanco, con capa a juego.
Origen: traído por la madre de Karen.

April

Mientras April iba a trabajar el último sábado de junio por la mañana, envidió a los clientes que salían de la cafetería emplazada junto a Hourglass Vintage. Miró con anhelo las tazas de papel con café peruano o guatemalteco de comercio justo, o la mezcla que tuvieran ese día en concreto, mientras deseaba no haberse tomado la única taza de café que se permitía al día antes de salir de casa. Estaba agotada tras haber pasado la noche en vela, intentando encontrar una postura cómoda de costado (la que le había recomendado su doctora durante el embarazo). Prefería dormir boca abajo, pero eso era imposible en ese momento. El hecho de que ese día debía haber sido el día de su boda tampoco la ayudó a combatir el insomnio.

Había pasado un mes desde la última vez que habló con Charlie; un mes desde que él suspendió la boda sin discutirlo con ella siquiera. April supuso que en las semanas que llevaban separados, los padres de Charlie seguramente ya le habían presentado a otras chicas para sustituirla. Chicas guapas y de buena familia, sin antecedentes de enfermedades mentales.

Cuando llegó a Hourglass Vintage, Violet estaba inclinada sobre la caja registradora, escribiendo en su cuaderno con expresión intensa.

—Hola —la saludó April.

El tiempo por fin había empezado a mejorar, de modo que se tuvo que secar el sudor de la frente. Y con el gesto, intentó borrar de su cara cualquier indicio del dolor que sentía. Confiaba en el trabajo para desterrarlo.

—Me alegro de que hayas llegado. —Violet soltó su taza—. He tenido una idea. Se me ocurrió anoche mientras estaba en el King Club con mi amiga Karen. Pensé que podríamos organizar un desfile de moda para recaudar fondos. —Miró a April con expresión esperanzada—. Podríamos llamarlo «Pasarela Hourglass». Haremos unas pruebas de selección para elegir a las modelos que llevarán los productos de la tienda.

—Bueno... —murmuró April; la parte contable de su cerebro ya intentaba calcular cuánto costaría financiar semejante operación.

—No pareces muy emocionada —comentó Violet.

—No. Quiero decir que sí, que parece estupendo. Pero... en fin, ¿exactamente cómo piensas recaudar fondos? ¿No habrá muchos gastos?

—Claro, pero podríamos compensarlos con el aumento de caja y, con suerte, ganaríamos algo subastando los artículos que mostremos en la pasarela —explicó Violet—. Tengo algunas cosas muy elegantes en la trastienda que no muestro en la tienda a la vez porque la gente no suele comprarlas. Madison es una ciudad muy informal, y la mayoría de la gente se siente mejor con sandalias Chaco que con unos Louboutin de tacón. Es rarísimo que alguien entre en la tienda para dejarse ochocientos dólares en un abrigo de piel o dos mil en un bolso de mano vintage de Hermès.

—¿Acabas de decir dos mil por un bolso? —preguntó April, que parpadeó.

Violet asintió con la cabeza.

—Es un bolso fabuloso. De cuero rojo brillante, con un forro de terciopelo azul claro. Recuérdame que lo saque para enseñártelo. La cosa es que dos mil dólares es una minucia. Hay bolsos vintage de Hermès que pueden costar diez mil dólares o más.

Mientras Violet hablaba a toda velocidad acerca de la subasta y de alquilar una sala de teatro, April colocó bien un montón de camisetas vintage de conciertos que había en una mesa. Habló en cuanto Violet hizo una pausa para beber café.

—Perdona, pero ¿has dicho algo acerca de drag queens? ¿Dónde vamos a encontrarlas?

—Ay, cariño, si necesitamos drag queens, conseguiré drag queens. Y de las buenas, por cierto. No de esas que se ponen un pelucón y relleno en las tetas.

April sintió un golpe interno y se llevó una mano a la barriga.

—¡Ay, Dios! Acabo de sentir una patada. A ver, que he notado como un aleteo antes y esas cosas, pero nada parecido. —Miró a Violet—. ¿Quieres sentirlo?

Violet titubeó un momento antes de dar un paso hacia delante con el brazo extendido. April le colocó la mano en un lateral de la barriga y dijo:

—¿Lo notas?

Violet asintió con la cabeza y April creyó ver que se le empañaban los ojos. Pero después Violet apartó la mano y dijo:

—Hasta ella cree que Pasarela Hourglass es una buena idea.

—No sé si es una niña. Me hicieron una ecografía hace unas semanas y pudieron decírmelo, pero no quise.

—¿Una ecografía? ¿Hay algún problema o algo?

—No —contestó April—. Supongo que es una revisión rutinaria. Pero no me voy a hacer más. Tengo seguro médico estatal gratuito, pero solo cubre una ecografía a menos que haya complicaciones.

Violet miró la barriga de April.

—Pues yo creo que es una niña.

—¿Por qué lo sabes?

—Tengo un pálpito.

—Ya veremos —replicó April, que se concentró en la idea para recaudar fondos de Violet—. Bueno, si vamos a hacer esto del desfile de modelos, tenemos que fijar un presupuesto, calcular cuánto nos costará la publicidad e imprimir los folletos...

—A lo mejor deberíamos preguntarle a la actriz que vino hace poco con los disfraces si quiere participar. En fin, supongo que alguien que tiene un montón de trajes de teatro en el armario seguramente sepa un poco de montar un espectáculo. O al menos sabrá más que nosotras. ¿Cómo se llamaba? —preguntó Violet.

—Lane —contestó April—. No recuerdo su apellido, pero sé que tenemos sus datos de contacto. Los anoté por si queríamos comprarle más disfraces. Y, para que conste, sigo creyendo que sería una buena idea que vendiéramos disfraces en la tienda.

Violet hizo oídos sordos al comentario de los disfraces.

—Claro, la llamaré —dijo—. En cuanto a las modelos, deberíamos asegurarnos de que tenemos a personas de todas las edades. No solo a jovencitas. Las jovencitas no son las que tienen la pasta. Quiero que las mujeres mayores puedan imaginarse con las cosas que vean en la pasarela, y eso no pasará a menos que subamos a gente de su edad.

April frunció el ceño.

—Tampoco van a ser capaces de imaginarse con algo que lleve puesto una drag queen.

—Ah, las drag queens son para entretener. Además, no hay muchas que puedan ponerse las tallas que tenemos. Tendremos que improvisar un poco con sus modelos. Revisaremos las cosas que hay en la trastienda. Además, es una excusa perfecta para actualizar mi inventario.

—Ahora que lo mencionas... —April sacó el portátil de su

funda de cuero, ya que sabía que era su oportunidad de hablar de los progresos que había hecho con los archivos de Violet—. Me he descargado un programa de inventario y de contabilidad en mi portátil que creo que te ayudaría mucho con la tienda.

Violet abrió y cerró la boca.

—No es necesario que compres cosas para la tienda —dijo—. Ni siquiera te estoy pagando y además el bebé va a suponerte muchos gastos y...

—No te preocupes, de verdad. —April agitó una mano—. El programa era gratuito. Además, me facilitará mucho las cosas. Tu sistema de inventario en papel me está estresando. Me cuesta la vida misma encontrar información. Y que sepas que mi doctora me ha dicho que el estrés no es bueno para el bebé.

—No pienso llevarte la contraria. —Violet relajó un poco la expresión y suavizó la mirada, pero seguía con los labios tensos cuando añadió—: Gracias. Pero vas a tener que enseñarme a usarlo. Y supongo que tendré que bajar el ordenador aquí, si es que sé cómo conectarlo todo después del traslado.

—Puedo ayudarte con eso después —se ofreció April—. Mientras tanto, podemos usar mi portátil.

—¿Quieres ayudarme a revisar las cosas de la trastienda? —preguntó Violet.

April asintió con la cabeza y la siguió a la trastienda, donde se sentaron en el suelo. El montón de cajas vacías fue aumentando a medida que revisaban su contenido: kimonos rojos y rosas, vestidos con un hombro al descubierto de Halston y faldas de algodón en tonos pastel de los años cincuenta. Un aroma floral y almizcleño impregnaba las prendas gracias a las bolsitas de lavanda y a las hojas de cedro que Violet había metido en las cajas para que no se apolillaran.

—¿Qué es esto?

April sacó una prenda de tafetán azul oscuro de una de las cajas. Se levantó y sostuvo la prenda en alto, pero la tela seguía cayendo.

—Es un vestido de noche de Dior —contestó Violet.

Con mucho tiento, April desplegó la liviana y arrugada tela en la mesa de trabajo de Violet y le quitó los pliegues. El tafetán tenía un diseño floral, con terciopelo negro e hilo de plata para resaltar cada uno de los pétalos. Un enorme lazo adornaba el corpiño sin tirantes.

—¿Dónde lo conseguiste? —preguntó April—. ¿Y por qué no está en la tienda?

—Estuvo un tiempo. Lo tuve expuesto en uno de los maniquíes —contestó Violet—. Pero nadie lo compraba, así que lo guardé. Lo conseguí gracias a la mujer de un antiguo congresista. Se lo puso para un baile durante la primera legislatura de Eisenhower en 1953.

—¿Por qué se deshizo de algo así?

—Pues es una anécdota graciosa, la verdad. Su marido era un peso pesado en el partido republicano y ella era una demócrata a ultranza. Cuando le compré el vestido y le pregunté por qué se deshacía de él, me contestó: «Porque voté a Stevenson».

—Pues es una pasada. —April se llevó el vestido al pecho—. Claro que ni de coña podría entrar en él con mi cintura, y mucho menos ahora. Me alucina que no se haya vendido. A lo mejor la gente tiene que verlo, y no solo en un maniquí. Deberíamos usarlo en la pasarela.

—Debería haber unos guantes negros en la caja, a juego.

—¡Oh! —April sacó unos guantes de seda largos de la caja. Se inclinó sobre el portátil y escribió una descripción del vestido y de los guantes en su programa de inventario. Después, se acercó a la siguiente caja, de la que sacó un delicado vestido en verde lima ribeteado de encaje blanco, y otro casi idéntico en rosa—. ¿Cuál es la historia de estos dos? ¿Son camisones?

—Vestidos de damas de honor de finales de los setenta. Aunque no te lo creas, los trajo la madre de Karen. El verde tiene una capa a juego con capucha y todo.

—¿Estás de coña? —April sacó la capa de poliéster y se la anudó al cuello. Se acercó al espejo de cuerpo entero, con el marco pintado en dorado, y frunció el ceño—. Tengo que reconocer que las capas no son lo más indicado como prenda premamaternal. Parezco un hipopótamo bajo una carpa gigante.

—De eso nada —la contradijo Violet—. No te lo vas a creer, pero la madre de Karen llevó esos vestidos en dos bodas distintas... aunque la novia era la misma.

—Ojalá que la amiga tuviera mejor gusto en hombres que en vestidos de damas de honor.

—Pues creo que no —dijo Violet—. Me contó que los dos matrimonios acabaron en divorcio. Los encontró en su buhardilla.

April sintió que el móvil vibraba en su bolsillo. Lo sacó y miró la pantalla. Era Charlie. Miró el vestido de dama de honor que tenía en el regazo y pensó en su boda cancelada. El dolor le atenazó el pecho y de repente se sintió mareada. Sin soltar el móvil, corrió al cuarto de baño del personal y cerró la puerta. Se sentó en el inodoro y colocó la cabeza entre las piernas... o lo intentó. No podía llegar del todo, ya que la barriga se lo impedía, así que se limitó a inclinarse hacia delante, encorvando los hombros, y dejó la cabeza colgada.

El móvil le vibró de nuevo para indicar que tenía otro mensaje de voz. Sabía que escucharlo la alteraría todavía más, pero su mano se movió por voluntad propia, pulsó el botón para escuchar el mensaje y luego se llevó el teléfono a la oreja.

—Hola, soy yo —dijo esa voz tan familiar—. He vuelto a la ciudad y me preguntaba si querrías que nos viéramos. Te mandé un correo electrónico hace ya tiempo. ¿No te llegó? Aunque a lo mejor sigues cabreada conmigo. Sea como sea, tengo que hablar contigo urgentemente. No paro de pensar que hoy habría sido... En fin, llámame. Adiós.

No contestó al mensaje de correo de Charlie. Sabía que había vuelto a la ciudad; llevaba toda la semana dándole vueltas a eso, ya que una parte de ella deseaba encontrarse con él y otra parte seguía dolida y furiosa.

Soltó el aire e intentó controlar el pulso. Durante su última revisión prenatal, la doctora le había advertido sobre los peligros del cortisol, la hormona del estrés, en un feto, y le había dicho que la hormona se transmitía a través de la placenta y elevaba también el nivel de estrés del bebé.

—Intenta evitar situaciones estresantes en la medida de lo posible —le había advertido la doctora Hong—. Y si te encuentras en una, sal de la habitación si tienes que hacerlo o imagínate en cualquier otra parte.

El problema del consejo de la doctora Hong era que cada vez que intentaba imaginarse en otra parte, se veía con Charlie, acurrucada en la seguridad de sus brazos. Y lo único que conseguía con dicha imagen era alterarse aún más.

Oyó que llamaban a la puerta.

—¿Va todo bien? —preguntó Violet.

April abrió la puerta y asintió con la cabeza, avergonzada por su exabrupto emocional. Al fin y al cabo, estaba en el trabajo y quería de todo corazón que Violet la tomara en serio.

Violet ladeó la cabeza.

—¿Quieres hablar de algo? Una parte de este trabajo consiste en escuchar las historias de la gente. Se me da bastante bien.

—Me ha llamado Charlie.

Fue un alivio ver que Violet no parecía molesta por su arrebato.

—¿Te refieres al mismo Charlie que te hizo devolver el vestido de novia?

—A ese mismo. Se suponía que hoy sería nuestra boda. —April cogió un pañuelo de papel de la mesa y comenzó a hacerlo pedacitos—. Yo ni siquiera quería una boda por todo lo alto. Quería casarme en el parque. Hacer una barbacoa después, invitar a unos cuantos amigos. No podía mandarles invitaciones formales a mis amigos del instituto. A ver, que habría sido raro, ¿no? Y llevo años sin ver a mi padre, así que no pensaba invitarle. Pero los padres de Charlie contrataron a una organizadora de bodas. Reservaron el salón de baile de su club de campo e invitaron a cien de sus amigos.

—Sé muy bien que las bodas pueden salirse de madre —comentó Violet—. Si mis padres hubieran tenido dinero, seguramente habrían invitado a todo el condado cuando me casé. Pero es importante hacer lo que tú crees mejor. ¿Se llevaron una desilusión los padres de Charlie cuando las cosas se torcieron?

April negó con la cabeza.

—Ahí está el asunto. Ni siquiera les caigo bien. No querían que nos casáramos. Pero, de alguna forma, la boda dejó de ser algo relacionado con Charlie y conmigo para convertirse en un modo de alardear de su dinero. —Miró el móvil, que seguía teniendo en la mano, y pulsó un botón para borrar el mensaje de Charlie—. La cosa es que no he contestado su llamada. Quiere verme, pero no me creo capaz de soportarlo.

April se sorprendió cuando Violet, que solía mostrarse muy reservada, abrió los brazos y la abrazó.

Un mes antes

Charlie miraba fijamente el formulario para solicitar un préstamo estudiantil que tenía en la pantalla del ordenador.

—No sé cómo voy a conseguir saldar la deuda.

—Ya se nos ocurrirá algo.

April apoyó los codos en la mesa de la cocina y la asaltó la tristeza al recordar todas las veces que su madre se había sentado a esa misma mesa para repasar las facturas atrasadas y rellenar cheques caducados. Su madre y ella no contaban con otras posesiones además de esa casa, que su madre había conseguido en el acuerdo de divorcio, y solo se tenían la una a la otra. Su relación fue, en términos algebraicos, una de las pocas constantes en una ecuación con demasiadas variables.

Sin embargo, Charlie nunca tuvo que preocuparse por el dinero hasta entonces. A April le preocupaba lo que eso les haría a Charlie y a su relación, junto con las exigencias de un recién nacido y la presión de los estudios de Medicina.

—Repíteme los intereses del préstamo —dijo April al tiempo que cogía una galletita salada y un poco de queso del plato que tenía delante. Últimamente tenía mucha hambre. Y también se le olvidaban muchas cosas. El hecho de que no estuviera durmiendo bien y de que tuviera que levantarse muchas veces durante la noche para orinar no ayudaba a tener la mente despejada.

—Ni se te ocurra sumarlo todo en esa calculadora que tienes por cerebro. —Apareció una sonrisa en el tenso rostro de Charlie—. Es mejor que no sepas cuánto es.

Charlie le puso una mano en el muslo y April sintió la calidez de su palma a través de los leggins. Le devolvió la sonrisa y dijo:

—Vamos a rellenar la solicitud para que podamos pasar a... otras actividades más entretenidas.

Charlie colocó ambas manos sobre el teclado con un suspiro renuente.

—No entiendo por qué no me ayudan mis padres con la matrícula. Tienen dinero de sobra y solo lo gastan en el golf.

La mención a los padres de Charlie acabó con la punzada de deseo que había sentido un momento antes.

—Yo sé por qué no te ayudan —dijo April—. Aunque tu madre haya contratado a la organizadora de bodas y demás, siguen detestando el hecho de que vayamos a casarnos.

Charlie torció el gesto.

—No creo que tenga que ver específicamente contigo. Es que una novia embarazada de dieciocho años choca con su sueño de verme casado con una princesita de Wellesley o de Mount Holyoke que sepa montar a caballo y que juegue al tenis.

April le dio un mordisco a otra galletita salada. Por regla general, se andaba con pies de plomo cuando salía el peliagudo tema de sus distintos estratos sociales. Pero ese día se sentía lo bastante alterada como para llevar la conversación más lejos de lo habitual. Se echó hacia atrás en la silla.

—Seguro que si cortas conmigo, tus padres te extienden un cheque para pagar la matrícula y que te sobre.

—Me da igual lo que quieran mis padres —masculló Charlie.

—Espera, ¿te han hecho esa oferta? —preguntó April sin saber por qué, pues estaba convencida de conocer la respuesta.

—No quiero hablar del tema. Vamos a terminar con la solicitud.

April sabía que le estaba echando más leña al fuego, pero fue incapaz de controlarse. No sabía si era por las hormonas o por la falta de sueño, pero el filtro que solía evitar que saltara había fallado.

—Vamos —dijo—, no podemos ocultarnos cosas si vamos a casarnos.

Charlie cerró la tapa del portátil con fuerza.

—Vale, sí, mis padres me dijeron que me pagarían la universidad si cortaba contigo. ¿Ya estás contenta? ¿Te ayuda en algo saberlo?

No la ayudaba, por supuesto. Aunque April lo había supuesto, la confirmación de sus sospechas le dolía. Sabía que a los padres de Charlie les hacía muy poca gracia su compromiso, pero de un tiempo a esa parte parecía que habían empezado a aceptarlo. No podía calificar su relación con los Cabot de cálida, pero al menos Judy había dejado de poner cara de echarse a llorar cada vez que ella estaba cerca.

—¡Madre mía! —Soltó un largo suspiro—. Y pensar que el sábado pasado tu madre y yo nos pasamos la tarde probando tartas y escogiendo los artículos de la lista de bodas...

—¿De qué te sorprendes? Mis padres siempre han intentado controlar a los demás a través del dinero. —Charlie movió la cabeza—. Supongo que a veces se me olvida lo joven que eres. No has tenido tiempo de darte cuenta de lo gilipollas que pueden ser algunos.

—Pero estoy aprendiendo, te lo aseguro. —Se puso colorada—. Sé que soy joven, pero he tenido que lidiar con muchos más problemas que tú. No sé qué tiene que ver la edad con esto.

—Vamos, no quiero empezar con eso de que mis problemas son peores que los tuyos. Tú ganas, ¿vale?

Charlie cerró los ojos con fuerza y se dio un tirón de los mechones rubios que le cubrían las orejas.

Necesitaba un corte de pelo, pensó April. Los dos estaban

tan agobiados últimamente, con la universidad, los estudios, el bebé y la boda, que incluso las obligaciones más sencillas les costaban un esfuerzo enorme.

—Los dos estamos estresados —comentó Charlie, como si le hubiera leído la mente—. Vamos a concentrarnos en lo importante, que es que estemos juntos, ¿vale?

—Vale.

April sintió que sus hombros se relajaban un poco. No se había dado cuenta de lo mucho que los había tensado.

—Pediré préstamos estudiantiles —continuó Charlie—. Mucha gente lo hace. Con suerte, algún día conseguiré ganar dinero suficiente para devolverlos. Todo saldrá bien.

April asintió con la cabeza.

—He estado pensando que, en cuanto se solucione lo de las deudas de mi madre y venda la casa, podríamos usar el dinero que sobre para pagar tus estudios de Medicina.

—Y tu matrícula ¿qué?

—Tengo el dinero de la beca.

—Sí, pero eso solo te cubre si vas a la Universidad de Wisconsin. ¿Qué pasará cuando pidas el traslado a Boston para estar conmigo como habíamos hablado? Porque también tendrás que pedir préstamos. —Charlie ladeó la cabeza—. Además, parece que no sobrará mucho del dinero que consigas por la casa, si acaso sobra algo, cuando liquides las deudas de tu madre.

—Sí, pero también tendré algo de dinero del seguro de vida.

Charlie frunció el ceño.

—Creo que no deberías contar con ese dinero. ¿No me dijiste que la aseguradora seguía esperando más informes del forense?

—Sí, la autopsia no fue concluyente. —Tensó los hombros de nuevo—. El forense no pudo determinar la causa de la muerte porque el accidente fue espantoso.

Sabía lo que quería decir Charlie: a lo mejor no fue un accidente que el coche de su madre patinara sobre las vías del tren heladas y saltara el guardarraíl. April ya lo había pensado antes. No podía evitarlo. Durante las noches de insomnio, le costaba no ponerse en lo peor. Pero una cosa era pensarlo. No se creía capaz de soportar que la otra persona que la quería tanto como su madre lo dijera en voz alta.

—Quiero decir que tal vez te denieguen la indemnización —dijo Charlie—. Nada más.

—Si quieres decir que podrían denegarla porque crees que mi madre se suicidó, yo también lo he pensado. —Habló con voz seca, a la defensiva—. Pero sé que nunca lo habría hecho. Aunque tuviera problemas, es imposible que llegara tan lejos.

Charlie se encogió de hombros.

—Vale.

—No me crees, ¿verdad?

—Da igual lo que yo crea.

—No da igual. A mí me importa lo que creas.

April se levantó y comenzó a pasearse de un lado para otro. Andar descalza sobre el suelo frío le provocó un escalofrío. No saber con seguridad lo que sucedió la noche del accidente de su madre la mantenía en suspenso, dentro de un torbellino descontrolado de dolor y de preguntas que la arrastraba sin importar lo mucho que luchara por salir de él. Además, estar embarazada de cuatro meses parecía magnificar las emociones.

—No tendría que haber sacado el tema. —Charlie se sujetó la cabeza con las manos. Cuando alzó la mirada, preguntó—: ¿Cómo puedo compensarte?

«¡Ese es el problema!», pensó April. Charlie procedía de un mundo perfecto en el que una firma en un cheque o una transferencia podían curar casi todas las heridas. No sabía lo que era pasarse la niñez preguntándose si volverían a cortar el teléfono o despertarse por las mañanas sin saber si sería un día de los buenos o de los malos, porque todo dependía del estado de ánimo de su madre.

—Si crees que hay un modo fácil de arreglarlo, que con dinero o con unas cuantas palabras se solucionarán todos nuestros problemas, a lo mejor te pareces más a tus padres de lo que creía —replicó.

Charlie se levantó al escucharlo.

—No me parezco en nada a ellos. Además, que mis padres nunca hayan tenido problemas para llegar a fin de mes no significa que mi familia no tenga problemas. A veces creo que crecer rodeado de dinero empeora las cosas en cierto sentido.

—Eso puedes decirlo tú porque lo has tenido. Ya veremos qué opinas cuando no tengamos para pagar el alquiler.

—¿Qué quieres decir con eso? —Charlie cruzó los brazos por delante del pecho—. ¿Que no crees que pueda mantenerme sin que mis papis me paguen las facturas?

—Lo que digo es que para pagar cuatro años de carrera... se necesita mucho dinero. Y dado que nunca te has tenido que preocupar por él, no estoy segura de que hayas pensado en lo que significa renunciar a semejante pasta.

—No he tenido que pensarlo —replicó Charlie—. No tuve que pensarlo ni un segundo.

—Y eso es lo que me preocupa —repuso April—. Ahora mismo parece muy dulce y romántico mandar a la mierda a tus padres. En plan Sonny y Cher con esa canción... ¿Cómo era? «I got you, babe», ¿no? Muy en plan «contigo, pan y cebolla». Pero ya veremos lo que pasa cuando la cosa se ponga cruda. No quiero que me lo eches en cara algún día.

—¿Sabes lo que creo? Creo que tú eres la que tiene dudas y que por eso has sacado el tema. —Apretó los labios, formando una línea—. A lo mejor mis padres tenían razón.

—¿En qué?

—Bueno, a lo mejor eres incapaz de comprometerte, como tu madre. Fue incapaz de comprometerse con tu padre o con los disparatados negocios que se le ocurrían.

—Estaba enferma, Charlie —dijo April entre dientes.

Él bajó los brazos.

—Claro, y ¿cómo sé yo que tú no te volverás loca algún día?

Fue como si Charlie le hubiera pegado un puñetazo en la abultada barriga. Hasta ese momento, habían discutido de sus familias, de su situación. En ese instante, Charlie atacaba lo personal. Acabar como su madre era el peor miedo de April, y podía suceder. El trastorno bipolar de su madre no había dado indicios que pudieran diagnosticarse hasta pasados los veinte años.

—Tienes razón —replicó con voz gélida—. No lo sabes. Y supongo que no quieres quedarte para averiguarlo.

—No quería decir...

—Ah, sé muy bien lo que has querido decir —lo interrumpió April, a quien le pitaban los oídos por la rabia—. Joder, nuestro bebé también podría volverse loco.

—¡Mierda! —Charlie estampó la mano contra la mesa—. ¿No podemos eliminar esta conversación? ¿Fingir que nunca la hemos tenido?

Su voz rayaba en la desesperación.

—No lo creo. Ahora que sé lo que piensas de verdad... —Se le nubló la vista por las lágrimas—. No puedo vivir con la idea de que te pasas la vida observándome para ver cuándo pierdo la cabeza. A lo mejor tus padres tenían razón. A lo mejor deberías irte ahora que puedes y hacer lo que sea que tengan planeado para ti.

April esperaba que Charlie protestase, pero no lo hizo. Se limitó a quedarse allí plantado, con cara triste, como si no diera crédito a lo que estaba pasando. Charlie abrió la boca, tal vez para disculparse, pero no brotó sonido alguno que llenara el conmocionado silencio que había entre ellos.

Charlie se volvió hacia la mesa y recogió el portátil. Miró a April a los ojos con una expresión impotente y sostuvo su mirada durante unos segundos pesarosos que parecieron eternos. Después salió a trompicones, como aturdido, por la puerta.

En cuanto se fue, April cogió el plato de la mesa y lo tiró al suelo. Los trozos de cristal y de galletitas se esparcieron por todos lados. Pensó que sus padres tal vez habían discutido en esa misma cocina, aunque en aquel entonces ella era demasiado pequeña para recordar los detalles. Lo que sí recordaba era haber crecido con la sensación de que los lazos familiares eran frágiles y, para algunas personas como su padre, reemplazables.

No se separó del teléfono esa noche mientras daba vueltas bajo las mantas sin poder dormir. Sabía, por supuesto, que podía llamar a Charlie. Pero hacerlo sería como admitir que ella se había equivocado más que él. En algún momento de la madrugada, antes de que amaneciera, decidió que no lo iba a llamar.

Era una prueba. Una prueba para saber si Charlie estaba preparado para quererla incondicionalmente pese a la genética, al dinero y a su madre muerta. Era una prueba, y se moría por que la pasara, pero debía superarla solo.

Al día siguiente casi se le paró el corazón cuando escuchó el timbre. Fue incapaz de ocultar su desilusión al abrir la puerta y ver a un voluntario del Partido Verde armado con folletos explicativos, que hacía campaña para las primarias en las que su partido elegiría el candidato a senador. Casi le cerró la puerta en las narices al pobre, y también al mensajero de UPS y a los críos que se acercaron para venderle caramelos al final de esa semana. Todos la miraron sonrientes, sin saber que no eran lo que ella quería. Quería una oportunidad de tener una familia normal, y con cada agónico día que pasaba sin recibir noticias de Charlie, las posibilidades se reducían.

Detestaba esperar. Detestaba la sensación de impotencia que provocaba la espera. Pero detestaba todavía más la conclusión a la que estaba llegando: que Charlie no era más digno de confianza que las demás personas a las que había querido.

April dejó de esperar cuando, justo a las dos semanas de su discusión con Charlie, miró el buzón y encontró un sobre de color marfil con la dirección escrita a mano, entre los cupones de descuento y las notificaciones de impagos dirigidas a su madre. El remite escrito al dorso indicaba «Señor Charles Cabot III y señora». Lo abrió y sacó una hoja gruesa y tiesa de papel. Allí, escrito con tinta negra sobre una tarjeta de papel Strathmore, estaba el anuncio de que se había suspendido la boda.

11

Objeto: bolso.
Fecha aproximada: años cincuenta.
Estado: bueno.
Descripción: capazo con adornos de flores artificiales. El trenzado de la base está un poco deshilachado.
Origen: comprado a una amiga de Betsy Barrett.

VIOLET

Cuando Violet llegó a la tienda al día siguiente, se percató del aspecto cansado de April. No le envidiaba el desengaño amoroso que había sufrido. Sin embargo, admitía sentirse celosa del hecho de que April fuera de esas embarazadas cuyo cuerpo solo ensanchaba a la altura de la barriga, que cada día era más grande.

Betsy Barrett saludó a Violet desde uno de los sillones naranjas del probador, donde estaba sentada mientras hojeaba una revista.

—Hola, Betsy —la saludó ella—. ¿Qué te trae hoy por aquí?

Betsy aferró los brazos de los sillones con sus manos desfiguradas por la artritis para poder levantarse.

—No te pongas de pie —dijo Violet mientras se acercaba a ella—. Espero que no lleves mucho rato esperando.

—Qué tontería, he estado entretenida —replicó la mujer al tiempo que señalaba un anuncio de perfume con una chica que llevaba un tatuaje de estilo marinero entre los omóplatos, consistente en sirenas y un velero que flotaba en un mar de olas verdes—. Ese barco se habría hundido hace años si estuviera en mi cuerpo.

Violet se echó a reír y se apartó un mechón de pelo negro de la cara, sujetándoselo detrás de la oreja con un pasador adornado con brillantitos.

—Bueno, ¿qué te trae hoy por aquí?

—Tengo cosas para ti en el coche, pero necesito que alguien me ayude a traerlas aquí. April se ha ofrecido a ayudarme, pero le he dicho que no debería levantar cosas pesadas en su estado.

—Claro, yo te ayudo —dijo Violet—. April, ahora mismo vuelvo.

Betsy le dio las llaves del coche.

—Está junto al parquímetro que hay justo enfrente de la tienda.

Violet salió a la calle, iluminada por la luz del sol estival, y escuchó el sonido vibrante de los violines de los músicos que tocaban en la esquina. Al verla, el hombre de la armónica la saludó llevándose una mano a la gorra, y ella le devolvió el saludo con la mano.

Localizó el Mercedes gris de Betsy aparcado delante de la tienda de bicicletas Bicis Solidarias. A través de la luna trasera vio que había varias bolsas en el asiento de atrás. Abrió la puerta y al inclinarse para coger las bolsas, atisbó un papel en el salpicadero, entre los dos asientos delanteros. Parecía una factura y rezaba así: «Clínica oncológica Turtle Bay». Se le llenaron los ojos de lágrimas mientras cogía las bolsas y las dejaba en la acera.

Se limpió las lágrimas con la manga y sopesó la idea de decirle a Betsy que había visto el papel. No quería parecer entrometida, pero Betsy lo había dejado a la vista y no le había impedido que fuera en busca de las bolsas. No sabía muy bien qué comportamiento exigía esa situación. Por una parte, sería difícil fingir que no sabía nada. Por otra, quería respetar la intimidad de su amiga.

Cogió las bolsas y regresó a la tienda con ellas. April estaba limpiando el polvo de las cristalerías expuestas en las estanterías mientras Betsy parloteaba.

—... así que les dije que a menos que prohibieran la asistencia de los padres a las audiciones, no pensaba donar ni un centavo más al programa Joven Shakespeare. —Betsy movió la cabeza—. Te digo de verdad que aquello parecía Broadway por cómo se comportaban los padres.

Violet sintió un nudo en la garganta al escuchar la voz de su amiga. Betsy tenía buen aspecto. Tal vez estuviera un poco delgada, pero siempre lo había sido.

April soltó un jarrón de cristal de color rosa y se colocó las manos en la barriga.

—Tendré que morderme la lengua cuando este chiquitín empiece a participar en actividades extraescolares.

—¿Vemos lo que hay aquí? —sugirió Violet, que dejó las bolsas en el mostrador y empezó a sacar su contenido.

—Tómate el tiempo que quieras —le aconsejó Betsy—. Puedo volver más tarde. Tengo una cita.

La mención de la cita hizo que la preocupación de Violet aumentara. Abrazó a Betsy para despedirse de ella con más ímpetu del habitual.

—Me he alegrado mucho de verte.

Una vez que Betsy se fue, April se acercó al mostrador.

—Oye, es posible que dentro de poco tenga que pedirme un día libre, ¿te parece bien?

—Claro. ¿Tienes algún plan divertido en mente?

—Por desgracia, no. Tengo que hacer inventario de las cosas de mi madre. He intentado hacerlo después del trabajo, pero últimamente estoy tan cansada cuando llego a casa que siempre acabo acostándome temprano. El agente inmobiliario dice que los trastos que hay en la casa espantan a los compradores potenciales que ya la han visitado.

—¿Necesitas ayuda? —le preguntó Violet.

—La mayoría son trastos que seguramente donaré a Goodwill.

—Eso fue lo que dijo mi madre cuando mi abuela murió. Pero son trastos solo si no sabes lo que tienes delante. Además, si hay objetos pesados, será mejor que los levante yo.

—Mírala a ella, tan protectora —se burló April—. Te pareces a mi doctora.

—Sí, bueno, ya sé que eres capaz de hacer muchas cosas tú sola, pero tampoco pasa nada por aceptar que alguien te eche una mano de vez en cuando.

April puso los brazos en jarras.

—¿Sabes una cosa? Deberías seguir tu propio consejo.

—Estoy en ello.

Sam Lewis llamó a Violet el Cuatro de Julio para comentarle que el sombrero azul con el velo corto había sido todo un éxito con sus alumnos. También le preguntó si le apetecía ver los fuegos artificiales con él esa noche. Ella aceptó al recordar el escalofrío que había sentido cuando su mano rozó la de Sam en la tienda. Desde entonces habían pasado unas cuantas semanas, y a esas alturas Violet imaginaba que ya no iba a llamarla. Le alegraba haberse equivocado.

Esa noche, después de cerrar la tienda, Violet corrió escaleras arriba y se probó distintas combinaciones de ropa para la cita. Tras descartarlas todas, las fue amontonando sobre la cama. Miles, que parecía irritado por semejante invasión de su lugar de descanso preferido, soltó un enorme suspiro y se trasladó al sofá del salón. Violet por fin se decidió por un vestido de rayas azul y blanco con corpiño ajustado y falda de vuelo, un atuendo que parecía a la vez retro y patriótico. Tenía manga corta, así que dejaba a la vista el tatuaje de su brazo. Completó el atuendo con un cinturón de cuero rojo que enfatizaba sus curvas.

Cuando Sam llegó a buscarla, Violet estaba hecha un manojo de nervios. No sabía por qué estaba tan ansiosa. Desde su divorcio, había acudido a muchas citas con hombres, la mayoría organizadas en portales de citas de internet o mediante alguna amiga. Las últimas eran las más decepcionantes, porque eran las que mayores expectativas creaban. Sin embargo, había aprendido a temer la frase: «Tengo un amigo soltero...». Normalmente significaba que el hombre en cuestión era la única persona soltera que la amiga conocía, además de a Violet.

Sin embargo, compartía con ellos un café, una copa y, a veces, incluso quedaban para cenar y echaban un polvo. Había conocido intelectuales y viajeros. Hombres aburridos, maleducados o ambas cosas. Hombres con licenciaturas, con neurosis, con hijos. No obstante, hacía mucho tiempo que no se interesaba por uno en concreto. Hacía mucho que no experimentaba la inesperada emoción que la había invadido tras la llamada de Sam. Eso sí, se sentía insegura. No tenía claro que ese fuera el momento más indicado para entablar una relación sentimental. La tienda necesitaba de toda su atención. Y, a diferencia de otras citas pasadas, en el caso de Sam no había intercedido un algoritmo informático ni una amiga bienintencionada. Si no salía bien, ella sería la única culpable.

Miles ladró y corrió hacia la puerta al escuchar que alguien llamaba. Cuando Violet abrió, descubrió a Sam, vestido con unos vaqueros y una camisa azul. Llevaba un ramo de girasoles en una mano.

—Hola.

Sam sonrió y le entregó las flores.

—Gracias. Son preciosos.

Violet esperaba que el sudor que sentía en las axilas no estuviera humedeciéndole el vestido de algodón.

—¿Estás lista?

—Ajá, espera que coja el bolso. Pasa si quieres.

Sam la siguió hasta la cocina, donde Violet colocó las flores en un jarrón antiguo de cristal tallado, tras lo cual corrió a su dormitorio para buscar el capazo que había elegido. Guardó en su interior los objetos que llevaba en el bolso que usaba a diario y, después de coger una rebeca, siguió a Sam hasta el aparcamiento situado detrás del edificio. El coche de Sam era un Subaru con un portabicicletas en la parte superior.

Violet prefería los coches más grandes, como los deportivos descapotables vintage o los Cadillac con alerones traseros. Sin embargo, reconocía muy a su pesar que a Sam le pegaba su coche. Parecía recio, pero intimidatorio, y capaz de salir airoso en distintas situaciones.

Una vez dentro, Sam arrancó y enfiló Johnson Street.

—Se me había ocurrido que podíamos pararnos a comprar comida antes de buscar un sitio para ver los fuegos artificiales.

—Claro —accedió Violet—. Me parece genial.

Sam condujo en dirección al centro de la ciudad, hasta Capitol Square, llena de la música procedente de los bares. La gente atestaba las terrazas de las cafeterías a la luz del atardecer. Violet y Sam entraron en una quesería gourmet, donde probaron seis o siete variedades antes de decidirse por uno en concreto. Sam prefería los quesos frescos de cabra y el cremoso brie, mientras que ella adoraba los añejos, el azulado stilton y los gorgonzolas. Después de probarlos se metió en la boca un caramelo de menta. No quería empezar la cita con mal aliento.

A pesar de que había vivido toda la vida en Wisconsin, nunca había pisado una quesería. Le supuso un alivio tener algo concreto en lo que concentrarse en vez de estar sentados frente a frente a una mesa, mirándose a los ojos y entablando una conversación incómoda. Violet se echó a reír mientras Sam arrugaba la nariz por el apestoso limburger y soltaba una sarta de tonterías del estilo de «Ah, sí. Detecto los tréboles que las ovejas deben de haber pastado».

Tras un intenso debate, optaron por un gruyère añejo, un cabra cremoso y un gouda fresco, aderezado con semillas de fenogreco. La dependienta con acento francés que atendía el mostrador los ayudó a elegir una botella de vino, rebanadas de pan tostado, aceitunas y una caja de bombones caseros para acompañar la selección de quesos.

Cuando regresaron al coche con el picnic preparado, Violet estaba más relajada que cuando Sam la recogió en su casa.

—Ha sido divertido —dijo—. No me puedo creer que jamás haya estado en esa tienda.

—Se me ocurrió que sería bueno fijarnos una misión. Que sería menos incómodo de esa forma —reconoció Sam—. Ha pasado mucho tiempo desde la última vez que salí con una mujer.

Violet se sintió impresionada al descubrir que Sam había reflexionado al respecto a fin de que ambos se sintieran a gusto.

—Ha sido una buena idea. Muy considerada.

—Ah, quiero hacer otra cosa antes de ir a ver los fuegos artificiales.

—¿El qué? —quiso saber ella.

Sam se inclinó hacia el asiento donde Violet se sentaba y la besó, despacio y con delicadeza. Después se alejó y puso en marcha el motor.

Violet se quedó sin habla un instante. Cuando su cuerpo y su cerebro se recuperaron lo suficiente como para que recobrara la voz, dijo:

—Uau. Eso no suele pasar normalmente hasta el final de la primera cita.

—No podía esperar. —Sam la miró a los ojos un momento y después clavó la vista de nuevo en la calzada—. Te habría llamado para invitarte a salir poco después de verte en la tienda, pero al día siguiente tuve que irme de excursión al oeste con un colega de la universidad. He estado «desconectado del mundo», por decirlo de alguna manera, estas dos semanas.

—No pasa nada —replicó Violet—. La espera ha merecido la pena.

Cuando llegaron a Winnequah Park, desde donde se lanzarían los fuegos artificiales, el césped estaba cubierto de mantas. Los niños agitaban sus bengalas mientras les pedían a sus padres que les compraran un helado a los vendedores ambulantes que se abrían camino entre las sillas y las neveras diseminadas sobre el césped. Las luciérnagas volaban cual chispas desde el suelo a medida que Violet y Sam atravesaban el prado en busca de un lugar donde acomodarse.

—¿Qué tal aquí? —preguntó Sam, que se detuvo al llegar a la parte superior de una pequeña cuesta, un tanto alejada de la multitud.

—Perfecto —respondió Violet, que todavía se sentía acalorada por el inesperado beso.

Se sentaron con las piernas cruzadas en la manta que había llevado Sam y bebieron vino mientras esperaban a que anocheciera.

—Así que me recuerdas de Bent Creek —comentó Violet—. ¿Por mi relación con Jed?

—No. Bueno, sí. Todo el mundo conocía a Jed. Pero tú tenías algo distinto. Por ejemplo, no te vestías como las demás chicas.

Violet se echó a reír.

—Sí, era la única que llevaba al instituto el abrigo de piel de su abuela. Antes de empezar a salir con Jed, se reían de mi forma de vestir. Después dejaron de meterse conmigo.

—¿Por qué te fuiste del pueblo? —Sam untó una rebanada de pan tostado con queso de cabra y se la ofreció—. En el instituto parecías una chica feliz y segura de ti misma.

—¿Ah, sí? Pues no lo era. Creo que mi problema fue que me fijé como objetivo conseguir aquello que me parecía que debía querer, sin pensar en lo que realmente podría hacerme feliz. Creo que por eso aguanté tanto tiempo con Jed. Cuidar de él le dio un propósito a mi vida, y sin eso no sabía quién era en realidad.

—¿Y ya lo sabes? —le preguntó Sam—. Me refiero a si ya sabes lo que te hace feliz.

—La independencia. Me gusta trabajar por mi cuenta, tener mi propio negocio. Aunque a veces me gustaría mejorar en ciertos aspectos.

—¿Como en cuáles?

Las preguntas de Sam eran tan directas y su expresión tan comprensiva que Violet se olvidó de erigir una muralla protectora al contestar:

—En todo aquello que me aburre. Los registros informáticos, los archivos. Ah, y los temas legales. Últimamente tengo problemas con el arrendador y estoy muy estresada. —Guardó silencio y mordisqueó la rebanada de pan—. Dios, no me estoy vendiendo muy bien que digamos, ¿verdad?

—No necesitas venderme nada. He sido yo quien ha preguntado, ¿no?

Sam se inclinó hacia atrás y se apoyó en los codos, al tiempo que extendía sus largas piernas al frente.

—Violet, ¿eres tú?

Violet volvió la cabeza y vio que Karen y Tom se acercaban a ella. Karen llevaba a Edith en un fular portabebés.

—Hola —los saludó Violet, que les hizo señas para que se acercaran—. Karen, Tom, os presento a Sam.

Karen recorrió a Sam de arriba abajo.

—Encantada de conocerte. Esta es nuestra hija Edith.

—Hablando de Edith, dame a esa niña —dijo Violet, que extendió los brazos.

Karen sacó a la niña y se la colocó en los brazos. Edith se removió, se desperezó y volvió a dormirse.

—Qué valor tienes trayéndola a los fuegos artificiales —comentó Violet—. ¿No van a despertarla?

—Ah, no. Ya nos íbamos —respondió Tom—. Solo hemos venido para dar un paseo por el parque. Hay que salir de casa de vez en cuando.

Sam levantó la botella de vino.

—¿Os apetece una copa?

—No —respondió Karen—. Deberíamos irnos antes de que empiecen a estallar cosas y despierten a la bestia.

Violet acarició el puño cerrado de la niña.

—Ahora mismo no parece una bestia.

—Porque necesita seguir durmiendo. —Karen le quitó a Edith de los brazos y se la colocó de nuevo en el fular, con tanta habilidad que la niña ni se inmutó—. Que os divirtáis.

—Adiós —dijo Sam—. Encantado de conoceros.

Una vez que se alejaron lo suficiente, añadió:

—Te gustan los niños, ¿no?

No era el tipo de pregunta que Violet estaba acostumbrada a oír en una primera cita. Casi todos los hombres con los que había salido tras utilizar los servicios de un portal de citas por internet querían hablar del sueldo que ganaban o de lo inusual que era que saliesen con una persona que habían conocido en la red. En ambos casos mentían. Con la pregunta de los niños, Violet tuvo la impresión de que Sam la sometía a una prueba, pero no sabía cuál era la respuesta correcta, no sabía qué opción marcar con su lápiz. Si decía que no le gustaban los niños, estaría mintiendo. Si decía que sí, mucho se temía que Sam huiría espantado.

Al final dijo:

—Qué va. También odio a los cachorritos.

Sam se echó a reír.

—Sí, yo no soporto a los gatitos.

Violet arrancó un puñado de hierba y dejó que las briznas se escurrieran entre sus dedos.

—Ver a Karen con un bebé me parece demencial. Me pregunto cómo será Edith cuando aprenda a andar y a hablar y esas cosas.

—Espero que lo tenga más fácil que yo cuando era pequeño.

—¿A qué te refieres?

—Si me recuerdas de la época del instituto, te acordarás de que era una especie de bicho raro. Me encantaban la ciencia ficción y *La guerra de las galaxias*, y no tenía ni idea de cómo relacionarme con las chicas.

Violet ladeó la cabeza y lo miró a la cara. Estaba guapísimo a la luz del crepúsculo.

—Sí, lo recuerdo —le aseguró—. Cuando nos vimos en la tienda no podía ubicarte, pero después saqué los anuarios.

—Fueron años difíciles.

Sam cruzó los brazos por delante del pecho y sus ojos se ensombrecieron, tal cual le estaba sucediendo al cielo estival.

Los primeros fuegos artificiales, lanzados a modo de prueba, estallaron sobre ellos, y los espectadores exclamaron al unísono antes de guardar silencio. Violet recordó a las personas con las que había elegido compartir su tiempo en el instituto y también rememoró el placer que les provocaba hacer sufrir a aquellos que no eran guapos ni atléticos o que carecían de otra característica que los hiciera interesantes.

—Sé que Jed formaba parte del grupo que se metía contigo —dijo—. Siento mucho no haberlos detenido.

—No pasa nada —le aseguró él—. Además, no recuerdo que tú formaras parte de ese grupo. Parecías mantenerte un poco apartada del resto del rebaño.

—Sí, pero tampoco pensaba mucho por mí misma. En todo caso, siento mucho que el instituto fuera una etapa difícil para ti.

—Bueno, al final no salió tan mal, así que no quiero que te compadezcas de mí —replicó Sam—. A menos, por supuesto, que eso te lleve a acostarte conmigo, en cuyo caso, puedes compadecerte todo lo que quieras.

Durante el resto de la velada, mientras contemplaban los fuegos artificiales, Violet se preguntó si alguna vez sería capaz de dejar atrás Bent Creek definitivamente. Por más que intentara avanzar, los recuerdos resurgían de vez en cuando, como las piedras ocultas entre la hierba de un prado primaveral. Aunque había decidido avanzar y vivir su vida, de repente encontraba alguna piedra con la que tropezarse.

Miró a Sam a la luz parpadeante y se preguntó de nuevo, tal como había hecho en la tienda, por qué no se había fijado en esos ojos tan tiernos o en su contagiosa sonrisa cuando estaba en el instituto. Había estado demasiado ocupada disfrutando de la sensación de sentirse aceptada por la pandilla guay. Después había pasado años reuniendo el valor necesario para descubrir quién era sin ellos.

Cuando estalló el último cohete con una explosión ensordecedora, el humo era tan denso que Violet apenas veía.

Sam debió de percatarse de su cambio de humor, porque mientras la llevaba en coche de vuelta a casa le preguntó:

—¿Estás bien?

Violet asintió con la cabeza.

—Supongo que la conversación sobre Bent Creek ha hecho que afloren ciertos recuerdos no muy buenos.

—En fin, Bent Creek está a muchos kilómetros, y a años, de nosotros —le recordó él mientras aparcaba el coche en la parte trasera de su edificio—. Vamos a concentrarnos en el presente, ¿sí?

—¿Cómo lo haces? —quiso saber ella.

—¿El qué?

—Concentrarte en el presente y no distraerte pensando en todas las cosas malas del pasado, o en las preocupaciones del futuro.

Sam paró el motor.

—Bueno, primero haces esto.

Se inclinó hacia ella, que seguía sentada en el asiento del copiloto, y la besó en el cuello. Violet sintió una cálida descarga por todo el cuerpo.

—Mmm —murmuró—. ¿Y qué más?

—Esto.

Sam la besó en el otro lado del cuello y después buscó sus labios.

La noche estival era serena y calurosa, y a Violet le costó un gran esfuerzo no levantarse y sentarse a horcajadas sobre Sam en el asiento del conductor.

—Todavía tengo problemas para concentrarme —dijo al tiempo que esbozaba su sonrisa más seductora—. ¿Quieres subir y ayudarme un poco más?

Sam abrió su puerta y bajó del coche.

Una vez en el dormitorio de Violet y acostados sobre las llamativas flores verdes de la colcha de la marca Marimekko, Sam le desabrochó el vestido de rayas que tan cuidadosamente había elegido esa tarde. Violet se bajó los tirantes del sujetador y aferró los hombros de Sam para instarlo a acercarse más, ansiosa por sentirlo sobre ella y en su interior. Sin embargo, Sam la invitó a relajarse y le besó cada lunar de su piel a medida que la desnudaba.

Violet había llevado a otros hombres a su apartamento en el pasado, pero jamás en la primera cita. Con Sam, sin embargo, experimentaba una urgencia que no había sentido con nadie. Tenía la impresión de que ya había malgastado mucho tiempo al estar sin él, que había pasado muchos años persiguiendo lo que otras personas querían para ella en vez de perseguir lo que ella quería. En ese momento, no tenía duda alguna sobre lo que quería.

Otros hombres se enfrentaban al sexo como si fuera una película de acción que habían decidido ver con ella, y convertían la experiencia en un despliegue de deseo y pasión, con la esperanza de que ella también disfrutara. Sam se enfrentaba al momento como si estuviera leyendo una preciosa y larga novela, extrayendo todo el placer posible de aquello que las páginas iban revelando. Después de llegar al satisfactorio final, con una Violet desnuda y sin aliento entre los brazos de Sam, regresaron al inicio y empezaron de nuevo.

12

Objeto: americana.
Fecha aproximada: principios de los ochenta.
Estado: excelente.
Descripción: chaqueta de uniforme de TWA. Americana azul marino de doble botonadura con hombreras. Insignia en forma de alas en la solapa izquierda.
Origen: auxiliar de vuelo jubilada.

Amithi

Amithi estaba junto a la caja registradora, con una enorme bolsa de basura en cada mano. A lo largo del último mes, desde aquel viaje espantoso a Chicago, había ido a Hourglass Vintage al menos una vez a la semana. Cada vez que iba, llevaba consigo objetos para vender, como si expurgar de ropa sus armarios pudiera expurgar su pasado de todos los secretos y todas las mentiras.

Violet estaba al otro lado del mostrador, tarareando mientras colocaba unas rosas rojas en un florero de cristal. Levantó la mirada y sonrió al ver a Amithi.

—Hola, me alegro de volver a verte.

—Son unas flores preciosas —dijo Amithi—. ¿Te las ha regalado alguien especial?

—Ajá. —Violet dejó el jarrón en un extremo del mostrador—. Pero estamos empezando.

Amithi envidiaba la expresión dulce de los ojos de Violet. Habría dado lo que fuera por volver a sentir esa esperanza que la inundaba cuando su relación con Naveen era nueva. Con la ayuda de Violet, dejó las bolsas en el mostrador.

—Perdona por las bolsas de basura —dijo—, pero tenía tantas cosas esta vez que no me cabían en ningún otro sitio. Normalmente, lo habría doblado todo con más cuidado.

De hecho, desde que Naveen y ella volvieron de Chicago (ella en coche y él en autobús, por insistencia de Amithi), no había tenido ganas de hacer nada tal como lo hacía normalmente. La noche anterior se había encerrado en la sala de estar con la intención de ver la televisión. En cambio, había acabado hojeando un álbum de fotos familiar que al principio la hizo llorar y que después la hizo hervir de rabia. En cada foto, en la primera fiesta de cumpleaños de Jayana, en la playa, en la cena con la que celebraron que Naveen había conseguido la plaza fija, Amithi vio el engaño tras la sonrisa de su marido.

Cuando Naveen llamó a la puerta de la sala de estar para preguntarle por la cena, no le contestó. No sabía qué se había preparado para comer y le daba igual. Más tarde, encontró un cuenco para los cereales vacío junto al fregadero y sintió un ramalazo de satisfacción al pensar que había comido copos de maíz para cenar.

Violet sacó un puñado de pañuelos de una de las bolsas. Amithi la ayudó a extender la brillante seda en el mostrador mientras admiraba el contraste de los colores entre sí: púrpura, ocre y verde esmeralda. Algunos estaban bordados con diseños florales en hilo dorado, mientras que otros tenían ramas o pájaros.

Violet tocó la suave tela de un pañuelo rojo.

—¿Son de la India?

—La seda, sí. Pero los bordados los hice yo misma hace años.

—¿A mano?

Violet acarició el hilo de una intrincada hoja bordada.

—Claro. Sé que hay máquinas que lo hacen, pero yo no tengo. Además, la seda es muy delicada. Las cosas bonitas suelen serlo.

—¿Por qué vendes tantas cosas a la vez? ¿Estás haciendo limpieza de armario?

—Estoy haciendo limpieza de mi vida.

—¿Va todo bien? —preguntó Violet.

Amithi se consideraba una persona reservada. Había desarrollado la costumbre de no molestar a los demás con sus problemas.

—Estoy bien —contestó.

Violet enarcó las cejas.

—¿En serio? Pues no te creo.

Amithi suspiró.

—Alguien muy cercano me ha traicionado.

En cuanto las palabras salieron de sus labios, sintió que el peso de su tristeza desaparecía, al menos momentáneamente.

—Siento enterarme —replicó Violet—. ¿Ha sido tu marido?

Amithi titubeó un momento antes de asentir con la cabeza. Temía que Violet la criticara por seguir viviendo en la misma casa que Naveen. Muchas mujeres habrían hecho las maletas y se habrían ido en cuanto descubrieron la aventura. Amithi lo había pensado. Sabía que si le contaba a Jayana lo que pasaba, seguramente su hija la invitaría a pasar una temporada en su apartamento. Amithi había llegado al extremo de sacar la maleta unas cuantas veces, pero la había metido de nuevo en el armario sin hacer el equipaje siquiera.

Odiaba a Naveen por lo que le había hecho, por la vida que creía que habían construido juntos. Pero sin esa vida no sabía a qué aferrarse. Se sentía como una cometa rota, dando tumbos por un fuerte viento.

—¿Quieres hablar del tema? —preguntó Violet.

Amithi ya tenía la sensación de que se había abierto en canal para que la examinaran. En su interior vivían sus miedos más profundos. Tal vez Naveen quisiera a Paula como nunca la había querido a ella. Al fin y al cabo, había decidido salir con Paula por propia voluntad, mientras que fueron sus padres quienes la escogieron a ella. Había conocido a Paula cuando en el país reinaba la revolución política y sexual. Con un escenario tan apasionado, seguramente su matrimonio con ella le pareciera aburrido, una obligación. Sin poder evitarlo, se preguntaba si Naveen deseaba haberse casado con Paula en vez de con ella.

Pese a las dudas y a las preguntas que le rondaban la cabeza, Amithi era incapaz de decir más, al menos ese día.

—Tal vez en otro momento —contestó.

Violet echó un vistazo en una de las bolsas.

—¿Estás segura de que quieres deshacerte de todo esto ahora mismo? ¿No quieres esperar a sentirte más...?

—No las necesito —aseguró Amithi—. Tengo muchísimos pañuelos y saris... estos solo son una mínima parte. Aún quedan muchos en el armario. Y mi hija tampoco los quiere. Le dije que los pañuelos quedarían bien incluso con los vaqueros azules que suele ponerse siempre, pero dice que no son de su estilo.

Violet extendió uno de los pañuelos para examinar su tamaño.

—Son lo bastante grandes para usarlos a modo de chal. Los más coloridos quedarían estupendos con un vestido corto negro. —Le dio unas palmaditas a una de las bolsas de basura—. Seguramente tardaré bastante en revisar todo el contenido.

—Tranquila, tómate el tiempo que quieras —dijo Amithi.

Cualquier excusa para alejarse de la casa, de la existencia doméstica que en ese momento se le antojaba tan vacía a Amithi le parecía magnífica. ¿Qué sentido tenía mantener la casa ordenada y preparar la comida con esmero si no había nadie para apreciar el esfuerzo? Jayana había crecido y ya no quería la atención de su madre. Y Naveen no se la merecía.

—Tienes mucho talento, ¿sabes? —dijo Violet mientras doblaba un pañuelo y lo dejaba a un lado—. Ojalá yo supiera coser como tú.

—Bueno, coser no es difícil. Como sucede con muchas otras cosas, solo tienes que tener paciencia.

—Sé lo básico de la costura, como meter los bajos o arreglar el ancho de las prendas, pero tardo muchísimo en hacer lo más sencillo —reconoció Violet—. Dentro de unas semanas celebramos un desfile de modelos para recaudar fondos para la tienda, y sé que van a ser necesarios arreglos de última hora para que la ropa les quede a las modelos como yo quiero. Me da miedo pensar que voy a tener que coser. Seguramente me pase toda la noche despierta la víspera del desfile.

—A lo mejor puedo ayudarte —se ofreció Amithi.

Un desfile de modelos parecía la distracción perfecta para no pensar en su desastroso matrimonio. También era algo que a Naveen le habría parecido ridículo, lo que la incitaba todavía más a ayudar.

—Seguramente no pueda pagar tu tarifa —le advirtió Violet.

—No cobro por coser, para mí es una afición. Me gusta hacerlo.

—No estoy segura de que esto te vaya a gustar. Me da que consistirá en tomar muchas medidas y hacer pequeños ajustes. Y lo más complicado de todo es que los ajustes tienen que ser temporales. No queremos cambiar el tamaño original de las prendas, solo que queden bien en la pasarela.

—Creo que puedo hacerlo. He tenido que meterle y sacarle a mi ropa muchas veces porque me paso la vida ganando y perdiendo peso. Nunca corto la tela ni hago nada permanente porque quién sabe si volveré a engordar.

Soltó una carcajada amarga. A lo mejor debería engordar sin más. Si no había sido capaz de mantener interesado a Naveen cuando era joven, delgada y de piel suave, ¿por qué molestarse en intentarlo en ese momento?

—Si no te importa, me vendría genial tu ayuda. —Violet examinó el pañuelo azul en cuyo borde se repetía el mismo motivo: una pluma bordada—. ¿Son plumas de pavo real?

Amithi asintió con la cabeza.

—Es el ave nacional de la India.

—Me encantan los pavos reales —comentó Violet, señalando la pared, de la que colgaba un sombrero verde adornado con una brillante pluma de pavo real.

—A veces creo que el ave nacional de la India no debería ser un pájaro, sino un avión, porque muchísimos compatriotas míos se pasan la vida viajando en avión. —Amithi tocó el pañuelo azul—. Pensándolo bien, creo que voy a quedarme con este.

20 de junio de 1979

Amithi se percató de las miradas aburridas que le lanzaban mientras intentaba calmar a Jayana, que no dejaba de berrear, y le suplicaba que se durmiera. Durante la primera mitad del viaje, de Chicago a Londres, la niña se había comportado muy bien. En el último tramo, en cambio, desde el aeropuerto de Heathrow hasta Delhi, Jayana no dejaba de llorar, y a veces gritaba con tanta fuerza que se le rompía la voz y parecía una ametralladora. Incluso la sonriente azafata que los atendía con su chaqueta ajustada y su camisa blanca comenzaba a enfadarse. Era como si Jayana, nacida en Estados Unidos, se resistiera a volver a sus orígenes.

Amithi había estado retrasando el viaje desde que la pequeña había nacido en julio del año anterior. Las llamadas y las cartas de sus padres y de los padres de Naveen se habían hecho tan insistentes que al final dejó de posponer el viaje a la India. Los abuelos querían conocer a su nieta, no entendían que Naveen y Amithi hubieran esperado una década para tener niños. No sabían que llevaban años intentándolo, que a Amithi se le había roto el corazón un mes tras otro cada vez que tenía el período, que siempre era un visitante inoportuno. No sabían lo duro que fue el parto, ni que tanto la madre como la niña habían tenido una salud delicada al principio.

Los abuelos se impacientaron primero y se enfadaron después, porque Jayana tenía casi un año y todavía no la conocían. Incapaz de encontrar el momento en el que Naveen no tuviera clases o una convención a la que asistir, Amithi accedió a viajar sola a la India con el bebé.

Preparar el viaje con una niña de once meses supuso un desafío. Le habría venido bien la ayuda de su marido, pero sabía que tenía cosas muy importantes que hacer mientras ella estaba fuera. Tenía que terminar una investigación y después presentarla durante una convención en Florida, a la que asistirían muchos investigadores famosos. Aunque Naveen lamentaba que no pudiera acompañarla, Amithi no podía echarle en cara a su marido que trabajase duro. Al fin y al cabo, era el único que llevaba dinero a casa.

Para Amithi, lo más duro del viaje no fue hacer el equipaje ni organizarlo todo, sino que le perforasen las orejas a su hijita. No quería hacerlo, pero supuso que habría regalos en forma de joyas en las *pujas*, las ceremonias de oración que sus padres y sus suegros celebrarían en honor de la niña en la India. No quería que aquellos que aparecieran con pendientes como regalo para la niña se sintieran mal. Los pendientes eran un regalo habitual en ese tipo de acontecimientos.

De modo que una semana antes del vuelo a Delhi, Amithi procedió con la perforación de las orejas, aunque no celebró un *karna vedha*, que era la ceremonia tradicional para tales circunstancias. No quería invitar a un montón de personas para que vieran llorar a su hija. Se limitó a pedirle a su vecina Lalita que fuera a casa para hacerlo. Lalita, a quien todos llamaba tía Lalita y cuyos hijos ya eran mayores, esterilizó una aguja y le sirvió a Amithi un vaso del whisky de Naveen. Amithi lloró cuando la aguja atravesó la carne de la pequeña, aunque Jayana no emitió sonido alguno, ya que estaba hipnotizada por la cara amable y la voz dulce de la tía Lalita.

Aunque Amithi no había estado en la India desde la boda, sabía que el motivo del viaje no era ella. Se pasaría el día de un lado para otro aunque hubiera tormenta, de templo en templo y de una casa a otra, aunque ni siquiera conociera o recordara a esos familiares. El motivo del viaje era que sus padres y los Singh pudieran presumir de Jayana, y alardear de los éxitos de Naveen y de Amithi en Estados Unidos.

Amithi miró la carita enrojecida de su hija. Se inclinó sobre ella y la besó en la coronilla, sobre los rizos negros y sudorosos. Ojalá estuviera Naveen con ella para responsabilizarse de las miradas furiosas que recibía por parte de los demás pasajeros del avión. La niña chilló con más ganas hasta que, por fin, tras una última tanda de sollozos jadeantes, se durmió.

Se puso a la niña en el regazo a fin de tener las manos libres y sacó la costura del bolso. Le estaba haciendo un chal a Jayana para envolverla durante el *mundan sanskar*, la ceremonia durante la cual le cortarían el pelo al bebé por primera vez. Casi había acabado. Lo último eran las plumas de pavo real bordadas en el borde con hilo dorado. Había escogido el diseño de esas plumas porque el ave simbolizaba la India, y sabía que sus familiares apreciarían el gesto. El pavo real también simbolizaba la vida y el amor, y no se imaginaba algo mejor para representar a su hija.

Amithi levantó la tela y le susurró a Jayana:

—Mira, cariño, mira lo que te ha hecho mamá.

Jayana abrió los ojos y arrugó la carita. Cogió el chal, lo tiró al suelo junto a los pies de su madre y se puso a berrear.

13

Objeto: botas.
Fecha aproximada: finales de los setenta.
Estado: bueno.
Descripción: botas de la marca Frye. Media caña, número 38. Piel marrón con algunas rozaduras en la puntera. Tacón de imitación de madera.
Origen: proceden de la casa de Katherine Morgan.

Violet

Una tarde de sábado de mediados del mes de julio, Violet llamó al timbre de una casa de una planta situada a una manzana de distancia de Hourglass Vintage. Mientras esperaba, contempló con admiración los liliums asiáticos que crecían en los parterres frente a la casa. Sam le había dejado un ramo de esas mismas flores esa tarde en la tienda, junto con una caja de fresas que había comprado en el mercadillo local. El olor estival de los liliums había impregnado toda la tienda. Violet le había dicho a Sam con un deje burlón que, si seguía regalándole flores, acabaría acostumbrándose. Él había replicado que ya podía ir acostumbrándose.

April abrió la puerta vestida con pantalones de yoga y una camiseta ancha de manga corta. Lucía unas grandes ojeras.

—Gracias por venir —la saludó April—. Entra bajo tu propia responsabilidad.

—Tus flores están preciosas —comentó Violet mientras entraba en el recibidor, con su suelo embaldosado.

—Es un logro de mi madre —contestó April—. Las plantó hace años.

—Esta casa es preciosa. —Violet miró las ventanas con sus cristales emplomados que flanqueaban la puerta, así como la madera tallada de la barandilla de la escalera—. Y no hay tantos trastos. Tal como lo describiste, me dio la impresión de que la casa estaba atestada de chismes.

—Deberías haberla visto antes. Llevo trabajando toda la tarde. Es como una excavación arqueológica. ¿Qué tal ha ido el día en la tienda?

—He llamado a unos cuantos bares y teatros para comentarles lo del desfile de moda. El cine Majestic me ofrece un buen precio para celebrarlo durante una noche a mediados de agosto. Creo que deberíamos organizarlo allí.

—Agosto me parece un buen momento. Espero que este bebé no llegue antes de tiempo.

April se dio unas palmaditas en la barriga.

El anhelo de Violet crecía a medida que lo hacía la barriga de April. Sabía que sentir celos era una ridiculez. April no había tenido una vida fácil y su futuro inmediato tampoco sería sencillo. Sin embargo, últimamente la rodeaba una especie de luminosidad, una serena seguridad en sí misma. Violet ya la había visto en la cara de Karen cuando estaba embarazada de Edith, y temía no poder experimentar esa sensación en primera persona.

Miró por la ventana.

—En este vecindario es raro que pongan una casa a la venta —comentó Violet—. ¿Por qué quieres venderla?

—Mi madre dejó muchas deudas. Una vez que la venda, usaré el dinero para liquidarlas. Además, no necesito tanto espacio y el mantenimiento de una casa tan grande como esta supone mucho trabajo. ¿Te imaginas viviendo en este sitio cuando tenías mi edad? —le preguntó April.

Violet no se lo imaginaba, porque cuando tenía la edad de April vivía en un lugar infestado de ardillas.

—Cariño, cuando tenía tu edad, ya estaba casada y vivía de alquiler detrás de una gasolinera.

—Bueno, supongo que tú tampoco tuviste la vida normal de una adolescente de dieciocho años.

—Por desgracia, en mi pueblo eso es bastante normal. —Violet puso los brazos en jarras, ansiosa por empezar. Había ido para ayudar a April a seguir adelante con su vida, no para hablar de la suya—. En fin, ¿cómo quieres que te ayude?

—He intentado despejar las habitaciones poco a poco —respondió April.

Violet echó un vistazo a su alrededor, deteniéndose en los cuadros que adornaban las paredes pintadas de un tono terracota y en la mezcla de muebles modernos y antiguos. La decoración indicaba que alguien se había pasado años reuniendo dichas piezas.

«Más o menos como yo», pensó.

—En el dormitorio de mi madre hay mucha ropa a la que hay que echarle un vistazo —siguió April.

—¿Estás segura de que quieres hacerlo hoy? —le preguntó Violet—. Si es demasiado para ti, puedo volver cualquier otro día. Sé que últimamente estás bajo mucha presión con lo de tu ex y todo eso.

April negó con la cabeza.

—Necesito decidir con qué cosas me quedo y cuáles descarto.

—Pues da la casualidad de que soy una experta en ese terreno.

—En ese caso, acompáñame arriba.

April le hizo un gesto para que la siguiera.

En un rincón del dormitorio de Katherine Morgan, una estancia de techos abuhardillados, Violet descubrió una lámpara de más de medio metro de altura con forma de ganso.

—No me puedo creer que tengas una de esas —dijo.

—¿El qué, esa lámpara tan horrorosa? —le preguntó April—. No sé de dónde la sacó mi madre, pero le encantaba ese chisme.

—Gladys es muy famosa. —Violet se arrodilló en el suelo para echarle un buen vistazo a la lámpara—. Es monísima. Nunca había visto una en persona. Estas lámparas están consideradas objetos de culto por sus seguidores, al menos en mi pequeño y extraño mundo vintage. La empresa que las diseñaba ya no las fabrica.

April la miró asombrada.

—Quédatela si quieres.

—Me encantaría —replicó Violet—. Pero estoy segura de que para tu madre tenía cierto valor, así que no me sentiría cómoda. La gente no compra algo de este estilo a menos que tenga una razón concreta.

—Ya, pero sigo pensando que es un horror.

Violet colocó las manos a ambos lados de la cabeza del ganso, como si quisiera taparle las orejas.

—Chitón, que puede oírte.

—Me alegro de que hayas venido porque, como ves, no sé lo que tiene valor y lo que no —le dijo April.

Violet se volvió hacia la cama, que estaba atestada de cajas llenas de ropa.

—¿Esto es lo que quieres que organice?

—Ajá. Lo he pasado muy mal con la ropa, porque recuerdo a mi madre con ciertas prendas y me pongo muy triste.

Violet empezó a vaciar las bolsas de ropa, que en su mayoría contenían jerseys de Lands' End, polos clásicos y pantalones chinos. Levantó un mono vaquero.

—Poco favorecedor, ¿verdad? —dijo April—. Creo que solía llevarlo con un jersey de cuello vuelto debajo.

—Al parecer, tu madre no era tan creativa con su ropa como con la decoración de interiores.

—Supongo que no. Aunque tampoco tengo muy claro que le fuera la decoración. Se limitaba a comprar las cosas que le gustaban, aunque no le gustaran a nadie más y no pegaran con el resto de los muebles de la casa. Era muy impulsiva.

De una de las bolsas, Violet seleccionó dos vestidos de fiesta con volantes de la década de los ochenta, uno confeccionado con brillante tafetán en azul eléctrico, y otro de terciopelo fruncido. De otra bolsa sacó unas botas con tacón de madera de color marrón claro. Examinó el interior de la caña y las dejó sobre la mesilla.

—Son de la marca Frye. Estas sí que se venderían bien.

—Estoy segurísima de que mi madre las tenía antes de que yo naciera. —April acarició la piel arañada de una de las botas—. Recuerdo caminar de la mano con ella mientras le miraba las piernas. Casi siempre las llevaba puestas.

Violet se las ofreció.

—¿Las quieres?

—Me quedan pequeñas.

—Podrías guardarlas.

—¿Y qué voy a hacer con unas botas que me quedan pequeñas? —le preguntó April.

Violet clavó la mirada en su barriga.

—Dáselas a tu hija.

—No sé por qué estás tan segura de que voy a tener una niña. De todas formas, no quiero guardar unas botas tanto tiempo. Si crees que se pueden vender, llévatelas a la tienda. Prefiero que alguien las use antes que tenerlas guardadas durante años en un armario.

—Te pagaré por ellas, por supuesto —le aseguró Violet—. ¿Estás segura?

—Sí, siempre y cuando no estén demasiado usadas para venderlas. Siempre he pensado que con los zapatos, cuanto más nuevos estén, mejor.

—A veces —admitió Violet—. Pero en el caso de este tipo de botas, como las Frye o cualquier otra marca de botas vaqueras, queda bien que estén un poco desgastadas.

Mientras Violet seguía examinando el contenido de las bolsas de ropa, atisbó un trozo de papel amarillo que sobresalía del bolsillo de unos vaqueros. Lo sacó y se lo entregó a April.

—Te apuesto lo que quieras a que es una lista de cosas pendientes —dijo April mientras desdoblaba el papel—. Mi madre era famosa por escribir listas con las cosas que tenía pendientes por hacer, y por olvidarse del tema después de encargarse de las dos o tres primeras. Me encontraba papelitos como este por todos lados. —Leyó la lista—. Ajá. Aquí dice: «Lavar el coche. Sacar la basura para reciclar. Comprobar...

Guardó silencio y se quedó blanca como el papel.

—Comprobar ¿qué? —preguntó Violet.

—Ahora mismo vuelvo —dijo April mientras salía a toda prisa del dormitorio con el papel amarillo en la mano.

Violet la escuchó correr por el pasillo y después todo se quedó en silencio. Esperó un momento mientras doblaba de nuevo las prendas que había sacado de las bolsas de basura. Y después empezó a preocuparse.

Asomó la cabeza por la puerta y la llamó.

—¿April?

No obtuvo respuesta. Enfiló el pasillo, mirando en cada estancia por la que iba pasando. Vio dos dormitorios atestados con una variopinta mezcla de antigüedades, desde mesillas de los años cincuenta hasta un reloj de cuco, pasando por una cama de estilo colonial. Al final del pasillo descubrió una pequeña oficina, y allí estaba April, sentada en el suelo y rodeada de papeles.

—¿Estás bien? —preguntó Violet.

April alzó la mirada. Tenía la cara enrojecida y húmeda por las lágrimas.

Violet se sentó a su lado.

—¿Qué te pasa?

—No me lo puedo creer. —April movió la cabeza—. A lo mejor Charlie tenía razón.

—¿Sobre qué?

April levantó un documento marcado con rotulador verde.

Violet intentó leer la diminuta letra, para lo cual entrecerró los ojos.

—¿Qué es eso?

April se limpió las lágrimas con el dorso de la mano.

—La póliza del seguro de vida de mi madre. Sabía que tenía una. Se supone que debo recibir un cheque por correo cualquier día, pero en realidad nunca la he leído detenidamente.

Violet estaba confundida.

—Bueno, si vas a conseguir dinero del seguro, son buenas noticias, ¿no?

Sin levantarse del suelo, April le ofreció la nota que había encontrado en el pantalón vaquero.

—Lee esto. El número tres.

Violet cogió la lista.

—No lo entiendo. Dice: «Comprobar la póliza del seguro de vida».

—Exacto. Y cuando he sacado la póliza... —Se le quebró la voz mientras señalaba el documento en cuestión—. Mira. La cláusula referente al suicidio está subrayada.

Violet no entendía nada.

—Pero has dicho que te van a enviar un cheque. Siempre he pensado que si una persona se suicidaba, la compañía de seguros no efectuaba pago alguno.

April negó con la cabeza.

—Eso es lo que yo pensaba también. Pero no funciona así. Lo que dice aquí es que el seguro paga la cantidad pactada salvo que la persona se suicide en un plazo inferior a dos años desde que firmó la póliza. Mi madre firmó hace cinco años. Así que el hecho de que la compañía aseguradora me envíe un cheque no excluye la posibilidad de que mi madre se haya...

April se tapó la cara con las manos.

Violet meditó mucho las palabras que dijo a continuación:

—¿Es una posibilidad? ¿Que tu madre se suicidara? No lo habías mencionado hasta ahora.

—Sufría un trastorno bipolar. Por regla general, lo mantenía bajo control, pero de vez en cuando dejaba la medicación y empezaba la locura. En tres ocasiones dejó incluso de comer. Además, abandonó su trabajo de secretaria y usó todo el dinero para poner en marcha una asesoría o lo que fuera, aunque nunca le dedicó el empeño necesario para ganar dinero con ella. —April se abrazó la barriga y empezó a mecerse sobre los talones—. Charlie cree que se suicidó. Tuvimos una pelea de las buenas por ese motivo, y eso fue lo que hizo que nos separásemos. Aunque, claro, es más complicado. Los dos nos dijimos cosas muy hirientes. Yo estaba convencida de que mi madre no llegó tan lejos. Pero ahora que veo esto, no estoy tan segura.

—Vale —replicó Violet—. Pero, de todas formas, lo único que has encontrado es un papel con una lista de cosas pendientes y una copia subrayada de su póliza. Es posible que ambas cosas no estén relacionadas siquiera.

—¿Por qué iba alguien a subrayar la cláusula referente al suicidio a menos que estuviera pensando en suicidarse?

—Bueno, sí —reconoció Violet al tiempo que le ponía una mano a April en el hombro—. Es una posibilidad. Pero también es posible que subrayara eso hace mucho tiempo, y que la lista que hizo no tenga nada que ver.

—Es una forma optimista de verlo.

—Sí, pero eso no significa que sea errónea.

April recogió los papeles que había extendido por el suelo y los guardó en un cajón.

Violet deseó no haber encontrado la lista. Siempre había pensado que, en lo referente al pasado, era mejor dejar ciertas cosas enterradas.

14

Objeto: pantis.
Fecha aproximada: 1945–1950.
Estado: excelente.
Descripción: pantis de nailon con talonera y costura trasera en negro transparente.
Origen: vendedor online de objetos vintage.

April

April intentó concentrarse en la drag queen de pelo oscuro que se contoneaba sobre la pasarela del cine Majestic, situado en el centro de la ciudad, a una manzana del capitolio. La drag queen se giró y posó con un mono rojo mientras sonaba una remezcla de Diana Ross a todo volumen a través de los altavoces. Pese a la animada música y a la cháchara emocionada de las aspirantes a modelo, el estado de ánimo de April no podía ser más deprimente.

—Creo que esta sí —dijo Violet.

—Desde luego —convino Lane, que anotó algo en una de las hojas de puntuación que había hecho para la prueba de selección.

—Me alegro de que accedieras a ayudarnos —dijo Violet—. Temía que no te acordaras de nosotras.

—Pues claro que me acuerdo —le aseguró Lane—. No sabes

la de cumplidos que me llevo cada vez que me pongo los zapatos rojos que compré en tu tienda. He empezado a crear distintos conjuntos de ropa con ellos en mente. Incluso mi marido se ha fijado en ellos, y eso que no se fija en nada. —Sonrió—. Dijo que con ellos me parecía a una de esas «chicas *pinup* de antes».

Violet se volvió hacia April.

—Bueno, ¿qué te parece la modelo?

—Ah... esto... bien —contestó April, que marcó un número al azar en su hoja de puntuación.

Por una vez, los números no tenían sentido para April. Intentaba concentrarse en lo que pasaba en el escenario, pero no dejaba de pensar en su madre. Las brillantes luces y las parlanchinas modelos que llenaban el teatro solo acentuaban su confusión y su dolor.

Desde que había visto la póliza del seguro de vida y la nota que Violet había encontrado el otro día, había estado repasando sus recuerdos en busca de algún indicio que le indicara, para bien o para mal, si la muerte de su madre había sido premeditada. Cuando pensaba en los momentos felices que pasaron juntas, como los paseos en bici por el jardín botánico o como cuando preparaban el bizcocho de zanahoria con la receta secreta familiar, estaba convencida de que su madre nunca la habría abandonado. Sin embargo, después recordaba los malos momentos, los días en los que su madre se escondía en la cama con las luces apagadas y las persianas bajadas, o las semanas que se pasaba varias noches en vela para idear otro desquiciado plan con el que conseguir dinero rápidamente. April era capaz de predecir esos arrebatos antes de que sucedieran. Antes de un período de depresión, notaba cierta tristeza en la expresión de su madre, cierto deje en su voz que la delataba. Antes de una fase maníaca, había una energía nerviosa y aterradora en sus ojos.

Mientras esperaban que subiera la siguiente aspirante al escenario, Violet preguntó:

—¿Va todo bien?

—Sí —contestó April, que miró de reojo a Lane. No quería

hablar de su madre delante de una mujer a la que apenas conocía. Agitó una mano—. Supongo que no estoy de buen humor. Será cosa del embarazo y las hormonas o algo así.

Lane sonrió.

—Ya me pareció que estabas embarazada cuando fui a la tienda con los disfraces, pero sé que no se debe preguntar. ¿Cuándo sales de cuentas?

—El Día del Trabajo —contestó April, que intentó esbozar una sonrisa; le costaba emocionarse con el hecho de dar a luz a una nueva vida cuando había muchas posibilidades de que su madre hubiera sido incapaz de soportar la suya.

—Tengo tres niños, así que si necesitas a alguien con quien hablar de cosas de críos, puedes llamarme —se ofreció Lane.

Lane era muy amable por ofrecerse. April no podía contar con sus amigas del instituto para eso. Le habían dado la espalda cuando se quedó embarazada. Mientras ella trabajaba, se reunía con el abogado de oficio de su madre y leía libros con nombres de bebé, sus amigas les birlaban cervezas a sus padres del frigorífico y se obsesionaban con su último flechazo. Que lo entendía, sí, seguramente ella también estaría haciendo esas cosas de encontrarse en otra situación, pero sabía que no podía esperar que sus compañeras de clase comprendieran cuánto había cambiado su vida en tan poco tiempo.

—Y lo digo de verdad. Puedes llamarme cuando quieras. —Lane miró a April con expresión seria—. Anda, dame tu móvil. Te guardaré mi número en la agenda.

April rebuscó en el bolso y le dio el móvil a Lane.

—Recuerdo lo duro que fue cuando mis chicos eran pequeños —comentó Lane mientras tecleaba—. Acabábamos de mudarnos aquí, así que no conocía a mucha gente, y mi marido trabajaba a todas horas. Tenía la sensación de que nadie podía ayudarme. No me gustaría que otra persona pasara por lo mismo, así que no te cortes en llamarme si lo necesitas.

Le devolvió el móvil a April. Violet se inclinó hacia delante en su asiento.

—Muchas de estas chicas están demasiado delgadas —comentó—. Lane, ¿cuántas modelos de tu lista de aprobadas tienen de una talla 40 en adelante?

Lane repasó la lista con un dedo.

—Dos... no, tres. Sin contar con las drag queens, que se salen por talla.

—Necesitamos más modelos con curvas —dijo Violet—. No quiero que mis clientas vengan al desfile y solo vean a universitarias de talla 34 dando vueltas por la pasarela. Por no mencionar que los mejores vestidos que April y yo hemos reunido son de tallas más grandes.

—Entendido —replicó Lane. Se levantó de la inestable silla plegable y silbó con fuerza, llevándose dos dedos a los labios—. Modelos, perdonad, ¿me prestáis atención?

La conversación cesó en cuestión de segundos.

—Si tenéis menos de una talla 40, ya podéis iros. Gracias por venir, pero durante el resto de la tarde buscaremos a modelos con una talla 40 o mayor. Repito, si tenéis menos de una talla 40, podéis marcharos. Gracias de nuevo. Esperamos que asistáis al desfile.

Un murmullo airado recorrió la sala, procedente de las modelos más delgadas, que se dispusieron a recoger sus cosas y a marcharse.

Impresionada por la habilidad de Lane para hacerse con el control, April pensó que tal vez se había equivocado con ella, que la había calificado como la típica madre neurótica demasiado pronto. En el teatro, convertida en el centro de todas las miradas, Lane parecía encontrarse en su salsa.

Al llegar a la tienda unos días más tarde, April no se encontró con la nota que Violet solía dejarle en el lugar de siempre con su taza de café, sino con una junto a la caja registradora que decía que tenía una reunión y que ella debía encargarse de todo.

April arrugó la nota, agradecida por contar con un indicio de que Violet empezaba a confiar más en ella.

Comprobó el correo, abrió las puertas y contó el dinero suelto que había en la caja registradora en un intento por aclararse las ideas. De un tiempo a esa parte, si su mente no se concentraba en algo concreto, automáticamente aparecía la imagen de su madre conduciendo por una carretera helada con precaución hasta que, con absoluta premeditación, daba un volantazo con sus manos de manicura perfecta. Su madre, que a veces podía pasarse días seguidos sin ducharse, jamás descuidaba sus uñas. Como si al controlar esa pequeña parte de su cuerpo compensara la falta de control que tenía sobre su mente.

Para ahuyentar esa imagen de la cabeza, April comenzó a organizar la ropa, empezando por las hileras de faldas de todos los largos, desde minis hasta largas. Comprobó que estuvieran todas organizadas por talla y que no hubiera tallas 32 donde deberían estar las de la 42. Claro que ella ya no podía ponerse ninguna de las dos.

Al otro lado del escaparate, una mujer de mediana edad se había detenido para leer el cartel con el horario comercial que había en la puerta. April no la reconocía, pero deseó que entrara. Aunque la mujer fuera una borde o la clase de clienta que dejaba la ropa tirada en el suelo del probador, suponía que cualquier cosa sería mejor que quedarse sentada sin más compañía que el silencio atronador de sus propios pensamientos.

La mujer entró y dijo:

—Me alegro de que alguien en esta ciudad abra a una hora razonable. Llevo un rato dando vueltas en busca de una tienda que estuviera abierta, pero la mayoría no abre hasta por lo menos las once.

—Nosotras no —dijo April—. Abrimos de las diez de la mañana a las siete de la tarde todos los días de la semana.

—Gracias a Dios. Una de las tiendas tenía un cartel en el escaparate que decía que abrían hasta las seis los martes, los miércoles y los jueves, pero que solo estaban abiertos hasta las cuatro los demás días de la semana, salvo los lunes, que cerraban. ¿Cómo se supone que los clientes van a recordar todo eso?

La voz de la mujer era un poco nasal y hablaba alargando las vocales. «¿De la Costa Oeste?», se preguntó April.

—Entiendo lo que dice —dijo April—. Mi pastelería preferida cambia los horarios constantemente. A veces me pregunto si lo hacen a propósito, como si intentaran hacerme saber que no necesito más dulces de chocolate.

—En fin, de donde yo vengo, las tiendas abren cuando es conveniente para los clientes, no al revés.

—¿No es usted de Madison?

La mujer negó con la cabeza, agitando sus tirabuzones cortos.

—De Boston. Por cierto, me llamo Monica.

—Y yo April. ¿Puedo ayudarla en algo? ¿Busca algo concreto?

—He venido en busca de algo que ponerme para la fiesta de graduación de mi sobrino, que es esta tarde. La compañía aérea me ha perdido el equipaje.

—¿Su sobrino se gradúa en el instituto o en la universidad? —preguntó April.

—La universidad.

—Las fiestas de graduación en esta ciudad suelen ser muy informales. —April examinó los pantalones capri negros y el polo azul sin mangas que llevaba la mujer—. Seguramente podría asistir con lo que lleva puesto. —Al darse cuenta de que la sugerencia no era una práctica comercial sensata, añadió—: Y podríamos añadir unos complementos bonitos. Algunas joyas y tal vez unos zapatos más elegantes.

Monica apretó los labios.

—Creo que necesito un vestido. Mi hermana y su marido son muy quisquillosos. La fiesta va a ser en su club de campo.

—Por supuesto, ¿qué talla tiene?

—Una 38.

April se acercó al perchero donde estaban los vestidos.

—Acaban de llegarnos unos cuantos vestidos preciosos de Lilly Pulitzer que a lo mejor son adecuados.

Sostuvo en alto un vestido blanco estampado con pequeñas piñas amarillas y verdes. Los alegres colores parecían burlarse de su estado de ánimo, que seguía decaído pese a la distracción de esa nueva clienta.

Monica torció el gesto.

—Sin ánimo de ofender, cariño, los únicos Pulitzer que me gustan son los que se ganan.

April devolvió el vestido al perchero.

—De acuerdo, nada de piñas. ¿Qué me dice de este? —Levantó un vestido suelto de algodón en azul marino—. Tenemos un collar vintage precioso con pendientes a juego. Son dorados con unas cuentas verdes.

—Me gusta la sugerencia —dijo Monica—. Voy a probármelo.

—El probador está justo ahí.

April señaló los dos probadores.

Monica entró en uno sin dejar de hablar:

—Este vestido es mucho más de mi estilo.

—A decir verdad, a mí tampoco me gusta el vestido de las piñas —comentó April—. Lo he sacado al imaginarme el tipo de persona que asistirá a la fiesta. La madre de mi ex se pone cosas así.

—Como mi hermana Judy —comentó Monica desde el otro lado de la puerta del probador—. De hecho, ¿quién sabe? A lo mejor ese vestido ha salido de su armario. Eso sí que sería embarazoso, aparecer con uno de sus vestidos viejos.

April se quedó sin aliento de repente y casi se atragantó.

—Disculpe, ¿ha dicho Judy?

—Sí, así se llama mi hermana. Doña Perfecta. Me alegro de que mi sobrino venga a Boston para estudiar Medicina. Me muero por pasar tiempo con él lejos de la influencia de su madre. No me malinterpretes, adoro a mi hermana, pero a veces se pasa mucho.

Monica salió del vestidor para mirarse en el espejo de tres caras.

April la miró fijamente mientras se preguntaba por qué no había reparado en el cuerpo esbelto de Monica, en su pelo castaño claro y en los pómulos afilados, como los de la madre de Charlie.

—Creo que servirá.

Monica puso los brazos en jarras mientras examinaba su reflejo. Captó la mirada de April.

—Lo siento, ¿su hermana es Judy Cabot? —preguntó April.

—Pues sí. ¿La conoces?

April se mareó.

—El hijo de Judy es mi ex.

Monica se volvió y reparó en el abultado vientre de April, tras lo cual enarcó las cejas.

—Supongo que no te han invitado a la fiesta de graduación.

April negó con la cabeza. Monica frunció el ceño.

—Ay, Charlie.

April se quedó con los nervios de punta después de que Monica se fuera. Se concentró en los números para tranquilizarse. Dada la incertidumbre de su vida personal, ansiaba poner orden en algo. Abrió el portátil para ejecutar el programa de contabilidad que había instalado para la tienda. Ver las tablas y las celdas consiguió calmar su respiración, pero le costó lo suyo. Cuando Violet apareció a la hora del almuerzo, April se moría por hablar con alguien.

—Gracias por encargarte de todo esta mañana —dijo Violet.

—¿Qué tal ha ido la reunión? —le preguntó April.

—Bien, pero tengo otra dentro de unos minutos con el propietario del edificio. ¿Te importa seguir al cargo de todo un poco más?

Violet dejó su bolso rojo de tipo saco.

April asintió con la cabeza, ya que le daba miedo abrir la boca y soltar una tormenta de emociones.

Las campanillas tintinearon y, al mirar hacia la puerta, April vio a un hombre casi calvo con una barriga oronda más grande que la suya. Los dibujitos espaciales de su corbata le recordaron al diseño de las moquetas de los cines.

—Hola, Ted —saludó Violet al recién llegado. Señaló a April—. Te presento a mi nueva empleada, April. April, te presento a Ted Mortensen, su empresa es la propietaria del edificio.

La colonia del hombre estuvo a punto de asfixiar a April y le provocó náuseas, pero consiguió esbozar una sonrisa y decir:

—Encantada de conocerlo.

Ted no le devolvió la sonrisa.

—Violet, si no te importa, me gustaría sentarme a repasar unas cuantas cosas contigo.

—Por supuesto. Vayamos a la trastienda, allí no nos molestarán las idas y venidas de los clientes —dijo Violet, que abrió la marcha.

April lo vio alejarse mientras deseaba que Violet le pidiera reunirse con ellos. Después de enterarse de que no la habían invitado a la fiesta de graduación de Charlie, se moría por ser incluida en algo, lo que fuera.

Los segundos se convirtieron en minutos, y los minutos, en media hora. Aturdida, April ayudó a una chica un poco mayor que ella a escoger un conjunto para una cita, y a una mujer que podría ser de la edad de su madre a elegir unos vaqueros de marca. Cuando por fin las clientas pagaron y se fueron, casi había pasado una hora. Se preguntó por qué tardaban tanto Violet y Ted. Decidió averiguarlo.

En la trastienda, Violet estaba rebuscando en los documentos que tenía en la mesa de trabajo con expresión alterada, mientras Ted aguardaba, sentado en una silla plegable con los brazos cruzados por delante del pecho. April se quedó en el vano de la puerta, intentando adivinar de qué hablaban.

—Sé que tengo los recibos del alquiler en alguna parte. —Escuchó que decía Violet—. Pero, incluso sin verlos, sé que nunca me he saltado una mensualidad.

—De verdad, que no pasa nada —dijo Ted—. Te creo, pero eso no cambia las cosas.

—Juro que estaban aquí —insistió Violet al tiempo que cogía un montón de papeles.

April sintió una descarga de adrenalina y soltó:

—A lo mejor si tuvieras todas estas cosas registradas informáticamente desde el principio, podrías encontrar lo que buscas.

Violet y Ted volvieron la cabeza para mirarla, y April supo que había cruzado una línea. Pero se sentía tan desvinculada, tan insignificante y rechazada, que estaba dispuesta a aferrarse a lo que fuera con tal de sentirse más importante.

Fue a la caja registradora y regresó con el portátil. Sin hacer caso de las miradas implorantes de Violet, se sentó a la mesa con Ted y con ella.

—¿Qué buscas exactamente? —preguntó al tiempo que dejaba el portátil en la mesa—. A lo mejor ya lo he incorporado al programa.

Ted puso una mano sobre el portátil antes de que April pudiera abrirlo.

—No hace falta que busques los recibos del alquiler. Da igual. —Miró a Violet—. Te agradezco los esfuerzos por ser concienzuda y discutir todo esto conmigo, pero ya te lo he dicho: por muy diligente que hayas sido como inquilina, no vamos a cambiar de idea acerca del desahucio. Lo importante es que el edificio será mucho más rentable para nosotros si lo vendemos.

—¿Qué desahucio? —preguntó April.

La expresión derrotada de Violet le dijo todo lo que necesitaba saber. Ted carraspeó.

—Me voy para que podáis seguir trabajando. —Se puso en pie—. Sopesa mi oferta.

April siguió a Violet cuando esta se levantó y acompañó a Ted a la puerta. Miró por el escaparate y esperó hasta que vio que Ted se subía a su reluciente coche negro, tras lo cual le soltó a Violet:

—¿Por qué no me habías comentado lo del desahucio?

—Creo que soy yo quien tiene que hacer las preguntas. —Violet puso los brazos en jarras—. Para empezar, ¿por qué estabas escuchando una conversación privada?

April no tenía una buena excusa salvo que detestaba los secretos. Su madre había guardado muchos y, con su muerte, dichos secretos se habían convertido en preguntas que jamás obtendrían respuesta.

—No lo sé —contestó.

—Y ya puestos, ¿por qué no has podido escucharla sin más? No tenías derecho a inmiscuirte en mi reunión y a socavar mi autoridad delante de alguien en cuya presencia no puedo permitirme quedar mal.

—¿Por qué te van a echar? —preguntó April a su vez—. ¿No estás pagando el alquiler?

—Claro que pago el alquiler. Vale que no se me dan bien los ordenadores ni soy un genio de las matemáticas como tú, pero no soy tonta —replicó Violet con voz furiosa—. No es eso. Es que quieren echarme para poder vender el edificio.

April entrecerró los ojos.

—No puedo creerme que hayas estado viniendo todos los días como si no pasara nada. Supongo que para ti no es nada del otro mundo.

Violet se abrochó el último botón de su vestido camisero, como si de esa forma pudiera contener sus emociones.

—Por supuesto que no. De hecho, me estaba encargando de este asunto esta mañana. Me he reunido con Karen para hablar del tema.

—Podrías haberme incluido. Tengo derecho a saber qué pasa con la tienda.

April no daba crédito a lo que estaba diciendo, pero era incapaz de morderse la lengua. Era como si durante todo el último año, empezando con la muerte de su madre y terminando con su embarazo y la ruptura de su relación, hubiera estado huyendo de un tsunami. Aunque corría todo lo deprisa que podía, la ola estaba a escasos centímetros de ella, curvándose sobre su cabeza y amenazando con tragársela. Su encuentro con Monica la había hecho tropezar justo cuando creía haber cobrado una ventaja considerable, un poco de espacio. La ola, siempre a su espalda, por fin la alcanzaba.

—April, valoro que estés dispuesta a ir más allá del deber de una empleada en prácticas, pero sigue siendo mi tienda. Tengo derecho a reunirme con mi abogada y con mi arrendatario a solas. Y a decidir lo que quiero compartir contigo y lo que me reservo. —Violet suavizó la voz—. Mira, sé que últimamente has soportado mucha presión al tener que lidiar con lo de la casa de tu madre y con lo de tu ex. A lo mejor deberías tomarte unas vacaciones.

—¿Me estás despidiendo? —preguntó April.

—No he dicho eso, pero no creo que sea buena idea que te relaciones con las clientas en semejante estado emocional.

«En semejante estado emocional», repitió April en silencio. Por experiencia, sabía que «estado emocional» era un eufemismo para «loca». Como su madre.

—Voy a facilitarte las cosas: no pienso volver —declaró.

—¿Estás segura de que eso es lo que quieres? —preguntó Violet.

—Sí —contestó April.

Tal vez fuera verdad.

Sabía que se había pasado. Había llegado el momento de disculparse e intentar mitigar parte del daño. Pero sentía tanta rabia y confusión, aunque la ola helada se la había tragado, que le pitaban los oídos por la presión. Una presión que no dejaba de aumentar y aumentar, hasta que el estruendo impidió todo pensamiento racional.

April abrió la puerta y salió de la tienda.

15

Objeto: zapatos.
Fecha aproximada: finales de los ochenta.
Estado: bueno.
Descripción: botas Converse de color rosa. La tela está un poco deshilachada por la zona de los ojales de los cordones.
Origen: Amithi Singh.

Amithi

Amithi se acomodó en el tieso respaldo del sofá de cuero. Estaba en el moderno apartamento de su hija. Como el resto de los muebles del apartamento de Jayana y Jack, el sofá parecía haber sido elegido por cuestiones estéticas y no por su comodidad.

—¿Me llevo esto? —se ofreció Jack al tiempo que levantaba la maleta negra que había llevado Amithi.

—Gracias, Jack —respondió ella, que asintió con la cabeza.

Esa mañana, después de que Naveen se marchara al trabajo, Amithi había sacado la maleta del armario, tal como había hecho en varias ocasiones antes. Esa vez, sin embargo, había preparado el equipaje y la había colocado junto a la puerta principal, de modo que había pasado a su lado durante todo el día mientras limpiaba el suelo, aspiraba las alfombras y llevaba la colada escaleras arriba y abajo. Por fin, cuando acabó las tareas domésticas y el sol veraniego comenzaba a descender por el horizonte, cogió la maleta y condujo hasta el reducido apartamento de su hija, situado en Near East Side, una zona muy de moda, dejando atrás su espaciosa e inmaculada casa.

Jack desapareció por el estrechísimo pasillo, llevándose la maleta de Amithi.

—¿Te apetece beber algo, mamá? —le preguntó Jayana—. ¿Una taza de té quizá?

Amithi miró la copa que su hija tenía en la mano.

—Me gustaría tomarme una copa del mismo vino tinto que estás tomando tú, si no te importa.

Jayana enarcó las cejas.

—Pero ¡si casi nunca bebes! —exclamó su hija—. Y, además, llevas un vestido corto. Bueno, corto para lo que es normal en ti. ¿Quién eres y qué le has hecho a mi madre?

La última vez que Amithi estuvo en Hourglass Vintage, había gastado algunos vales de compra de los muchos que había acumulado. Entre la ropa nueva que había comprado (bueno, en realidad la ropa solo era nueva para ella) estaba el vestido verde sin mangas que llevaba en ese momento. Tenía la sensación de llevar las piernas desnudas porque el bajo le llegaba a las rodillas, pero le gustaba porque le parecía muy fresquito dado el calor estival que hacía.

Jayana fue a la cocina y volvió con una copa de vino, que le ofreció a su madre. Una vez que Jack regresó al salón, se sentó al lado de Jayana en un diván de cuero, tan juntos que sus piernas se rozaban.

Amithi torció el gesto al recordar los primeros años de su matrimonio, antes de todos los engaños y de la desesperación. Bebió un sorbo de vino y puso cara de asco nada más degustar el sabor del alcohol. Sin embargo, el vino estaba bueno, era fuerte y cálido al paladar. Bebió otro sorbo.

—Bueno, ¿vas a decirme por fin qué está pasando? —le preguntó Jayana, que se inclinó hacia delante.

Jack hizo ademán de marcharse.

—Si queréis hablar en privado...

Jayana le puso una mano en la rodilla.

—No, quédate. No pasa nada. ¿Verdad, mamá? Es que se lo cuento todo.

Amithi miró a su yerno y descubrió que sus ojos la miraban con compasión.

—Sí, quédate. —Bajó la voz antes de decirle a su hija—: Tu padre ha tenido una aventura.

—¿De verdad? ¿Papá? —Jayana abrió los ojos como platos—. ¿Cuándo? ¿Con quién?

Amithi la puso al tanto de los detalles que conocía. El rostro de Jayana se fue enrojeciendo por la ira a medida que la escuchaba.

—Así que ¿te has ido de casa? —quiso saber cuando su madre acabó.

—No lo sé. Le he dicho a tu padre que iba a pasar unos días con vosotros. Obviamente si a Jack y a ti no os importa.

—Por supuesto que no nos importa —le aseguró Jack—. Puedes quedarte con nosotros el tiempo que quieras.

—¿Qué hizo papá cuando le dijiste que te ibas?

—No lo sé —respondió Amithi—. Le he dejado una nota, y también le he dejado comida preparada en el congelador y las instrucciones para que aprenda a usar el microondas.

—¡Por Dios! Un profesor de universidad con todas sus titulaciones que es incapaz de alimentarse solo. Es un milagro que no se muriera de hambre cuando vivía en Chicago antes de casarse contigo. —Jayana suspiró—. Supongo que tendrás que empezar a buscar un apartamento. Y también necesitarás un abogado matrimonialista. Voy a indagar para ver si me dan buenas referencias de alguno. Jack, ¿cómo se llamaba el que contrató tu compañera de universidad? Estaba muy contenta con sus servicios, ¿verdad?

Amithi miró a su hija, asombrada por la reacción tan sistemática que demostraba. No había lágrimas, solo una ira fría y productiva.

Jack le dijo a Jayana:

—Es posible que todavía no esté preparada para tomar ese tipo de decisiones tan importantes. —Y añadió, dirigiéndose a Amithi—: Te repito que eres bienvenida para quedarte con nosotros todo el tiempo que necesites.

—Gracias —replicó ella—. Tengo mucho en lo que pensar.

Pese a sus reservas sobre Jack, debía reconocer que era amable. Y desde luego demostraba una mejor disposición que la de su siempre enérgica hija.

Jayana apuró su vino y se sirvió otra copa.

—Es que no entiendo qué hay que pensar.

—Muchas cosas. Tu padre y yo hemos estado casados durante cuarenta años.

—Exacto. Has dedicado tu vida a papá desde que eras una adolescente. Y él va y lo jode todo.

—Jayana, por favor. Esa lengua.

Amithi no habría usado las mismas palabras que su hija para describir la situación, pero Jayana tenía razón. Siempre había antepuesto la felicidad de los demás a la suya. Siempre había estado contenta con su vida y había supuesto que Naveen también lo estaba. Al parecer, «contento» no bastaba para Naveen. Entonces ¿por qué tenía que conformarse ella? Jamás se le había ocurrido que podía aspirar a algo más en la vida.

Escuchó un sonido procedente del interior de su bolso. Rebuscó el móvil y al sacarlo vio el número de Naveen en la pantalla.

—¿Es papá? —quiso saber Jayana.

Amithi asintió con la cabeza.

—¿Vas a contestar?

—No tengo nada que decir —respondió sin apartar la mirada del teléfono, que seguía sonando en sus manos; tan pronto como dejó de sonar, se escuchó otro teléfono, en esa ocasión más fuerte.

—Ahora está llamando al fijo —dijo Jayana.

Jack miró a una y a otra.

—¿Lo cojo?

Jayana negó con la cabeza, pero Amithi le recordó:

—Es tu padre, Jayana.

Amithi agradecía la lealtad que le demostraba su hija, más bien la necesitaba, pero se sentía dividida. Respetar a los mayores de la familia, aun cuando hubiera discrepancias, era una noción que le habían inculcado hacía mucho tiempo, y no podría vivir consigo misma si resultaba que había sido incapaz de transmitírsela a su hija.

Jack cogió el teléfono.

—¿Diga? Sí, están aquí. Espera un momento.

Le ofreció el auricular a Jayana, que se cruzó de brazos.

—Dile que no pienso hablar con él. Empezaré a respetarlo cuando él empiece a respetar a mi madre.

Jack se pegó de nuevo el teléfono a la oreja.

—¿Naveen? Jayana dice que luego te llama. Sí, se lo diré. Adiós. —Colgó y miró a Amithi—. Quiere que te diga que lo siente y que os quiere a las dos.

Para Amithi, las palabras parecían más vacías que la casa que había dejado atrás esa tarde.

—¿No hay cosas que hayas deseado hacer y que no has podido llevar a cabo por culpa de papá? ¿Sitios a los que te gustaría ir?

Jayana se obligó a esbozar una sonrisa torcida.

Amithi se lo agradeció. Detestaba ver a su hija enfadada, aunque fuese para defenderla.

—Por supuesto —contestó—. Las relaciones siempre implican un sacrificio.

—Eso no evitó que papá te engañara, así que yo voto por que aproveches esta oportunidad para hacer lo que te apetezca por fin y que olvides a papá.

—Jayana, me hago mayor. Es muy tarde para cambiar.

Amithi no recordaba cuándo fue la última vez que alguien le preguntó lo que quería. Suponía que cuando era joven tenía metas y había lugares que quería visitar. Pero hacía tantos años que no pensaba en esas cosas que no recordaba ni las unas ni los otros. En algún momento comprendido entre su compromiso y el presente, sus deseos se habían convertido en los deseos de Naveen, en las necesidades de Jayana y en lo mejor para la familia.

Jayana movió la cabeza.

—No se te ocurre nada, ¿verdad?

Jack extendió un brazo y acarició el de su esposa.

—Dale un respiro a tu madre. Las últimas semanas han debido de ser muy difíciles para ella.

Amithi le regaló una sonrisa agradecida a su yerno. Necesitaba cambiar el tema de conversación.

—¿Te he contado que estoy ayudando a organizar un desfile de moda?

—Ah, ¿el que van a celebrar en el centro comunitario indio? —preguntó Jayana a su vez—. Creo que he visto un cartel que lo anunciaba.

—No. Lo organiza una tienda vintage. Me estoy encargando de hacerle los arreglos necesarios a la ropa. Muchas prendas son de los años cuarenta y cincuenta, muy distintas a lo que se lleva hoy, así que tengo que asegurarme de que a las modelos les quedan bien.

—Bueno, pues aunque la ropa de los cincuenta se ponga de moda otra vez —comentó Jayana—, alguien necesita recordarle a papá que las actitudes machistas de la época no van a volver.

—Bien por ti, Amithi —dijo Jack, con un entusiasmo que sonó forzado—. Seguro que te ayuda tener una válvula de escape creativa.

—Hacer arreglos no es exactamente creativo —puntualizó Amithi—. Pero me alegro de haber retomado la costura.

«Ojalá pudiera arreglar mi vida con una aguja», pensó.

1 de diciembre de 1990

Amithi se inclinó sobre el bastidor mientras hablaba por teléfono con su hermana. Siempre y cuando siguiera manejando la aguja, arriba y abajo, arriba y abajo, lograba que su mente dejara de pensar en Priya, ingresada en un hospital en la India y recuperándose de una cesárea de urgencia. Los médicos no habían podido salvar a la niña, el primer bebé de Priya. Lo único que había conseguido su hermana tras nueve largos meses de embarazo era una enorme cicatriz en el abdomen.

Priya apenas era capaz de articular palabra, se limitaba a repetir:

—La niña, la niña...

Amithi obtuvo la mayoría de los detalles de su cuñado.

—Él no para de decir que todo irá bien —insistía su hermana, al otro lado de la línea, a miles de kilómetros de distancia—. Pero no irá bien y no sé cómo puede decir eso. Así que, hasta que no me diga otra cosa, no voy a dirigirle la palabra.

Amithi deseó poder estar en el hospital con su hermana. Se metería en la cama con ella y le acariciaría el pelo, tal como hacían cuando eran pequeñas. Amithi le había preguntado si quería que volara a la India para ayudarla durante unas cuantas semanas. Jayana podría acompañarla. Ya era una adolescente y podría echarles una mano.

Priya había dicho que no, que ver juntas a Amithi y a su hija sería demasiado doloroso.

—Entonces iré sola —se ofreció ella.

—No, *didi*, estoy celosa. Celosa de que tu hija esté sana y fuerte, mientras que la mía pronto será un montón de cenizas.

De modo que Amithi hizo lo único que podía hacer: esperar. Y no era la clase de espera que le gustaba. Esperar buenas noticias era fácil: el nacimiento de un bebé, un ascenso laboral. Sí, se sentía cierta impaciencia, pero acompañada por la promesa de un resultado feliz. Ese tipo de espera, que además era gradual, estaba demostrando ser mucho más difícil. Amithi sabía que su hermana no se sentiría mejor de repente, como por arte de magia. Las personas no se recuperaban jamás de algo semejante a la muerte de un hijo. Así que solo esperaba una mejora paulatina, casi imperceptible, deseando que llegara el día en el que Priya fuera capaz de reír otra vez y se olvidara de la tragedia aunque fuera un momento.

«Es como cuando el hielo se derrite en el lago Mendota», pensó Amithi. Siempre empezaba con charquitos de agua en la superficie helada. Los charquitos iban aumentando de tamaño a medida que el sol calentaba más y, al final, se rompían enormes trozos de hielo que el lago viviente consumía.

Asustada por la posibilidad de volverse loca si sus manos se detenían, Amithi se concentró en bordar una manta para su hermana después de colgar el teléfono. El diseño elegido para bordar el tejido, un suave y ligero paño de lana, fue un *samsara*, la rueda hindú de la vida. Esperaba que la manta mantuviera calentita a su hermana y la consolara un poco mientras esperaba a que su corazón emergiera del invierno.

Jayana entró en la estancia con un libro bastante gordo. Tras sentarse junto a su madre en el sofá, se llevó las rodillas al pecho y empezó a leer. Al cabo de unos minutos, apartó la mirada del libro y preguntó:

—¿Qué estás haciendo?

—Una manta para la tía Priya.

Jayana asintió con la cabeza.

—¿Para ayudarla a que se anime un poco después de lo del bebé?

—No creo que nada la anime, pero espero que por lo menos le demuestre que me acuerdo de ella.

—¿Por qué no le compras una manta y ya está? Sería mucho más rápido.

—No encontraría ninguna manta con este símbolo bordado. —Amithi señaló el círculo que había bordado—. ¿Ves? Es un antiguo símbolo hindú. Esta rueda simboliza la vida, la muerte y el renacimiento. Si quieres, puedo enseñarte a bordar, *beti.*

—Qué va. —Jayana inclinó de nuevo la cabeza, en absoluto interesada en la labor de su madre. Tras unos minutos, alzó la mirada otra vez y preguntó—: ¿Por qué pasas tanto tiempo cosiendo y haciendo cosas? Nunca sales ni haces nada.

—Me gusta bordar y coser. Así, cuando le regalo algo a alguien, esa persona sabe que va un trocito de mí en el regalo.

Cuando tenía tu edad, pensaba que podría ser diseñadora de moda.

—¿Y por qué no lo fuiste? —quiso saber Jayana, que estiró las piernas sobre el sofá, de modo que sus pies, enfundados en unos calcetines morados, quedaron a escasos centímetros de su madre.

Le gustaba llevar varios calcetines que asomaran por encima de sus botas deportivas de color rosa. Amithi se asombraba de lo alta que estaba su hija; todavía recordaba cuando sus piernas eran regordetas y pequeñitas, y llevaba pañal.

—Solo era un sueño infantil —respondió.

Jayana frunció el ceño.

—Cuando sea mayor, no voy a cocinar, ni a coser, ni a hacer las cosas que tú haces.

Amithi sintió una dolorosa punzada en el pecho. Su hija siempre había sido muy obstinada, pero cuando era más pequeña sus comentarios hacia ella eran benévolos, casi ridículos, como «pavisosa» o «pavitonta». A esas alturas, los insultos eran más sutiles, pero más hirientes, más dolorosos.

—Cocinar y coser son habilidades muy útiles, *beti* —replicó Amithi intentando controlar la frustración; si dejaba entrever la desilusión que sentía, habría perdido.

—Serán útiles para ti —repuso Jayana—. Pero yo no voy a ser un ama de casa como tú. Voy a trabajar en un museo.

—¿En qué tipo de museo?

—En un museo de arte. Para conocer a grandes artistas, como Picasso. Lo estudiamos el otro día en Historia del Arte.

—Bueno, pues va a ser difícil que lo conozcas teniendo en cuenta que Picasso está muerto —dijo Amithi, que se alegró de poder demostrar su superioridad en algo.

Jayana puso los ojos en blanco.

—Ya lo sé. He dicho artistas «como» Picasso.

—Vale. —Amithi clavó la mirada en su bordado—. Pues que sepas que bordar es como ser un artista. Porque es un proceso creativo. Algunos artistas trabajan con telas.

—Ya lo sé, mamá, pero no es lo mismo que haces tú.

—¿Por qué no es lo mismo?

—Porque tu trabajo no acaba expuesto en un museo. Nadie lo ve.

—Lo veis tu padre y tú. Y la gente a la que se lo regalo.

—Sí, pero nosotros no contamos.

Amithi siempre se había considerado una mujer de mundo, ya que había vivido en dos continentes. De modo que le resultó irónico que una adolescente tuviera la capacidad de confinar su mundo a unos límites determinados y de hacerlo parecer pequeño con unas cuantas frases.

16

Objeto: camisón.
Fecha aproximada: 1975.
Estado: excelente.
Objeto: camisón blanco con etiquetas originales. Mangas cortas de volantes. Capullitos de rosas bordados en el escote cuadrado.
Origen: trueque.

April

En la consulta de la doctora Hong, una enfermera le colocó a April el manguito del tensiómetro y procedió a hincharlo apretando varias veces la pera.

La enfermera miró la esfera medidora.

—¿Sueles tener la tensión alta?

April negó con la cabeza.

—Nunca he tenido problemas de tensión.

—¿Y dices que últimamente has tenido calambres?

—Iban y venían. Anoche y hoy —contestó.

—Ajá.

Esa respuesta no era algo que April quisiera escuchar en la consulta del médico. Agradeció, por enésima vez desde que descubrió que estaba embarazada, cumplir los requisitos para acogerse al seguro médico gratuito del estado. No quería ni imaginarse lo que costarían todas esas visitas al médico sin dicho seguro.

—Voy a dejarte un momento para revisar tu informe médico y hablar con la doctora Hong.

Los zuecos de la enfermera chirriaron al salir de la estancia.

Si tenía la tensión alta hacía un momento, en ese instante estaba convencida de que estaba por las nubes. Intentó en vano contener la cascada de pensamientos catastróficos que le inundaban la cabeza, dando vueltas como los trapos mojados dentro de la lavadora. A lo mejor tenía preeclampsia u otra de las espantosas patologías sobre las que había leído en sus libros acerca de embarazos. La verdad, no recordaba la última vez que sintió que el bebé se movía.

En vez de la enfermera, quien entró por la puerta fue la doctora acompañada de otra mujer. El pánico la atenazó. Si todo estuviera bien, la enfermera no se habría visto en la necesidad de hacerle perder el tiempo a la doctora por algo tan básico como las constantes vitales.

—¿Estoy perdiendo al niño? —preguntó April.

—April, te presento a nuestra radióloga —dijo la doctora Hong mientras la otra mujer acercaba el ecógrafo a la cama—. Vamos a echarle un vistazo al bebé.

April se dio cuenta de que la doctora Hong no había contestado la pregunta, lo que interpretó como otra mala señal.

La doctora Hong apartó el camisón de hospital de April y le untó gel en la barriga. La radióloga movió la fría sonda por su piel y ella cerró los ojos.

—No oigo nada —dijo April—. ¿Se supone que tengo que escuchar algo?

—Estamos intentando encontrar el feto —explicó la doctora Hong.

April no recordaba que hubieran tardado tanto la última vez que le hicieron una ecografía.

—¿Está bien mi bebé?

«Por favor, por favor, que mi bebé esté bien.»

—Es lo que queremos averiguar —contestó la doctora Hong—. Y a juzgar por la imagen, parece que le va bien. ¿Por qué no abres los ojos? Creo que te gustará ver esto.

April miró la pantalla del ecógrafo, donde una especie de legumbre con una cabeza enorme agitaba dos bracitos y dos piernecitas.

—Ay, gracias a Dios —susurró April.

La radióloga pulsó algunas teclas en la máquina.

—Solo voy a realizar unas mediciones —dijo—. Pero de momento todo parece normal.

April contempló alucinada al bebé, a su bebé, deseando que Charlie estuviera allí con ella. Y que también estuviera su madre.

—Veo en las anotaciones de mi enfermera que tienes la presión arterial alta —dijo la doctora—. ¿Has soportado mucho estrés últimamente?

—Podría decirse que sí.

La radióloga terminó de tomar medidas e imprimió una foto en blanco y negro. Se la dio a April y dijo:

—Y tómate las cosas con calma.

La radióloga se marchó y la doctora se sentó a un pequeño escritorio con un ordenador. Pulsó unas cuantas teclas y apareció una pantalla llena de datos. En otras circunstancias, ver todos esos números habría reconfortado a April, pero ese día se le antojaban aterradores e incomprensibles, como un lenguaje desconocido. Fue un alivio ver que su bebé estaba bien, pero todavía había muchas cosas que podían salir mal.

—¿Tengo preeclampsia? —preguntó.

—No lo creo, pero todavía no podemos descartarlo —contestó la doctora—. Los niveles de proteínas en tu muestra de sangre están bien y no estás hinchada...

—¿Está de broma?

April se señaló el vientre. La doctora Hong se echó a reír.

—Me refiero a que no se te ha hinchado nada fuera de lo normal, como la cara, los brazos o las piernas. La hinchazón del abdomen, como bien sabes, es perfectamente normal. El asunto es que, salvo por la tensión alta, no muestras los síntomas habituales de la preeclampsia. Pero, para curarnos en salud, voy a recetarte reposo moderado. Supongo que la hipertensión se debe al estrés y que se solucionará sola, pero el reposo te ayudará a que suceda antes.

—¿Qué es eso de reposo moderado? —preguntó April—. ¿Tengo que estar acostada en la cama todo el tiempo?

Se imaginó tumbada mientras sus músculos se atrofiaban a medida que el embarazo continuaba.

—No. Puedes sentarte en el sofá con los pies en alto y también puedes ir al baño y ducharte, pero no quiero que levantes nada que pese más de dos kilos. Nada de salir a hacer recados, de ir a trabajar ni nada parecido. Y nada de relaciones sexuales.

—Bueno, la parte del trabajo y del sexo no va a ser difícil —replicó April—. Pero la casa de mi madre está a la venta y tengo que vaciarla.

—Pues vas a tener que pedirle a alguien que lo haga por ti o contratar a otra persona. ¿Necesitas un informe para tu jefe?

—No es necesario. He perdido el trabajo en prácticas porque se me fue la pinza con mi jefa.

—Ajá... —La doctora Hong tecleó algo—. ¿Y cómo describirías tu estado de ánimo de un tiempo a esta parte?

April no quería contestar esa pregunta.

—No hay una respuesta válida y otra equivocada. —Le salieron unas arruguitas alrededor de los ojos cuando la doctora Hong la miró con expresión comprensiva—. Solo contesta con sinceridad.

April sabía lo que seguía. Le estaba haciendo preguntas para saber si tenía depresión o algún otro trastorno mental. Como su madre. Le hacían las mismas preguntas en todas las visitas a la consulta. Normalmente, contestaba con algo como «Un poco cansada, pero salvo por eso, bien». De un tiempo a esa parte, April tenía la sensación de que su vida era un globo que había estado sujetando por la cuerda, pero que, pese a sus metódicos cálculos, se le había escapado de algún modo. Lo veía alejarse, y tenía que saltar y atraparlo antes de que se alejara demasiado.

—¿April?

Clavó la mirada en la cara de la doctora Hong, pero su voz parecía muy distante.

April se arrebujó con el fino camisón de algodón. Se estremeció al sentirse tan expuesta.

—Debo suponer que tu respuesta es un «nada bien» —dijo la doctora Hong, que se quitó las gafas—. Todas las mujeres corren riesgo de sufrir depresión posparto, pero, como bien sabes, por tu historial familiar tú corres un riesgo mayor, así que quiero asegurarme de que te tenemos controlada, no solo después del parto, sino también antes. Para curarnos en salud.

April pensó en la nota que Violet había encontrado en el bolsillo de su madre.

—¿Cómo se supone que voy a saber si algo va mal o si solo es cosa de las hormonas? —inquirió.

—Buena pregunta. Obviamente las hormonas están revolucionadas durante el embarazo, así que es normal sufrir cambios de humor. Pero, si tienes la sensación de que tus cambios de humor afectan a la capacidad de afrontar el día a día, por favor, dímelo.

—¿Se refiere a cosas como perder la cabeza con mi jefa?

—No saquemos conclusiones precipitadas por un incidente aislado. —La doctora Hong la miró con una sonrisilla—. No te castigues demasiado por lo sucedido. Muchas embarazadas tienen momentos en los que no se sienten ellas mismas. A lo mejor merece la pena hablar con tu jefa.

April respetaba a la doctora Hong, pero dudaba mucho que hablar con Violet sirviera de algo. Si quería recuperar su puesto, iba a tener que realizar algún tipo de penitencia para recuperar la confianza que había destruido. Una disculpa sin más no serviría.

Cuando llegó a casa, buscó aperitivos en la cocina para que estuvieran a mano y no tener que levantarse varias veces seguidas. Se puso uno de los conjuntos sueltos de su madre de camisón y bata, dado que sus pijamas ya no le servían, y se sentó en el sofá con su portátil mientras intentaba no pensar en todas las horas que iba a pasar en el mismo sitio.

Comprobó el correo electrónico y vio que tenía un mensaje nuevo de Charlie esperándola en la bandeja de entrada. Sabía que bastaría con pedírselo para que Charlie acudiera. Seguramente se compadecería de ella y estaba convencida de que podría aprovecharse de eso. Sería bonito verlo, e incluso mejor que la atendiera. Pero contar con la presencia de Charlie durante un tiempo empeoraría el momento de verlo marcharse a Boston en otoño; además, no estaba preparada para perdonarlo por las cosas que le había dicho y por haber suspendido la boda sin llamarla siquiera para decirle que habían enviado las tarjetas de cancelación por correo. Al recordar el consejo de la doctora Hong de que evitara el estrés todo lo posible, borró el mensaje sin abrirlo.

Los siguientes días pasaron envueltos en el estupor. Se cansó enseguida de navegar por internet y de ver la televisión, y no tenía libros buenos que leer. Pasaba el tiempo durmiendo por puro aburrimiento o examinando sus problemas como si fueran especímenes clavados en una tabla de laboratorio. Todos los planes que había trazado en los últimos meses se habían ido al traste. La boda, sus ideas para la tienda... Era incapaz de desterrar la sensación de que incluso le había fallado a su bebé. Sabía lo duro que le resultó a su madre criarla como madre soltera. Y en ese momento ella tendría que enfrentarse a los mismos desafíos, más joven de lo que era su madre cuando ella nació.

Esperaba que Charlie formara parte de la vida de su hijo. Incluso esperaba que, cuando estuviera dispuesta a admitirlo, contaran con la oportunidad de estar juntos, como una familia. Pero sabía que en cuanto Charlie se mudara a Boston, no tardaría mucho en labrarse una vida independiente de la suya. Había sido testigo de lo que sucedió con su padre. El contacto cada vez menos asiduo con el paso de los años, hasta que la abandonó por completo.

A lo mejor Charlie los visitaría durante las vacaciones, al principio. Lo más probable era que asistiera al primer cumpleaños de su hijo. Y, por supuesto, estaría obligado legalmente a pagar la manutención, aunque suponía que no sería mucho dinero teniendo en cuenta que era estudiante. Sin embargo, para el día a día, para las citas con el médico, los cuentos antes de dormir o los primeros pasos, Charlie estaría a cientos de kilómetros de distancia. Y la idea le partía el corazón.

El tiempo pasaba tan despacio y sin sobresaltos durante su reposo, que April no sabía ni qué día de la semana era cuando recibió la llamada de Lane Lawton. Miró el nombre en la pantalla del móvil mientras debatía si contestar o no. No quería tener que explicarle a Lane que, desde la última vez que hablaron, no solo había perdido su trabajo, sino que también estaba perdiendo la cabeza. Después pensó en su madre y en su costumbre de mantener a distancia a los demás cuando más los necesitaba.

Cogió el teléfono.

Lane parecía preocupada.

—¿April? No te he visto en los ensayos del desfile y cuando le pregunté a Violet, me dijo que ya no trabajabas en la tienda. ¿Va todo bien? ¿Cómo está el bebé?

—El bebé está bien, pero yo estoy de reposo.

—Ay, pob... Danny, quítate eso ahora mismo... Lo siento, quería decir «pobrecilla». Con mi tercer hijo tuve que guardar reposo un tiempo, así que sé que no es una maravilla. ¿Quieres que vaya y te lleve algo de comida o alguna otra cosa?

April se miró el camisón sucio y estuvo a punto de rechazar el ofrecimiento, pero pensó de nuevo en su madre y dijo:

—Sería genial.

—Puedo ir esta noche después de que los niños... Saca las manos de la mantequilla, si no te importa, y ahora ve al fregadero y lávatelas.

—Si te viene mal, puedo llamarte después.

—No me viene mal, es una tarde como otra cualquiera. Oye, iré a tu casa después de acostar a los niños.

Esa noche, Lane entró sin llamar aunque era la primera vez que visitaba la casa de April. Apareció con un recipiente de plástico y le dio un montón de revistas de cotilleos nuevecitas.

—¡Ay, Dios! —exclamó April al ver en la portada de una de las revistas a la pareja de famosos que acababa de separarse—. ¿Cómo sabías lo que necesitaba sin tener que decírtelo?

—Como ya te he dicho, estuve de reposo durante mi último embarazo. Lo mejor para no deprimirme era leer sobre las desgracias ajenas —contestó Lane—. ¿Te importa si abro los armarios de la cocina en busca de platos? He traído algo de cena.

—Claro, los platos están en el armario, al lado del frigorífico.

April escuchó ruido procedente de la cocina, tras lo cual Lane regresó con un cuenco lleno de ensalada de pasta y un tenedor, que le ofreció.

—Me da igual que no tengas hambre, te garantizo que el bebé sí que la tiene.

—Gracias. —April se llevó el tenedor lleno de pasta a la boca—. Es lo primero que como en toda la semana que no es una variante de un sándwich de mantequilla de cacahuete.

—Tengo que preparar un montón de comida para mis chicos, así que me da igual hacer un poco más —le aseguró Lane—. Bueno, dime qué pasa.

El simple hecho de contar con la presencia de Lane hizo que April se sintiera más relajada de lo que se había sentido en semanas.

Entre bocado y bocado de pasta, le contó su historia, empezando por el posible suicidio de su madre y terminando con la visita a la consulta de la doctora Hong.

—Si mi madre se suicidó, me pregunto si los momentos que pasamos juntas fueron felices de verdad o si solo los recuerdo así porque no sabía lo que le estaba pasando —confesó.

Lane extendió una mano y le dio un apretón en el brazo.

—Estoy segura de que también fueron momentos felices para ella.

—No dejo de darle vueltas a lo mismo, de intentar averiguar

lo que pasó de verdad. Y solo llego a la conclusión de que nunca lo sabré a ciencia cierta, que como conclusión es un desastre.

Lane se quitó una gomilla de la muñeca y se recogió el pelo con mechas en una coleta.

—Pues tienes que olvidarte del tema —sugirió.

—Pero ¿cómo? Si mi madre se suicidó...

—¿Qué? Eso no quiere decir que no te quisiera. No cambia todos los buenos momentos que pasasteis juntas. Aunque lo peor sea cierto, algo difícil de saber porque no tienes pruebas ni a favor ni en contra, tu madre seguirá siendo la persona que tú recuerdas que fue. Las circunstancias de su muerte no son tan importantes como las de su vida.

—Sí, pero no llevó una vida perfecta ni mucho menos.

—Nadie la lleva. Te desvías del tema. Por Dios, ojalá que mis hijos nunca me juzguen por mi perfección o falta de ella. Solo quiero que sepan que los adoro.

De eso, al menos, sí que estaba segura April. Darse cuenta de ese hecho le proporcionó un consuelo que no había sentido en mucho tiempo.

—Esto... ¿alguna vez voy a recuperar la normalidad de mi cuerpo? —preguntó después de comerse lo que le quedaba de pasta.

Lane se echó a reír.

—Sí. Y ya estás en el último trimestre, así que a partir de ahora la cosa irá cuesta abajo.

—Nunca he entendido esa expresión —comentó April—. ¿Se supone que las cosas van a mejorar o a empeorar?

—En este caso, a mejorar.

—Pero me preocupa muchísimo tener los mismos problemas que mi madre. Me refiero a los problemas mentales.

—No los tendrás. —Lane movió la cabeza—. No los tendrás porque eres consciente de lo que pasó tu madre, así que no te permitirás llegar a ese punto.

—Sí, pero no me siento normal. No tengo ganas de hacer nada. ¿Cómo sé que no estoy a un paso de caer a un pozo sin fondo?

—Cariño, estás de reposo. El reposo deprime a cualquiera —contestó Lane—. No soy psicóloga, pero creo que el hecho de que hayas sobrellevado la muerte de tu madre y casi todo el embarazo sin derrumbarte una sola vez dice mucho a favor de tu cordura. Has pasado unos meses muy duros, pero el bebé está sano y tú también.

—Gracias.

April echaba tanto de menos a su madre en ese momento que sintió un nudo en el pecho, pero se alegró de contar con el apoyo de otra persona.

—Y para asegurarnos, vendré a verte todo lo que pueda hasta que el médico diga que ya puedes dejar el reposo —dijo Lane—. ¿Qué te parece?

April asintió con la cabeza. Ni siquiera intentó protestar. Se limitó a decir:

—Gracias.

—Tendrá que ser por la noche, después de que acueste a los niños. Si necesitas algo, llámame y dímelo, que intentaré conseguirte lo que sea.

Después de que Lane se fuera, April pensó en lo deprisa que la había tildado como la típica madre agobiada del Medio Oeste. Había supuesto que Lane optó por la vía fácil al abandonar su sueño de ser actriz para limpiar bocas babeantes y muebles llenos de huellas de manos. En ese momento comprendía que Lane tenía más capas de las que había sospechado. De repente, pensó que la decisión de Lane de abandonar el teatro para centrarse en sus hijos no fue fruto de la renuncia a su sueño, sino de una elección premeditada y tan deseada como un papel de protagonista.

17

Objeto: tetera.
Fecha aproximada: años cincuenta.
Estado: excelente.
Descripción: tetera de porcelana de la marca Royal Doulton, de color marfil con pequeñas rosas.
Origen: Betsy Barrett.

Violet

Violet aparcó el coche en la entrada semicircular de la propiedad de Betsy y enfiló el sendero de hormigón que discurría por el jardín delantero, entre los parterres cuajados de flores silvestres. La casa de Betsy era la única que Violet conocía donde el personal doméstico abría la puerta. El ama de llaves la condujo hasta el salón y le ofreció una infusión de manzanilla en una taza de porcelana. Violet se sentó en el sofá de brocado y echó un vistazo al lago Mendota a través de las ventanas, con sus cortinas de terciopelo. Intentó relajarse. Todavía no le había dicho a Betsy que sabía lo de su enfermedad, y temía que su amiga tuviera malas noticias.

Betsy entró en la estancia con una taza en las manos. Llevaba un vestido de lino de color gris que la hacía parecer esquelética, pero por lo demás estaba de muy buen humor. Violet se levantó.

—No, por favor, siéntate —le dijo Betsy—. Veo que te han servido ya. ¿Te apetece algo más?

—No, gracias, estoy bien.

Betsy se sentó en un sillón emplazado frente al sofá y Violet se percató de su postura impecable. Aunque era una mujer alta, al sentarse tan derecha lo parecía aún más, sobre todo porque mantenía la barbilla en alto. Se trataba de una mujer que no se disculpaba por ser quien era, una cualidad que Violet recordaba haber visto en su abuela.

Violet sonrió al recordar que de pequeña se sentaba en la banqueta del piano mientras la abuela Lou tocaba. Los dedos de su abuela, con sus uñas limadas y pintadas de rojo, volaban sobre las teclas mientras se mecía hacia delante y hacia atrás y cantaba «Would you like to swing on a star?». Violet se unía, contenta por lo bien que se sentía al cantar a pleno pulmón. En la seguridad del salón de la abuela Lou, Violet no tenía que disculparse por ser ella misma.

Betsy sopló sobre su infusión, haciendo que las volutas de vapor se agitaran en el aire.

—Gracias por venir a verme —le dijo—. Quería decirte que siento mucho que las cosas no hayan salido bien con April. Quiero que sepas que no te considero responsable. Esa chica ha pasado por mucho últimamente.

—¿Has hablado con ella hace poco? —quiso saber Violet.

—No desde que me llamó para decirme que lo dejaba. Intenté convencerla de que no lo hiciera, pero es muy obstinada. Hablé con su orientador de la universidad y me dijeron que estaban dispuestos a ofrecerle la mitad de los créditos por haber realizado las prácticas. —Betsy bebió un sorbo de infusión—. ¿Sabes algo de ella?

Violet negó con la cabeza.

—Y tú ¿cómo estás? ¿Va todo bien? —le preguntó Betsy—. Pareces estresada.

«Típico de Betsy, preocuparse por mí cuando es ella quien está enferma», pensó.

—No estoy mal —contestó—. Pero el desfile se acerca y además... En fin, las cosas se han complicado un poco de un tiempo a esta parte.

Betsy suspiró.

—Muy bien, voy a ser sincera.

—Gracias a Dios —replicó Violet—. Llevo días intentando decidir si te digo algo o no.

—Yo también quería decírtelo, pero debes entender que me encuentro en una posición muy incómoda. Por una parte, eres una buena amiga y quiero que tu tienda tenga éxito. Por otra parte, tengo que pensar en los negocios. El dueño de la promotora que está negociando con el propietario de tu edificio es el presidente de la antigua empresa de mi marido. Aunque vendí mis acciones después de que Walt muriera, creo necesario mantener una buena relación con ellos.

Violet parpadeó.

—Lo siento, ¿de qué estás hablando?

—De la promotora que va a comprar el edificio donde vives —respondió Betsy—. Para convertirlo en un bloque de pisos. Pensaba que nos referíamos a lo mismo.

—No —dijo Violet—. Lo único que me ha dicho el dueño es que van a poner el edificio en venta y que quieren que me vaya.

—No hace falta ponerlo en venta —le aseguró Betsy—. La promotora ya ha obtenido todos los permisos del ayuntamiento para renovar el edificio, añadir una nueva estructura en la parte posterior y convertirlo en un bloque con cuatro pisos de lujo.

—Así que ¿todo está decidido?

—Bueno, en el caso de los bienes inmuebles no hay nada decidido hasta que se seca la tinta en el contrato. Pero todo indica que se llevará a cabo. Pensaba que lo sabías.

—Pues no —replicó Violet, que se sentía traicionada por el hecho de que Betsy no le hubiera dicho nada antes.

Tal vez no eran tan amigas como creía. Sin embargo, al instante se sintió culpable por pensar así de Betsy sabiendo que estaba enferma. Además, se sentía una hipócrita porque ella también era culpable de mantener en secreto ciertos detalles importantes.

Lo que más le molestaba de las noticias del proyecto de construcción era que el propietario daba por hecho que no podría o más bien que sería incapaz de ejercer su derecho preferente de compra. Ni siquiera habían esperado a que ella decidiera qué iba a hacer antes de poner en marcha sus planes. Era como si la posibilidad de que comprara la propiedad fuese tan remota que ni siquiera les preocupaba. Y era remota, sí, pero ella se aferraba a la posibilidad de que entre el desfile y un milagro lograría reunir el dinero suficiente para entregar la entrada de un préstamo hipotecario. Porque si eso no sucedía, no sabía qué iba a hacer. Todas las semanas miraba los anuncios de propiedades en venta y la probabilidad de encontrar en el vecindario otro local comercial asequible parecía ínfima.

Betsy soltó su taza.

—Bueno, si no te referías a los planes para el edificio, ¿de qué querías hablar?

Violet intentó pensar en la mejor forma de expresar lo que tenía que decir sobre la información que había encontrado en el coche de su amiga. Tras llegar a la conclusión de que ninguna forma sería buena, soltó a bocajarro:

—Sé lo de tu cáncer, Betsy. Lo siento. Vi un formulario del seguro médico o una factura o algo así en tu coche, cuando fui a buscar la ropa la última vez que estuviste en la tienda.

Betsy guardó silencio. Las palabras parecieron quedar suspendidas en el aire, sobre la mesa de café lacada.

—Oh, no —dijo por fin. Extendió un brazo y le dio un apretón en un hombro a Violet—. No me di cuenta de que había dejado ese papel a la vista.

Violet soltó la taza y se abrazó el torso, helada de repente por el aire acondicionado de la estancia.

—Sé que no es asunto mío, pero me preocupo por ti. No

tengo familia en Madison y tú te has convertido en eso, en una especie de familia para mí.

La expresión de Betsy pasó de la compasión a una sonrisa.

—Me alegra que digas eso y te aseguro que el sentimiento es mutuo, pero no hay nada de lo que preocuparse. He vencido ese cáncer. Ese documento es de hace meses. Lo que pasa es que llevo un tiempo sin limpiar a fondo el coche. Debería hacerlo. Si Walt estuviese vivo, no soportaría ver la cantidad de papeles que llevo dentro.

Violet sorbió por la nariz con escepticismo.

—¿De verdad?

—Sí, me alegro de poder decirlo. —Betsy sonrió—. Los médicos me descubrieron un bulto en un pecho, así que me sometí a radioterapia y después a una doble mastectomía. Llevo un año en remisión.

—¿Has pasado por todo eso sin decirme nada?

—Nunca surgió el tema y, la verdad, no quería que la gente supiera que estaba enferma, porque me hubieran dicho que me tomara las cosas con calma y eso nunca se me ha dado bien. Además, para ser sincera, no quería que la gente pensara que me iba a morir. Como ya sabes, colaboro con varias organizaciones benéficas y todas ellas, como es natural, esperan que les deje algo en mi testamento. Te apuesto lo que quieras a que si les llegara el más leve rumor de que estoy a punto de estirar la pata, se pondrían en fila para lamerme el culo, pobrecillos.

Violet se echó a reír.

—Creo que tienes razón. —Movió la cabeza—. Es increíble que te hayas sometido a una doble mastectomía. ¡Por Dios!

—Tengo setenta y seis años. ¿Crees que me servían para algo? —Se colocó las manos bajo las copas del sujetador—. Ahora llevo rellenos para que la ropa me siga quedando bien.

—Me alegro muchísimo de que estés recuperada —dijo Violet.

—Bueno, vamos a dejar de hablar de mí. El cáncer no es moco de pavo, pero me ha enseñado varias cosas. He aprendido que no tiene sentido demorarse en lo que podría haber pasado o en lo que debería haber pasado. Si lo hacemos, nos perdemos lo que está sucediendo delante de nuestras narices, que es lo único que importa en realidad.

Mientras Violet conducía de vuelta a casa esa noche, su mente era un hervidero de pensamientos y su corazón, una amalgama de sentimientos. Se sentía asombrada por haber descubierto los planes para su edificio. Dolida por el hecho de que Betsy no se lo hubiera contado. Y aliviada de que Betsy estuviera en remisión.

El comentario de Betsy sobre no demorarse en lo que podría haber sucedido o en lo que debería haber sucedido le recordó algo que Sam le había dicho durante su primera cita. Lo llamó por teléfono durante el trayecto a casa.

—Hola —la saludó él—. Me alegro de que me hayas llamado. ¿Qué haces?

—Acabo de tomarme una manzanilla con mi amiga Betsy, que ha superado un cáncer hace poco. Me ha dicho algo sobre vivir el momento que me ha resultado familiar. Así que te llamo para decirte que quiero estar contigo, en este momento.

—Justo lo que estaba pensando yo —replicó Sam.

—Si quieres, ven a mi casa. Seguramente sea la última noche que podré pasar relajada esta semana, porque el desfile será dentro de unos días. Tengo vino en el frigorífico y muchas películas musicales.

—Te acepto el vino, pero paso de los musicales.

Violet soltó un suspiro exagerado.

—Sabía que no eras perfecto.

—¿Ya estás en casa? —quiso saber Sam.

—Voy de camino. Nos vemos allí.

Violet siguió por Johnson Street en su viejo jeep Wagoneer, con sus paneles de madera. Pasó junto a dos coches cargados con sendos kayaks aún mojados, seguramente de regreso de alguno de los lagos. En la radio sonaba una canción de Led Zeppelin. La emoción de ver a Sam era tal que empezó a cantar junto a Robert Plant. Aparcó al lado de su edificio y corrió hacia la puerta de atrás, con la esperanza de tener tiempo para encender unas velas y servir el vino antes de que llegara Sam. Subió la escalera trasera acompañada por el repiqueteo de sus tacones. Cuando abrió la puerta, Miles no salió a recibirla.

«Qué raro», pensó, preocupada por la posibilidad de que le hubiera pasado algo.

—Miles —dijo llamándolo al tiempo que extendía el brazo para pulsar el interruptor de la luz.

—Hola, nena —dijo una voz ronca.

Violet dio un salto por el susto y encendió la luz de la cocina, para descubrir a un borracho (pero aún formidable) Jed, sentado en el suelo con la espalda apoyada en el frigorífico. Y acariciando a su perro.

—¿Qué coño estás haciendo aquí? —preguntó, pues a esas alturas se creía libre de Jed y de sus borracheras.

Al escuchar que Violet subía la voz, Miles enderezó las orejas, pero siguió al lado de Jed.

«Vaya demostración de lealtad», pensó Violet.

Cuando adoptaron juntos a Miles, Jed hizo bien poco por cuidar al perro. Pasear con él, alimentarlo y bañarlo eran responsabilidades de Violet. Al parecer, Miles lo había olvidado.

—Es que pasaba por la ciudad...

Jed le sonrió, aunque ni él parecía creerse su mentira. Intentó ponerse en pie, pero perdió el equilibrio. De modo que se agarró a la encimera para lograrlo.

—Estás borracho —dijo Violet hirviendo de furia—. Sal de aquí o llamo a la policía y te denuncio por allanamiento.

—La puerta no estaba cerrada —replicó Jed—. Eso no es allanamiento.

«Mierda», pensó Violet. Estaba distraída cuando salió para visitar a Betsy. Seguro que se le había olvidado echar la llave. Algo fácil de olvidar en una ciudad relativamente segura como Madison.

Jed se llevó a los labios una botella de color verde y le dio un trago. Violet reconoció la botella de vino blanco que había comprado para compartir con Sam.

—Ese vino es mío, joder.

—¿Lo habías reservado para algo especial?

Miró la botella que tenía en la mano y con la otra la aferró por la cintura.

Violet se alejó al instante. Jed se acercó a ella para tratar de tocarla, pero Violet se agachó para quitarse un zapato, unos mocasines con estampado de leopardo. Acto seguido, se lo lanzó a Jed. En vez de darle, se estrelló contra el frigorífico. No obstante, fue más un gesto de frustración que otra cosa. Jed nunca le había hecho daño, físicamente al menos, y aunque quisiera, estaba demasiado borracho como para conseguirlo.

Jed cogió el zapato y lo examinó con cara de asombro.

—Siempre has tenido unos pies diminutos. Vi, ¿te acuerdas? ¿Te acuerdas de que te frotaba los pies cuando doblabas turno en el Sunshine Café?

Violet se quitó el otro mocasín y lo amenazó con él mientras se acercaba.

—Sal de mi apartamento. Cagando leches. He quedado con una persona y es mejor que no estés cuando llegue.

—¡Oooh! ¿Un novio? ¿Va a pegarme?

Jed dio dos pasos haciendo eses y acabó estrellándose de bruces contra el suelo, derramando el vino.

—No tienes permiso para quedarte aquí. Te repito que llamaré a la policía —dijo Violet—. Será mejor que te vayas.

—No vas a llamar a la policía.

—Ponme a prueba.

Se acercó al teléfono, que estaba en la encimera.

—Vale, vale —dijo Jed, que levantó las manos—. Me voy.

Al ver que no se movía, Violet le preguntó:

—¿Dónde tienes la camioneta?

Jed se sentó en el suelo y se abrazó las rodillas.

—La he estrellado.

—¡Por Dios! ¿Esta noche?

—Qué va. Hace unos meses.

—Y ¿cómo has venido?

—Lenny me ha vendido su furgoneta.

Violet suspiró. La paciencia que en otro tiempo solía demostrar con ese hombre hacía mucho que había desaparecido, concretamente cuando comprendió que, pese a todo el deslumbrante encanto y la fama que poseía en el instituto, otras cualidades como la ambición y la alegría se marchitaban estando cerca de Jed Cline.

—Bueno, pues entonces ¿dónde está tu furgoneta? —le preguntó Violet.

—Aparcada al final de la calle.

—A estas alturas seguro que no está. Esta noche pasa el servicio de limpieza por la calle y el ayuntamiento empieza a retirar coches después de las siete de la tarde —le informó ella.

—Entonces debería quedarme aquí esta noche y ya está.

Jed la miró con una expresión que seguramente pretendía ser sensual, pero que en cambio resultó desesperada y derrotada. La expresión de un hombre que se aferraba a un hilo de esperanza.

—Ni hablar —replicó Violet.

Jamás permitiría que Jed se quedara esa noche, pero tampoco podía dejarlo conducir. Comenzó a pasearse de un lado para otro de la cocina, sin saber qué hacer. Desconocía qué razón lo había llevado a emprender el trayecto de cuatro horas desde Bent Creek para verla, pero no tenía tiempo para descubrirlo. Debía sacarlo de su casa antes de que Sam apareciera.

—Levántate —le dijo—. Voy a llevarte al motel Super 8 de East Washington Street.

—Pero necesito hablar contigo. He perdido el trabajo. —Jed intentó mantener el equilibrio sobre sus viejas botas con la puntera de acero—. Antes siempre me ayudabas a decidir lo que hacer.

—Creía que ya habías superado lo de hacerme estas visitas sorpresa. Y, por cierto, también creía que habías superado lo de la bebida. ¿No te habías rehabilitado?

—A la mierda la rehabilitación. —Jed meneó la cabeza como si tuviera un escorpión en el pelo. Cuando dejó de moverse, sus ojos tenían una expresión resignada y seria—. Vi, ¿no me echas de menos? A veces recuerdo cuando empezamos a salir juntos. Nos lo pasábamos muy bien.

Violet echaba de menos algunas cosas del tiempo que habían pasado juntos, pero no a Jed. Más bien añoraba la inocencia y la esperanza que poseía durante la primera etapa de su relación con él. Desde entonces, apenas había cabida para la esperanza en su vida. Y sospechaba que también era la esperanza lo que Jed echaba de menos.

—Vamos. Te llevaré al motel en mi coche —dijo.

Jed seguía aferrado a la encimera para no perder el equilibrio. En cuanto hizo ademán de moverse, Miles empezó a ladrar.

—No pasa nada, chico —lo tranquilizó Violet—. Se va.

Violet echó a andar hacia la puerta, acompañada por el sonido de los pasos de Jed, que arrastraba los pies tras ella. Al llegar a la escalera, vio que Sam se encontraba abajo.

—Vuelve al interior —masculló dirigiéndose a Jed, pero este ya había visto a Sam.

—Oye, ¿te conozco de algo? —le preguntó.

Sam miró asombrado a Violet, y ella levantó las manos para indicarle que estaba tan perpleja como él.

—Tío, te he hecho una pregunta —dijo Jed levantando la voz.

—Es posible —respondió Sam.

—¿Eres de Bent Creek?

—Por desgracia.

—Estaba a punto de llevarlo a un motel —terció Violet—. Por favor, sube y sírvete lo que te apetezca mientras vuelvo. Había una botella de vino... —dijo mirando furiosa a Jed—, pero ya no queda.

Sam subió la escalera y Jed lo agarró de un hombro.

—Quiero ponerme al día con mi colega de Bent Creek. ¿No podemos esperar un poco? Mira, tío... —Jed se inclinó hacia

Sam y, al hacerlo, perdió el equilibrio. Por un segundo, Violet pensó que se caería escaleras abajo, pero logró aferrarse al pasamanos—. Diviértete mientras puedas —siguió—. Esta zorra no tardará mucho en darse cuenta de que eres muy poco para ella.

Sam cerró un puño y estaba a punto de usarlo, pero Violet se lo impidió agarrándolo del brazo.

—No, por favor.

Sam apretó los dientes.

—Oh, todavía te preocupas por mí, ¿verdad, Vi? —preguntó Jed.

—No —respondió ella, que después miró a Sam—. No merece la pena. Con la cogorza que lleva, bastaría un puñetazo para acabar rodando por la escalera y luego pasaríamos la noche en la comisaría. Y esos no son los planes que tenía en mente.

Le regaló la sonrisa más sensual que fue capaz de esbozar, teniendo en cuenta que detrás tenía a su ex marido.

Sam relajó el puño y miró a Jed con expresión asesina.

—Vale —dijo. Se volvió hacia Violet—. ¿Quieres que os acompañe? No quiero que te quedes sola con este tío.

—Claro, acompáñanos —respondió; aunque no los quería en el mismo coche, tampoco quería pasar más tiempo a solas con Jed.

El trayecto de cinco kilómetros hasta llegar al extremo oriental de la ciudad se le hizo eterno. Jed se pasó todo el rato cascando en el asiento trasero.

—Hasta ahora lo llevaba muy bien. Iba a las reuniones de Alcohólicos Anónimos y todo, pero me peleé con mi jefe en la fábrica —dijo—. Joder, ese tío es gilipollas.

Sam mantuvo la mirada al frente, pero daba la impresión de que estaba a punto de saltar al asiento trasero para estrangular a Jed en cualquier momento.

—Así que has venido justo después de que te despidieran, ¿no? —le preguntó Violet.

—No estoy seguro, la verdad. Recuerdo que salí a dar una vuelta para tranquilizarme y después todo está borroso hasta que me desperté en el coche, en un área de descanso cerca de Eau Claire. Calculé que estaba a medio camino de Madison y seguí adelante.

—Madre mía, podrías haber matado a alguien.

—Yo no tengo la culpa —replicó Jed—. Lo llevo en los genes.

—Sí, claro —soltó Sam, que se apoyó en el reposabrazos y se volvió para mirar a Jed—. Tú no tienes la culpa de nada. No pudiste evitar conducir borracho, ni tampoco allanar el apartamento de Violet...

—Ni gastarse el dinero de mi matrícula en alcohol —añadió Violet.

—Eso. No tienes la culpa de nada. Porque estás genéticamente programado para ser un capullo —dijo Sam.

Violet miró por el retrovisor mientras detenía el coche en el aparcamiento del motel.

En ese momento Jed puso cara de reconocer a Sam.

—Oye, ahora me acuerdo de ti. Sam. Sam Lewis. Eras un tío canijo y muy raro. Has acabado mejor de lo que pensaba.

—Siento no poder decir lo mismo de ti —replicó Sam.

Jed salió del coche.

Sam bajó la ventanilla.

—Será mejor que no aparezcas mañana ni ningún otro día por casa de Violet, ¿me has oído?

—¿Qué se supone que tengo que hacer? —preguntó Jed a su vez mirando a Violet con la misma expresión desconcertada que la habría engatusado años atrás.

Violet sentía debilidad por cualquier cosa que estuviera desvalida y estropeada, y en la tienda debía luchar continuamente por controlar ese instinto. Tenía que controlar el impulso de comprar un abrigo con el forro roto, ya que la reparación le habría costado más de lo que podría conseguir al venderlo. Pero a lo largo de los años había aprendido que ciertas cosas eran irreparables. Su relación con Jed era una de ellas.

—Jed, vuelve a Bent Creek —le dijo—. Ya no puedo ayudarte más.

Jed anduvo hasta la entrada del motel con los hombros encorvados. Ya no caminaba con la misma actitud segura y confiada que ella recordaba. La vida se la había arrebatado.

—¿Estás bien? —le preguntó Sam mientras ella salía del aparcamiento.

—Creo que sí —contestó—. Pero ¿puedo quedarme esta noche en tu casa? Estoy demasiado asustada como para regresar a la mía.

—Claro.

Sam le tocó el brazo, justo sobre el tatuaje que la manga corta de su blusa de algodón dejaba al descubierto.

Violet observó el fénix con las alas desplegadas que adornaba su bíceps. Se había hecho el tatuaje el mismo día que llegó a Madison, hacía ya cinco años. Antes de descargar siquiera las cajas que llevaba en el jeep, se detuvo en Gary's Tattoo Artistry en Williamson Street y le enseñó al dueño, cuyo nombre quedaba patente por el rótulo del establecimiento, un libro antiguo de mitología que siempre le había gustado. Aunque su matrimonio había acabado hecho cenizas, estaba decidida a usar su recién recuperada libertad para volar.

—Siento mucho haberte involucrado en esto —le dijo Violet a Sam—. Gracias por no empeorar las cosas con una pelea en mi casa.

—No es normal en mí querer pegarle a la gente —le aseguró él—. Pero tenía muchas ganas de darle.

—No te habría culpado si lo hubieras hecho. Pero me alegro de que no fuera así. Habría empeorado mucho las cosas, y lo que quería era sacarlo de mi casa lo antes posible.

Sam se pasó las manos por el pelo, veteado de gris.

—Cuando oí que te llamaba zorra...

—No es la primera vez que me lo dicen —lo interrumpió ella—. Supongo que cualquier mujer que no sea una pusilánime ha escuchado que se lo dicen en algún momento de su vida. Me resbala.

Continuaron en silencio durante unos minutos.

—¿Todavía hay algo entre vosotros? —quiso saber Sam.

Al llegar a un semáforo en rojo, Violet lo miró.

—¿Entre Jed y yo?

—Sí. A ver, ¿por qué iba a hacer un viaje tan largo si no...?

Violet le dio un apretón en la mano.

—No hay nada entre nosotros.

—No sé por qué no te lo quitas de encima de una vez por todas.

—Lo he intentado, pero cada vez que pasa algo, siempre pienso que será la última. Karen no para de decirme que debería conseguir una orden de alejamiento, y seguramente tiene razón.

Sam soltó un suspiro frustrado.

—La gente como él es el motivo por el que no quiero tener hijos. Bastante tuve cuando se reían de mí en mi adolescencia. No me quiero ni imaginar lo que sufrieron mis padres al ver que otros chicos como Jed se burlaban de mí.

El semáforo se puso en verde, pero aunque Violet sabía que debía seguir, su cerebro parecía haberse quedado atascado en el comentario de Sam. Porque no había dicho «Es posible que decida no tener hijos»; ni tampoco «No estoy seguro». Había dicho «No quiero».

Alguien tocó el claxon tras ella y Violet pisó el acelerador.

—¿No me dijiste que lo habías superado? —le preguntó ella.

—Sí, bueno, pero no hasta el punto de querer que un niño inocente pase por lo mismo.

—Pero es posible que tu hijo no sufra lo que tú.

—¿No lo sufren todos? Y si no lo hacen, es porque son los que se burlan de los demás, que es aún peor.

—Es un análisis un poco cínico, ¿no te parece?

Sam se encogió de hombros.

—Es posible, pero teniendo en cuenta que la población mundial supera los siete mil millones de personas, no creo que a nadie le importe que yo no tenga hijos.

Violet miró de reojo la cara de Sam, iluminada por las farolas, y pensó: «Eso no es del todo cierto».

Guardaron silencio unos instantes.

Sam carraspeó.

—No debería haber dicho nada.

—¿Por qué no? Me alegro de que hayas sido sincero conmigo.

—Supongo que lo que quiero decir es que siento haber sacado el tema hoy, teniendo en cuenta por lo que acabas de pasar.

—Tranquilo. Al final tenía que salir a colación, ¿no te parece? —le preguntó ella.

—Sí, siempre sale —respondió Sam—. Me gustas de verdad. Creo que... no. Sé que me estoy enamorando de ti. Pero entiendo que esto cambie las cosas.

Violet guardó silencio. La alegría de escuchar que Sam la quería quedaba empañada por el impacto de su confesión sobre el tema de los hijos. Ojalá no sintiera por él lo que sentía. Al fin y al cabo, ni siquiera estaba segura de querer casarse de nuevo. Adoraba la libertad que tenía estando sola y no sabía si estaba dispuesta a renunciar a ella, ni siquiera por alguien tan especial como Sam. De momento parecía prematuro hablar de una familia. Sin embargo, no podía desentenderse de la sensación de que acababan de arrebatarle algo muy valioso. Sabía que era ridículo. Sabía que, a su edad, seguramente no sería fácil tener hijos, si acaso era posible.

—Debería haber sacado el tema antes —siguió Sam—. Pero supongo que estaba disfrutando mucho mientras te conocía y me daba miedo perder la oportunidad de conocerte más a fondo. Además, no quería hablar de algo tan serio tan pronto.

—Sigue siendo pronto —le recordó Violet—. No llevamos ni dos meses saliendo.

—Sí, pero lo que siento por ti es mucho más fuerte que lo que he sentido por otras mujeres en años. Porque me veo compartiendo la vida contigo, ¿sabes?

—Sí —respondió ella—. Lo sé.

—Bueno, entonces ¿el tema de los hijos es innegociable para ti?

Violet no lo sabía. Le encantaban los niños y suponía que

siempre había imaginado que los niños formarían parte de su vida. Pero había sido un día muy largo y necesitaba pensar.

—¿Tengo que responder esa pregunta? —replicó—. Porque, para serte sincera, no sé qué decir. Con respecto al otro tema, te aseguro que el sentimiento es mutuo. Yo también me estoy enamorando de ti. Así que ¿te parece que lo dejemos ahí y que revisemos el tema de los hijos en otro momento?

—Desde luego. —Sam se inclinó hacia ella para besarla—. Solo quería ser justo y ofrecerte una salida fácil por si querías usarla.

—No quiero ninguna salida —le aseguró Violet.

Y de eso, al menos, sí que estaba segura.

18

Objeto: lámpara.
Fecha aproximada: 1980.
Estado: bueno.
Descripción: lámpara policromada con forma de ganso fabricada por Kaplanheller Inc.
Origen: propiedad de Katherine Morgan; no está a la venta.

April

Tras dos semanas de reposo, April se moría por salir de casa, aunque fuera para ir al médico. Lane la recogió para llevarla a la cita, y cuando April entró en el monovolumen Volvo, descubrió que allá donde tocara estaba pegajoso: el tirador de la puerta, el salpicadero e incluso los asientos de cuero. Colocó las manos en el regazo e intentó tocar lo menos posible.

—Gracias por venir a buscarme. Sé que es temprano —dijo April.

—Las ocho no es temprano para mí. Me levanto a las seis para tener media hora de paz antes de que los niños se despierten —replicó Lane—. Y no creas que no me he dado cuenta del respingo que has dado. Espérate y verás, tu coche también tendrá este aspecto algún día. Y tu casa. Y casi todo lo que toquen tus hijos.

—Lo que toquen tus hijos, lo que toquen tus hijos —repitió el menor de los niños de Lane desde el asiento trasero.

—¡Oye! —protestó April—. ¿Quién ha dicho nada de niños? Cuando me hicieron la ecografía, aquí dentro solo había uno. Y mejor que siga siendo así.

—No subestimes lo que un solo niño es capaz de hacer —dijo Lane.

—¡Deja de pellizcarme! —exclamó uno de los niños desde atrás—. ¡Mamá!

—Callaos. Los tres.

Lane los miró con cara de enfado a través del retrovisor.

—No sé de qué hablas —dijo April—. Mi bebé va a ser perfecto. Te enseñé la foto de la ecografía, ¿no? Perfecto.

—Tienes razón. —Lane sonrió al entrar en el aparcamiento de la clínica y detenerse delante de la puerta principal—. Voy a llevar a estos al McDonald's para que coman tortitas.

En el asiento trasero empezaron a corear:

—¡Juegos! ¡Juegos!

—No le digas a mi marido que les doy comida rápida a los niños. —Lane le guiñó un ojo—. Cree que solo deberían comer quinoa y zanahorias orgánicas.

—Ni siquiera conozco al esquivo profesor —comentó April—. Así que tu secreto está a salvo conmigo.

—Mamá, ha dicho una palabrota —dijo el mayor.

—«Esquivo» no es una palabrota, cariño —le explicó Lane, que le dijo a April—: Cree que todas las palabras que desconoce son palabrotas. Bueno, llámame cuando termines. Vendré a recogerte.

—De acuerdo. —April se desabrochó el cinturón de seguridad—. Muchas gracias, Lane.

En la sala de exploración, a April se le aceleró el corazón cuando la enfermera le tomó la tensión. Sabía que debería relajarse para conseguir una lectura veraz, pero no podía. Su libertad dependía de lo que dijera el tensiómetro. La enfermera salió de la sala para ir en busca de la doctora, de modo que se quedó esperando el veredicto mientras pensaba en que todo acababa reducido a números.

Después del alegre dictamen de la doctora Hong, que la autorizó a dejar el reposo, April volvió a casa y abrió las puertas batientes del garaje, separado de la casa y situado en la parte posterior. La luz del sol entró a raudales en el espacio e iluminó el polvoriento capó del Toyota. No se había puesto al volante de un coche desde el accidente de su madre. Estaba convencida de que su miedo a conducir encajaba con el tipo de ansiedad que la doctora Hong le había pedido que controlase, el mismo tipo que interfería con su vida cotidiana. Como si quisiera demostrarle a la doctora, y a sí misma, que estaba en perfectas condiciones, al menos en lo mental, entró en el garaje y se sentó al volante, mientras respiraba despacio para impedir que el pánico la paralizase. El coche olía tal cual lo recordaba, a viejo y al olor dulzón del ambientador que colgaba del retrovisor.

Había conducido ese coche incontables veces. Era el coche que su madre le permitía usar para ir al instituto.

«Puedes hacerlo», se dijo.

Giró la llave en el contacto, ajustó los retrovisores antes de salir del garaje y, con mucha precaución, dio marcha atrás hasta la calle. Dado que era mediodía, condujo muy despacio sin encontrarse apenas con tráfico, aferrando el volante con manos sudorosas.

Se detuvo en el semáforo que había al final de su manzana. Mientras esperaba en el cruce viendo los coches pasar a toda velocidad, el corazón parecía que se le iba a salir del pecho. Estar parada la hizo pensar en todo lo que podía torcerse y casi dio la vuelta.

En ese momento el semáforo se puso en verde y, de forma automática, pisó el acelerador. Se sintió de maravilla cuando pasó el cruce y se detuvo en el aparcamiento de la manzana siguiente a Hourglass Vintage. Salió del coche y abrió el maletero. La lámpara de plástico con forma de ganso que había sacado de la casa de su madre descansaba pacientemente en su interior, en un nido de mantas.

Mientras la llevaba a la tienda, fue incapaz de contener una carcajada. Qué pintas más ridículas debía de tener cruzando el aparcamiento con un ganso gigante.

Una mujer de mediana edad la llamó desde la cafetería situada junto al aparcamiento.

—Eso es enorme. ¿Necesitas ayuda?

—Sé que parece pesado, pero es plástico hueco —contestó April.

—Pero si casi no se te ve por encima de la cabeza —replicó la mujer—. Anda, deja que lo lleve yo.

April recordó todas las semanas que había pasado de reposo y se dio cuenta de que debía mejorar a la hora de aceptar ayuda.

—Gracias —dijo—. Sería genial.

La mujer se acercó a ella y cogió la lámpara.

—No deberías levantar cosas grandes. —Miró la lámpara con expresión curiosa—. Qué pieza más interesante. ¿Vas a la tienda para venderla? Porque me parece que todavía no han abierto.

—No, es un regalo.

April supuso que la mujer iba a tomarla por loca, pero por una vez no le molestó la idea. Violet había corrido un riesgo al aceptarla como empleada en prácticas. Había llegado su turno de arriesgar algo: su orgullo al disculparse.

—¿Dónde quieres dejarla? —preguntó la mujer.

—Vamos a la puerta principal. La dueña de la tienda mira siempre el buzón a primera hora de la mañana. Así seguro que la verá.

Rodearon el edificio por el callejón lateral y en cuanto giraron en la esquina, April se llevó una mano a la boca.

El escaparate de la tienda estaba roto y había cristales en la acera. Aunque eso no era lo peor. Sobre la preciosa fachada de ladrillo del edificio, alguien habría escrito PUTA con pintura naranja fosforito.

—Por Dios —dijo la mujer.

April buscó el móvil en el bolso y marcó.

—¿Violet? —dijo cuando respondió—. Tienes que venir a la tienda ahora mismo.

19

Objeto: corsé.
Fecha aproximada: 2009.
Estado: excelente.
Descripción: corsé sin tirantes, nuevo, de color negro y de tejido elástico, con encaje en la espalda. Para llevar debajo de prendas vintage.
Origen: eBay.

VIOLET

Sam aparcó delante de la tienda. El coche ni siquiera se había detenido del todo cuando Violet bajó de un salto y corrió hacia April, que se encontraba en la acera, rodeada de cristales rotos.

—Aparcaré en la parte trasera —gritó Sam asomándose por la ventanilla—. Ahora mismo vuelvo.

—Esto es increíble —dijo Violet, que abrazó a April y después se separó, si bien siguió aferrándola por los hombros—. ¿Estás bien?

—Sí —respondió April—. Me alegro de que tú estés bien. Lo primero que pensé al ver el estropicio es que ojalá no estuvieras dentro.

—He pasado la noche en casa de Sam —replicó Violet—. Mi ex se presentó anoche.

—¿Crees que esto lo ha hecho él? —preguntó April.

—Está claro que ha sido él —respondió Sam, que acababa de aparecer—. Violet, deberíamos llamar al propietario del edificio. Y a la compañía de seguros...

Violet no escuchó el resto de la frase de Sam, porque ya había abierto la puerta y acababa de encender la luz del interior de la tienda.

—Violet, no —le advirtió Sam, que entró tras ella—. La policía ha dicho que esperemos a que ellos lleguen.

Violet contuvo el aliento mientras examinaba el interior. El maniquí de talla 36 estaba tirado en el suelo y había perdido la cabeza y un brazo. Se le había torcido el vestido de los años cuarenta que llevaba y estaba cubierto de cristales. Junto a una estantería repleta de vajillas, cristalerías y mantelerías, yacía un ladrillo. Varias piezas de porcelana se habían roto.

Ser testigo del daño que había sufrido su tienda, el único logro del que realmente se sentía orgullosa, hizo que la embargara la furia. Se agachó en el suelo y empezó a recoger los trozos de una sopera Wedgwood con manos temblorosas.

—Oye, vamos a esperar a que llegue la policía, para que lo vean todo tal cual lo hemos encontrado y así puedan incluirlo en el informe —le aconsejó Sam, que la ayudó a ponerse en pie y la abrazó—. Llegarán en cualquier momento. También van a mandar a una patrulla al motel para buscar a Jed. Si sigue allí, se lo llevarán para interrogarlo.

—Esto no puede estar sucediendo —dijo Violet—. Faltan tres días para el desfile de modelos. Esta noche es el ensayo. ¿Cómo voy a organizar el desfile y la tienda a la vez?

—Yo te ayudaré —se ofreció Sam.

—Y yo —dijo April, que se asomó por la puerta—. Si me lo permites, claro. La última vez que estuve aquí no me comporté muy bien.

Violet los miró agradecida.

—Vale. ¿Qué hacemos primero?

—De momento iré en busca de una lona para cubrir el escaparate —contestó Sam—. Y voy a preguntar dónde puedo alquilar una pistola de agua a presión para limpiar la pintada de la fachada.

—Buena idea. Con el desfile a la vuelta de la esquina necesito muchas ventas, y estoy segura de que lucir un insulto en la fachada de la tienda no es buena publicidad. —Enterró la cara entre las manos—. No me puedo creer que Jed haya llegado tan lejos.

—Yo sí —repuso Sam—. No sabes lo que me cabrea no haberle dado a ese capullo una lección anoche, cuando tuve la oportunidad de hacerlo.

«Cinco años desde que dejé a Jed —pensó Violet mientras contemplaba el ladrillo que descansaba en el suelo—, y todavía es capaz de destruir todo lo que de verdad me importa.»

—Vamos, tenemos que salir —dijo Sam al tiempo que le ponía una mano en un hombro y la instaba a caminar hasta la puerta—. La policía llegará dentro de nada.

Al salir a la calle, Violet se fijó en la lámpara que estaba junto a la puerta.

Miró a April, sorprendida.

—¿Eso estaba ahí antes? ¿O estoy tan estresada que veo alucinaciones?

April se puso colorada.

—Por eso he venido. Quería traértela a modo de disculpa... una ofrenda de paz, por llamarlo de alguna manera.

—Me encanta. —Violet se llevó una mano al pecho—. Y gracias por cómo has lidiado con toda esta situación.

—Sé que seguramente tendrás que pensarlo y que ahora mismo tienes muchas cosas en la cabeza —dijo April—, pero me gustaría que al menos contemplaras la posibilidad de permitirme recuperar mi puesto de trabajo.

El regalo de April conmovió a Violet y la serenidad con la que había actuado tras descubrir el acto vandálico la impresionó. Sin embargo, la chica tenía razón. En esos momentos estaba preocupada por muchas cosas y lo último que necesitaba era añadir el dilema de si debía o no aceptar de nuevo a una empleada en período de prácticas.

—Lo pensaré —le prometió.

April asintió con la cabeza.

—Vale, pero mientras tanto os ayudaré a limpiar todo esto.

Pese a todo lo sucedido, Violet tuvo que organizar el ensayo del desfile programado para esa noche. April y Sam se quedaron en la tienda, colocándolo todo lo mejor posible y tapando el escaparate con lona y planchas de contrachapado.

De pie junto a la primera fila del cine Majestic, Violet dio varias palmadas para llamar la atención de las modelos, que parecían más interesadas en hablar que en ensayar.

—¡A ver, por favor! —gritó con la poca energía que le quedaba.

Había estado todo el día pegada al teléfono, hablando con la policía. Seguían sin encontrar a Jed. Cuando llegaron al motel, ya había pagado y se había marchado. La policía local dio un aviso por radio para que la patrulla estatal más cercana a Bent Creek se mantuviera en alerta, pero de momento nadie lo había visto. El problema era que Violet desconocía qué vehículo conducía. De momento, el agente de policía que había ido a la tienda la había ayudado a rellenar el formulario para emitir una orden de alejamiento.

También había hablado con Ted Mortensen, que se había mostrado muy agradable al enterarse de lo sucedido. Le dijo que tendría que usar su seguro de alquiler para cubrir las pérdidas que había sufrido el interior de la tienda, pero Mortensen & Son lo pondrían en conocimiento de su compañía aseguradora para que esta se hiciera cargo de los daños provocados al edificio.

—No te preocupes —le había dicho Ted—. Nos encargaremos de los daños estructurales y demás. Tú ocúpate de tu negocio. ¿No tienes un evento importante en marcha? He visto los carteles por toda la ciudad.

—Ajá —contestó Violet—. Me he enterado de tus planes de venderle mi edificio a una promotora inmobiliaria para que haga un bloque de pisos, y lo único que voy a decirte es que no firmes nada todavía. Estoy haciendo todo lo posible para conseguir el dinero.

Ted se había reído, algo que la irritó mucho. Sabía que la probabilidad de conseguir el dinero suficiente para ejercer su derecho a comprar el edificio era prácticamente inexistente. Pero no hacía falta que Ted se lo recordara.

En ese momento, rodeada por las voces de las modelos en el teatro, Violet miró desesperada a Amithi y a Lane. Esta última se puso en pie y se llevó los dedos a la boca para silbar. El agudo sonido hizo que todas las personas congregadas en el escenario guardaran silencio.

—Gracias —dijo Violet.

Lane se encogió de hombros.

—Me alegra ver que alguien me hace caso. Al contrario que mis hijos.

—Vale, vamos a hacer un ensayo general —anunció Violet—. ¿Sabe todo el mundo lo que tiene que ponerse? En cada perchero debería haber una lista con todas las prendas que componen un atuendo completo. Los accesorios y todo lo demás.

—Yo no he visto ninguna lista —dijo una de las modelos más jóvenes.

—Hablo en mi nombre y no en el de nadie más —dijo el hombre, el peluquero de Violet más concretamente, que pronto se convertiría en la vivaracha Ivanna Martini, la presentadora del espectáculo—, pero estoy seguro de que voy a necesitar más cosas de las que se especifican en la lista y de las que no pienso hablar en público, no sé si me entiendes.

El resto de los hombres empezó a hablar tras escucharlo. Algunos iban vestidos de calle y otros habían acudido ya ataviados como drag queens.

Violet levantó las manos.

—Vale, vale. Me refiero a que la lista indica todos los elementos de la tienda que queremos que llevéis. Obviamente, tenéis que traer la ropa interior y las medias y todo lo demás que os parezca necesario. Podéis añadir cualquier... mmm... postizo que necesitéis para estar guapas el gran día.

Eso pareció despejar las dudas, porque varias de las modelos asintieron con la cabeza en silencio.

Una de las mujeres más voluptuosas, una bailarina treintañera que actuaba en un espectáculo de burlesque, dijo:

—Gracias a Dios, porque necesito mi corsé y mi Spanx.

—Yo te daré Spanx, preciosa, no te preocupes —dijo el hombre que tenía al lado.

Violet describía su aspecto como de «semi drag queen»: pestañas y peluca postizas, vaqueros y camisa de algodón remangada. Después del comentario le dio un guantazo a la bailarina en su voluptuoso trasero y ella se echó a reír.

—¿Dónde has encontrado el corsé? —le preguntó una de las chicas—. Yo también he estado buscando uno.

—Si alguien necesita, tenemos algunos en la tienda —anunció Violet—. Y tranquilas, porque son nuevos, sin usar, pero están diseñados para ir debajo de la ropa vintage. ¿Alguna pregunta más referente a la ropa? —Al ver que nadie hablaba, siguió—: Muy bien, pues tenéis una media hora para ir a bambalinas y vestiros. Después, empezará el ensayo. ¿Todo el mundo está listo? Pues adelante.

Las modelos abandonaron el escenario a toda prisa.

Amithi le dijo a Violet:

—¿Te he dicho que mi hija y mi yerno vendrán al desfile? Llevo unas semanas viviendo con ellos.

—¡No me habías dicho que te habías mudado con ellos! —exclamó Violet—. Supongo que entonces las cosas con tu marido no están muy bien.

La voz de Amithi se quebró cuando dijo:

—Pues no.

Violet extendió los brazos para abrazarla. Como Amithi no reaccionaba, se acercó a ella y la abrazó de todas formas. Al principio, se quedó muy tensa, pero después encorvó los hombros y se relajó.

Amithi tenía lágrimas en los ojos cuando Violet se separó de ella.

—Siento mucho molestarte con mis problemas. Sé que hoy estás muy ocupada.

—Sí, tengo unos cuantos problemas, pero al menos ahora sé que no soy la única —replicó Violet.

—Me alegro de tener la oportunidad de presentarte a mi hija.

—Estoy deseando conocerla —le aseguró.

Al ver el orgullo que iluminaba la cara de Amithi cuando hablaba de su hija, Violet recordó la pregunta que le había hecho Sam la noche anterior sobre si quería tener hijos o no. Detestaba pensar en el tema en ese momento, con todo lo que Sam había hecho por ella en las últimas veinticuatro horas. La había apoyado en todo momento, la había ayudado a hacer llamadas y recados, y se había encargado de conseguir todo lo necesario para limpiar la tienda. Sin embargo, aunque le agradecía mucho la ayuda, percibía que algo había cambiado entre ellos desde la noche anterior. Intentó no preocuparse, pero fue en vano. La confesión de Sam sobre su intención de no tener familia cambiaba su forma de ver un futuro juntos, si acaso tenían uno. Entre Sam, el incidente con Jed, el problema del desahucio y el desfile, Violet tenía la impresión de estar en un puente colgante a punto de romperse desde el que caería a un torrente de aguas inciertas.

Lane se acercó mientras comprobaba algo en su lista de tareas.

—Bueno, Violet, ¿has pensado cómo quieres organizar la parte de la subasta?

—Estoy atascada, más o menos —reconoció ella—. He descartado una subasta dinámica porque creo que con el desfile y todo lo demás, sería una locura. Además, no tengo a ningún subastador. De modo que estaba pensando en organizar una subasta a sobre cerrado después del desfile, pero necesito imprimir el programa para que la gente pueda tomar notas mientras ve a las modelos y señalar las prendas por las que pujar después.

—Me parece lógico —replicó Lane—. Pero tenemos que mandar imprimir los programas ya. El desfile es dentro de dos días.

—Lo sé. Lo tengo a todas horas en la cabeza, pero entre limpiar la tienda por el destrozo del escaparate y todo lo demás, no sé de dónde voy a sacar tiempo.

Lane movió la cabeza.

—Me sigue costando creer lo que ha pasado en la tienda.

—Es horrible —le aseguró Violet—. Todavía no lo has visto y espero que no tengas que hacerlo. Sam ya está haciendo todo lo posible para borrar la pintada. Aunque lo que más me preocupa es que mi ex aparezca de nuevo y haga algo peor. He solicitado una orden de alejamiento, pero solo servirá de algo si alguien lo pilla cerca de mi propiedad.

Dos modelos aparecieron en el escenario, discutiendo sobre el orden de aparición durante el desfile.

Violet había perdido la paciencia a esas alturas y gritó:

—¡No habrá más cambios en el orden de aparición! Por favor, decídselo a todo el mundo.

Una de las modelos, una drag queen de piernas kilométricas vestida con un mono morado de los años setenta, salió en tromba del escenario por la izquierda. La otra modelo, una chica muy menuda teñida de pelirroja y con un aro en la nariz, miró a Violet y a Lane con gesto contrito y siguió los pasos de su compañera.

—¿No hay alguien en quien puedas delegar el tema de los programas? —le preguntó Lane una vez que las modelos se fueron.

Violet meditó al respecto. April era estupenda con el tema informático, seguramente sería capaz de diseñar e imprimir un programa con tiempo de sobra. Además, tenía que organizar la subasta. Aunque seguía pensando que April se había pasado de la raya, sus disculpas y su admisión sobre el mal comportamiento que había demostrado habían sido tan sinceras que sentía que merecía otra oportunidad.

La llamó a la tienda.

—Hola, ¿April? Soy Violet. ¿Cómo van las cosas por ahí?

—Muy bien —contestó la chica—. Sam ha vuelto a montar el maniquí.

Violet sonrió al imaginarse a Sam lidiando con el maniquí ataviado con el vestido. Eso hizo que su amor por él se incrementara.

—Oye, Lane me ha dicho que has estado de reposo durante las últimas dos semanas. ¿Por qué no me has dicho nada?

—Supuse que ya tenías bastantes cosas de las que preocuparte.

—La próxima vez que te pase algo tan importante, ya sea bueno o malo, quiero que me pongas al día, ¿vale?

—Te lo prometo —le aseguró April—. ¿Cómo va el ensayo?

—Va bien —contestó ella—. ¿Puedo confiarte una tarea importante?

—Por supuesto. ¿Qué quieres que haga?

—Que organices todo el tema de la subasta.

—¿De verdad? —preguntó la chica, entusiasmada.

—Sí, de verdad. Estaba pensando en celebrar una subasta a sobre cerrado y en aceptar las pujas durante una hora más o menos después del desfile, mientras la gente bebe cócteles y demás. Necesito que organices con alguien el tema de imprimir los programas y todo lo necesario para las pujas. Si quieres, contrata a alguien, pero solo puedo darte un presupuesto de unos doscientos dólares.

—Sin problemas. Se me da muy bien ajustarme al presupuesto.

—Genial. ¿Puedes tener un boceto preliminar para enseñarme mañana a última hora? Quiero echarle un vistazo antes de imprimirlo.

—Claro. Tendré que hacer unas llamadas, pero no te preocupes. Lo conseguiré.

—Gracias por encargarte de esto con tan poca antelación.

—No, gracias a ti. Estaba deseando participar activamente en el desfile.

—Por si no te has percatado, esto significa que recuperas tu puesto de trabajo.

—¿De verdad?

—Sí —contestó Violet—. ¿Qué clase de jefa sería si permitiera que una madre adolescente trabajara para mí sin cobrar y sin que obtuviera sus créditos universitarios?

—Ya sé que estás de broma y que en el fondo lo haces porque me quieres —bromeó April.

Cuando colgaron, Violet reconoció que había echado mucho de menos a April durante las semanas que la chica se había mantenido apartada. Y no solo por lo bien que se le daban los números y la tecnología, sino también por su amistad.

El viernes, el día previo al desfile, la tienda estuvo más ajetreada de lo normal. La fila de clientes esperando a pasar por caja llegaba hasta el otro extremo de la tienda, porque todo el mundo quería comprar algo que ponerse el día del desfile de modelos. Violet debería sentirse eufórica por las ventas, pero más bien estaba al borde de un ataque de nervios mientras cobraba. Cada vez que veía una figura masculina en la acera, le daba un vuelco el corazón y se quedaba paralizada. La policía seguía sin encontrar a Jed, y a medida que pasaban los días comenzaba a perder la esperanza de que algún día lo hicieran.

Según pasaban por caja los clientes, Violet les recordaba que fueran al desfile y que llevaran a unos cuantos amigos. Cuando llegó al final de la cola, vio en el vano de la puerta a un chico rubio que no conocía. Estaba muy nervioso, ya que no paraba de mover los pies, con sus chanclas de cuero. No parecía tener más de veinte o veintidós años.

Violet se acercó a él.

—¿En qué puedo ayudarte?

El chico le ofreció una sonrisa contrita y le dijo:

—Soy Charlie Cabot. Estoy buscando a April.

Violet examinó su polo de color pastel, sus impecables pantalones cortos de pinzas y su piel morena. Solo le faltaba llevar una raqueta en la mano para ser calcado a la imagen que Violet se había hecho de él en la cabeza.

—April no está ahora mismo.

Violet no sabía qué debía contarle. Tenía muy claro que si su ex apareciera en su lugar de trabajo preguntando por ella, no querría que le ofrecieran información alguna. Por desgracia, Jed sabía muy bien dónde trabajaba.

—¿Cuándo esperas que vuelva? —quiso saber Charlie.

—Lo siento, pero no puedo decírtelo. —Violet se estrujó los sesos en busca de una excusa—. Las normas me impiden ofrecer información personal de los empleados de la tienda.

Supuso que no era del todo mentira y que seguramente fuera una norma que debía aplicar.

—¿Puedo hablar contigo de una cosa? —le preguntó Charlie.

—Claro, vamos a sentarnos.

Tomaron asiento en los sillones naranjas. Charlie se inclinó hacia delante y apoyó los codos sobre las rodillas.

—No sé lo que te ha contado April, pero supongo que crees que soy un cerdo —dijo.

Violet guardó silencio, de modo que Charlie siguió:

—Sé que lo soy. Cometí un error. Dejé que mis padres tomaran ciertas decisiones por mí en vez de hacer lo correcto... y lo que deseaba hacer.

Violet se acomodó en su sillón.

—¿Por qué me estás contando esto? Deberías decírselo a April, no a mí.

—Lo he intentado. Llevo todo el verano llamándola y mandándole mensajes de correo electrónico, pero se niega a responderme. Incluso fui una vez a su casa y llamé al timbre, pero no me abrió. Me sentí como un acosador allí plantado delante de su puerta, así que me marché. Mi tía me dijo que April trabajaba aquí. Supongo que vino cuando estuvo en la ciudad para asistir a mi ceremonia de graduación.

—Pero parece que April no quiere hablar contigo.

Violet acababa de conocer al chico, pero solo con mirarlo era evidente que lo estaba pasando mal.

—Por eso necesito tu ayuda —replicó Charlie—. Necesito una oportunidad para hablar con ella y decirle que quiero estar con ella y con el bebé. Y si después de haberle pedido perdón ella sigue sin querer saber nada de mí, lo aceptaré. Me alejaré y tal vez podamos llegar a un acuerdo para ver al bebé en el futuro. Pero al menos debo intentar recuperarla. No podré vivir conmigo mismo si ni siquiera lo intento.

—Pues te va a costar. Porque ella no quiere ni hablar contigo.

—Lo sé —admitió Charlie—. Pero estoy dispuesto a intentarlo.

La vehemencia que demostraba el muchacho disipó parte de la desconfianza que sentía Violet.

—¿Crees que podrás ayudarme? —le preguntó Charlie.

—¿Cómo?

—Bueno, ya que no coge el teléfono ni me devuelve los mensajes de correo, tiene que ser algo a lo grande. Algo muy especial, como en las películas. Ya sabes, como en el musical *Once*, cuando el chico le compra un piano a su novia. O en *Love Actually*, cuando ese tío inglés aprende portugués para pedirle a su ama de llaves que se case con él.

—¿Has visto *Love Actually*?

Charlie se puso colorado.

—April me obligó a verla.

—Bueno, pues lo siento, pero no conozco a nadie que pueda enseñarte portugués —replicó Violet—. Y no creo que April sepa tocar el piano.

—No hace falta que sea lo mismo exactamente. Tiene que ser algo importante para ella, algo que la sorprenda.

—¿Como qué?

—No lo sé. ¿Ves? Por eso te necesito. Soy un tío de ciencias. La creatividad no es lo mío.

Violet sabía que la relación de April y Charlie, o más bien su inexistencia no era de su incumbencia. También sabía que April llevaba unos meses distanciada de él y que sus esfuerzos serían seguramente en vano. Sin embargo, siempre había sido una romántica y sabía lo difícil que era encontrar a alguien a quien querer, alguien en quien apoyarse. Si April y Charlie tenían la posibilidad de conseguirlo, estaba dispuesta a ayudarlos.

—Bueno —dijo—, dame unos días para pensarlo. La tienda va a organizar un desfile de modelos dentro de poco, así que no podré ponerme en contacto contigo hasta después. Buscaré algunas ideas que te sirvan de punto de partida, pero el resto correrá de tu parte. Eres tú quien quiere reconquistarla, no yo. Y si tu plan fracasa, no quiero que me eches la culpa.

—No lo haré, tranquila —le aseguró Charlie—. Oye, el desfile del que hablas, ¿es el de los carteles que he visto? ¿La Pasarela Hourglass?

Tan pronto como lo mencionó, Violet sintió una punzada de arrepentimiento. Sabía que el chico pensaba que April asistiría al desfile. Y él querría asistir también, con la esperanza de verla. Y no estaba segura de que a April le hiciera mucha gracia.

Violet no sabía por qué, pero el cine Majestic le parecía más grande el jueves por la noche de lo que le había parecido durante las pruebas de selección y los ensayos. El escenario, en el que se había construido una estructura de escayola dorada y roja a modo de marco, parecía una pasarela profesional. A medida que llegaba la hora de levantar el telón, los nervios de Violet fueron en aumento y se preguntó en qué se había metido. ¿Y si no asistía nadie? ¿Y si tras la subasta ni siquiera conseguía suficiente dinero para pagar el alquiler del teatro?

Por si no estuviera bastante estresada, algunas de las drag queens y de las modelos más exigentes no paraban de acercarse a ella para hacerle las preguntas más ridículas como: «¿Crees que "I Believe in Miracles" es la mejor canción para cuando salga a la pasarela?» o «¿No puedo salir un poco antes?».

Lane hizo todo lo posible por encargarse de las preguntas relacionadas con la organización, pero Violet tuvo que hacer frente a algunas de las quejas de las modelos. Mientras ella corría de un lado para otro a fin de asegurarse de que todo el mundo sabía dónde debía estar y qué debía hacer, Amithi le daba las últimas puntadas al vestuario entre bambalinas.

Violet suspiró aliviada cuando April llegó con los programas impresos.

—¡Gracias a Dios! Otro par de manos. ¿Qué tal han ido las cosas en la tienda esta tarde? —le preguntó mientras la abrazaba.

—Bastante bien —contestó April—. Ha habido un montón de ventas. Todo el mundo preguntaba por el desfile de modelos e incluso hemos vendido ropa para algunas asistentes. Creo que vamos a tener mucho público.

—Eso espero —replicó Violet apartándose de ella—. Antes no me he dado cuenta, pero has engordado durante estas últimas semanas. Lo digo en el buen sentido. Ojalá yo esté la mitad de bien que tú si alguna vez me quedo embarazada, cosa que dudo mucho.

Violet no mencionó que el tema le rondaba la mente a todas horas desde que Sam le dijo que no quería hijos. Sin embargo, como estaba demasiado preocupada por el desfile como para tomar una decisión sobre un tema tan delicado, había decidido no reflexionar a fondo.

—Me siento enorme, pero gracias —repuso April acariciándose la barriga—. ¿En qué puedo ayudar?

—El personal del teatro ha dispuesto unas mesas en la parte de atrás para la subasta. ¿Podrías ocuparte de organizar los formularios para las pujas y los boletos para la rifa?

—¿Los objetos por los que se va a pujar van a estar en mesas? Me refiero a la ropa y esas cosas.

—Ajá —contestó Violet—. Las chicas y las drag queens ya saben que deben dejar su vestuario en la parte trasera una vez que se cambien y que deben colocarlo siguiendo el orden en el que han desfilado. Si pudieras poner algunos números o algo para indicarles el lugar exacto, después tendrás menos dificultades y así te ahorrarás miles de preguntas.

—Me parece bien. ¿A qué hora se abren las puertas?

—A las ocho.

—Entonces será mejor que me ponga manos a la obra.

Mientras April se alejaba para organizar las mesas de la subasta, Violet se percató de que caminaba más despacio y con más cuidado que unas semanas antes. Suponía que le costaba trabajo moverse.

Amithi llegó corriendo al pasillo, vestida con un sari. En mitad de su frente lucía un *bindi* de un intenso tono rojo. Llegó acompañada por una versión más joven de sí misma.

—Violet, me gustaría presentarte a mi hija, Jayana.

Amithi señaló a la chica, que parecía tener unos treinta y pocos años. Había heredado la melena oscura de su madre y sus relucientes ojos. Sin embargo, ahí acababan los parecidos. Jayana llevaba vaqueros y un top de tirantes, sin joyas salvo por una sencilla alianza de oro.

—Encantada de conocerte. Mi madre habla mucho de ti —dijo Jayana—. No me puedo creer que hayas conseguido que te ayude con este proyecto.

—Es una costurera con mucho talento —le aseguró Violet—. Sin ella no habría podido preparar toda la ropa necesaria para el desfile.

—Supongo que no me había imaginado a mi madre ajustándole el top a una drag queen. —Jayana miró a Violet—. No lo entiendo. Se puso de los nervios cuando le dije que no quería una boda india tradicional, pero no tiene problema con la ambigüedad de sexos.

—Esas drag queens son buenas personas. Me hacen reír.

Una sonrisa le iluminó la cara, de modo que el círculo rojo de su frente se convirtió en el sol naciente y sus mejillas se asemejaron a unas colinas suaves bañadas por su luz rosada.

—No te había visto con un sari desde el primer día que fuiste a la tienda —señaló Violet.

—No me imagino asistiendo a un evento importante como este sin llevar uno.

—¿Cómo van las cosas entre bambalinas?

La expresión de Amithi se tornó seria.

—Bien, pero ¿has visto al hombre que debe encargarse de las luces y del sonido? ¿No debería estar ensayando o algo?

—¿Cómo? —Violet sintió que el pánico le atenazaba el pecho—. El técnico de iluminación y sonido debería llevar horas aquí. ¿No está detrás del escenario?

Amithi negó con la cabeza.

—Creía que estaba aquí.

Violet apretó los puños.

—Joder. —En ese momento comprendió que la elegante y refinada Amithi jamás diría una palabra tan malsonante y añadió—: Lo siento.

—No, tienes razón —replicó Amithi—. Joder.

Jayana soltó una risilla y dijo:

—Sé que no tiene gracia, pero es que es la primera vez que oigo a mi madre decir un taco. Vale, ¿qué podemos hacer? ¿Tienes el teléfono del técnico?

Violet se sacó el móvil del bolsillo de su vestido rojo con el bajo abullonado, un modelo que había encontrado en la colección de vestidos de fiesta de los años ochenta. Amithi le había añadido unos bolsillos.

—Voy a llamarlo —dijo—. Pero solo quedan tres cuartos de hora para que se abran las puertas, y una hora y cuarto para que suba el telón. Necesitamos un plan B por si no puede venir. ¿Conocéis a alguien capaz de encargarse de la iluminación y el sonido de un teatro?

Jayana y Amithi se miraron sin saber qué hacer.

—A lo mejor Lane conoce a alguien —sugirió Amithi.

—Buena idea. ¿Puedes hablar con ella mientras yo llamo al técnico? Y, Jayana, ¿ves a aquella chica rubia que está junto a las mesas? —preguntó Violet señalando a April.

Jayana asintió con la cabeza.

—¿Puedes preguntarle si ha visto al técnico y, en caso de que diga que no, preguntarle si conoce a alguien que pueda ayudarnos?

—Claro.

Al tiempo que Jayana se apresuraba a hacer lo indicado, Violet marcó el número que tenía del técnico de iluminación y sonido que había contratado. Mientras los tonos de llamada se sucedían, se reprendió por no haber seguido las recomendaciones del teatro al respecto. En vez de contratar al técnico que le habían indicado, había preferido contratar a un estudiante para ahorrarse unos dólares. Debería haber tenido en cuenta que, de la misma forma que convenía comprarse una gabardina Burberry vintage, debería haberse gastado la pasta en un técnico de verdad.

Violet dejó un mensaje furioso en el buzón de voz del estudiante. Tras guardarse el móvil en el bolsillo, vio a Lane corriendo por el escenario, muy elegante con un vestido ajustado negro. Sus zapatos planos plateados resonaban sobre las tablas y para sorpresa de Violet, en vez de usar la escalera, bajó de un salto.

—¿Me necesitas para algo? —preguntó Lane casi sin aliento, cuando se plantó frente a ella.

—¿No te has hecho polvo las rodillas? —quiso saber ella.

—Qué va, me paso los días persiguiendo a tres diablillos. Eso me mantiene en forma. ¿Qué pasa?

—El técnico no ha venido. Lo sé, lo sé. Debería haber contratado al profesional que me recomendó el teatro, pero soy una tacaña y lo he fastidiado todo porque el estudiante al que he contratado no aparece y tampoco me coge el teléfono. ¿Conoces a alguien que pueda encargarse de la iluminación y el sonido?

—Hace mucho que perdí el contacto con la gente del teatro. La verdad, no recuerdo ni sus nombres. —Lane cruzó los brazos por delante del pecho y pareció meditar al respecto—. Antes era capaz de encargarme yo misma de la parte técnica de las producciones, pero han pasado años... décadas.

Violet se enderezó.

—¿Cómo?

—Cuando estaba en el grupo de teatro del instituto, salía con el director. Solíamos... esto... solíamos vernos en la cabina de sonido. —Lane se puso colorada—. El caso es que lo convencí de que me enseñara a manejar las luces y el sonido. Tenía curiosidad.

—Qué fuerte —comentó Violet—. Nunca he visto a una mujer manejando... digo, que nunca he visto a una mujer encargada del sonido.

—Quería conocer a fondo todos los aspectos del teatro.

—¿Crees que podrías hacerlo?

—No lo sé. Estoy segura de que han cambiado muchas cosas, sobre todo en el aspecto tecnológico. No sé si seré capaz de lograrlo.

—Vale —replicó Violet, que asumió el papel de directora—. Lane, busca al director del teatro y dile que te enseñe la mesa de iluminación y sonido. Échale un vistazo, a ver si te encuentras cómoda. Pregúntale si conoce a alguien a quien pueda llamar en el último minuto.

—Vale.

Alguien la llamó por teléfono mientras Lane se alejaba corriendo con sus relucientes zapatos. Respondió al instante, con la esperanza de que fuera el técnico devolviéndole la llamada.

—¿Diga?

—¿Violet Turner? —preguntó una voz masculina.

—Sí.

—Violet, soy el agente O'Malley. Nos conocimos hace unos días en su tienda.

—¿Sí? —Violet aferró el teléfono con fuerza, aunque le temblaba la mano—. ¿Han encontrado a Jed?

—Hemos recibido un aviso de la policía del norte de Wisconsin. Han localizado al sospechoso y lo han arrestado.

—¿En serio? ¿Dónde lo han encontrado?

—Lo localizaron en una gasolinera a unos treinta kilómetros de Bent Creek. Suponemos que iba de regreso a casa.

—Y ahora ¿qué? —quiso saber.

—Está en la comisaría de policía de Bent Creek. El fiscal del distrito debe emitir una orden de traslado antes de que podamos presentar una denuncia, pero quien debe hacerlo es usted.

—Y si no lo hago, ¿qué pasa? —preguntó.

—Bueno, sin su testimonio o su declaración, ya que es la propietaria de la tienda, sería muy difícil que el fiscal del distrito lograra ganar el caso, así que seguramente lo archivará.

Mientras Violet escuchaba la explicación del agente, en su cerebro se libraba una batalla. Le alegraba que hubieran cogido a Jed. Quería que pagara las consecuencias de lo que había hecho, pero no lo quería cerca de Madison jamás.

—¿Irá a la cárcel? —quiso saber.

—Es posible. Las condenas por vandalismo varían dependiendo de la acusación. Si se considera que es un delito menor, se paga una multa. Si la sentencia establece que ha sido un delito mayor, tiene pena de cárcel. Todo depende de los cargos que presente el fiscal del distrito y de lo que la fiscalía pueda probar. Además, puede estar segura de que su aseguradora o la aseguradora del propietario presentarán una demanda contra él para recuperar el dinero que se vean obligados a pagar a fin de reparar la propiedad.

—¿Tengo que darle una respuesta ahora mismo? Me pilla en mitad de un asunto que no puedo dejar.

—Piénselo durante un par de horas o así, pero no tarde mucho. La policía de Bent Creek no podrá retenerlo más de una noche si la fiscalía no le da un motivo de peso.

Le dio el teléfono de uno de los abogados de la fiscalía para que pudiera llamar cuando hubiera tomado una decisión.

Violet le dio las gracias y colgó. Sin embargo, no le dio tiempo a reflexionar sobre el tema porque en ese momento regresó Lane. Puesto que no podía pararse a explicarle lo que estaba pasando con la policía, fingió una actitud tranquila aunque faltaba menos de una hora para que diera comienzo el espectáculo.

—Tengo una buena noticia y otra mala —anunció Lane—. La mala es que el director del teatro ha hecho varias llamadas, pero nadie puede venir con tan poca antelación. La buena es que me ha enseñado la mesa de sonido y es bastante antigua. De hecho, es parecida a la que usábamos en el instituto. Hay algunas diferencias, por supuesto, pero creo que seré capaz de hacer lo básico.

Violet miró su reloj; había decidido llevar el Wyler de los años cincuenta con correa de cuero porque los enormes números dorados le otorgaban un aspecto serio y oficial. Eran las ocho menos cuarto. Al parecer, esa era la noche de las decisiones rápidas.

—Vale, Lane, a menos que el técnico aparezca en el último minuto, creo que tú te vas a encargar de todo —dijo—. Corre y haz algunas pruebas. No necesitamos nada sofisticado. Solo que funcionen los micrófonos y los focos, para que el público vea a las modelos y, sobre todo, la ropa.

—Creo que podré hacerlo.

—Necesito una respuesta mejor por tu parte.

—Vale. Sé que puedo hacerlo. Si algo he aprendido del teatro y de la maternidad, es que sé improvisar.

Mientras Lane regresaba a la cabina de sonido, Violet subió la escalera del escenario y se asomó por el telón. Tras él había un remolino de modelos y ropa, aderezado con el olor de la laca del pelo.

—Menos de tres cuartos de hora para que se levante el telón —anunció—. ¿Cómo vamos por aquí?

Amithi, que estaba cosiendo el botón de una camisa, alzó la vista.

—¿Todo controlado? —preguntó Violet.

Amithi se quitó el alfiler que sujetaba entre los labios.

—Sí. Los ajustes de última hora.

Una modelo delgada y con pinta de estar aterrada se acercó a Amithi.

—¿Crees que puedes arreglarme el vestido? —le preguntó.

La chica llevaba un vestido negro, largo y ajustado de los

años treinta, pero uno de los tirantes se había descosido. Para evitar que el vestido se le cayera, se lo sujetaba con las manos.

—Claro —le aseguró Amithi—. No te muevas, por favor.

Violet vio a Jayana, que estaba sentada muy cerca en una silla y que parecía muy fuera de lugar en mitad de la incesante actividad. Cuando vio que Violet la estaba mirando, dijo:

—Ojalá pudiera coser. O peinar o algo, para poder ayudar.

—Hace muchos años intenté enseñarte —le recordó Amithi—. Pero jurabas que jamás te haría falta.

—Sí, cuando era pequeña coser parecía muy poco feminista, muy... retro.

Jayana torció el gesto.

—¿Quién ha dicho poco feminista? —Una modelo de pelo moreno que llevaba piercings en la nariz y en un labio, ataviada con ropa interior de volantes y un sujetador puntiagudo, se volvió hacia Jayana con los brazos en jarras—. Has dicho «retro» como si fuera algo malo.

—Sí, ¿qué tiene de malo lo retro? —quiso saber Violet, al comprender que debería sentirse insultada; ese espectáculo, su profesión en realidad, se basaba en lo retro.

Jayana se puso colorada mientras trataba de arreglar la metedura de pata.

—Bueno, ya sabéis a lo que me refiero.

—Pues no —la contradijo su madre—. No lo sabemos.

—Bueno, es que... es que, en fin, cuando era pequeña, coser parecía un trabajo solo de mujeres. Ahora parece que está de moda.

—A lo mejor siempre ha estado de moda y tú no te habías dado cuenta.

Amithi rompió con los dientes el hilo con el que estaba cosiendo y le hizo un nudo.

20

Objeto: vestido de cóctel.
Fecha aproximada: años sesenta.
Estado: excelente.
Descripción: vestido corto, dorado y de manga larga.
Origen: subasta pública de propiedad.

April

—Damas, caballeros y categorías intermedias, bienvenidos a la Pasarela Hourglass.

April estaba de pie tras una de las mesas de subasta situadas al fondo del teatro, observando a Ivanna Martini, de generoso busto y pelo cardado, hacerse con el micrófono, que sujetaba con una mano enfundada en un guante blanco.

—Esta noche hemos preparado un espectáculo maravilloso para todos, en el que mostraremos ropa y complementos exclusivos y preciosos de Hourglass Vintage. Todo lo que veáis en el escenario esta noche está a la venta... Menos yo, claro, aunque si hay algún millonario, todo es cuestión de hablarlo después... —Ivanna parpadeó con sus pestañas postizas y contoneó las caderas, embutidas en un vestido azul de lentejuelas—. ¿Algún millonario en la sala?

Los espectadores se echaron a reír.

—Tú me vales. —Ivanna señaló a Betsy Barrett, que estaba sentada en primera fila—. Que sepas que no me disgustan las mujeres mayores y forradas. Soy una chica moderna.

April se asustó y deseó en silencio que Betsy no se sintiera avergonzada. Aunque Betsy solía decir lo que pensaba e incluso soltaba tacos, era una filántropa muy respetada en la comunidad y tal vez no apreciara que le tirara los tejos una drag queen.

Para inmenso alivio de April, Betsy le lanzó un beso a Ivanna Martini, que fingió atraparlo con los dedos, tras lo cual se lo llevó al corazón.

—Salvo aquí la servidora, todo lo que va a aparecer esta noche en la pasarela está en el programa que se os ha entregado, así como el precio de salida, en orden de aparición —dijo Ivanna—. Si veis algo que os guste, podéis pujar por la prenda en cuestión en la subasta a sobre cerrado que se celebrará justo después del desfile. También habrá una rifa en la que se sorteará un objeto muy especial. Mi amiga Amanda va a salir para mostrároslo ahora mismo.

Una drag queen de piernas largas, ataviada con un vestido corto dorado salió al escenario con el carísimo bolso Hermès colgado de un brazo. Las hebillas del bolso relucieron bajo los focos.

—Damas y caballeros —dijo Ivanna—, denle una cálida bienvenida a Amanda Reckenwith.

Los asistentes aplaudieron y se pusieron a cuchichear.

—Recordad —continuó Ivanna—: cuantos más boletos compréis, más oportunidades tendréis de ganar este fabuloso bolso. Pero ahora empecemos con el desfile, ¿os parece? Por favor, acomodaos en vuestros asientos y abrid vuestras mentes, vuestros corazones y, sobre todo, vuestras carteras. ¡Disfrutad del espectáculo!

Comenzó a sonar la música, una mezcla de Lena Horne con ritmos hip hop, y una mujer apareció en escena con un traje color coral diseñado por Elsa Schiaparelli en 1940. La chaqueta tenía la cintura entallada, lo que enfatizaba la silueta de guitarra de la modelo, que se desabrochó los botones de estilo militar y se quitó la chaqueta para mostrar el vestido de seda a juego y unos brazos llenos de coloridos tatuajes. April sabía que el traje era bastante raro y caro. Había anotado parte de su historia en el programa informático: una clienta lo había encontrado en el sótano de su abuela italiana. Dicha abuela lo compró en un viaje a Nueva York durante la guerra. Fue un despilfarro, pero la mujer se había emocionado tanto al ver que una diseñadora italiana estaba haciendo furor en Nueva York que se vio obligada a comprarse algo diseñado por Schiaparelli. Se ofreció a regalarle el traje a su nieta, pero con su figura le resultaba imposible ponerse el diminuto traje a menos que se pusiera una buena faja. De modo que abuela y nieta fueron juntas a la tienda para venderlo. Con el dinero, fueron a Chicago para ver los cuadros italianos del Art Institute y almorzar por todo lo alto en el hotel Drake.

Antes de empezar a trabajar en la tienda, April ni siquiera sabía quién era Elsa Schiaparelli. Había aprendido mucho desde que estaba en Hourglass Vintage gracias a Violet; había aprendido a distinguir una prenda auténtica de una falsificación, a atar un pañuelo de seda, a quitar manchas de las telas antiguas con bastoncillos de los oídos y lavavajillas. Y, lo más importante, había aprendido que un objeto con algún desperfecto seguía siendo valioso.

Otra modelo salió al escenario, en esa ocasión con un vestido rosa de los años cincuenta con falda de vuelo, abultada prácticamente desde las caderas gracias a las numerosas capas de tul del cancán que llevaba debajo. Lucía una estola de armiño sobre los hombros y sonreía al público con los labios pintados de rojo.

A medida que el desfile progresaba, los conjuntos eran más elaborados, más espectaculares. Cuando salió al escenario la última modelo del programa, una drag queen negra con un mono plateado sujeto al cuello, los espectadores vitorearon. Amithi, que parecía muy comedida con su sari de seda, se levantó del asiento y gritó. Incluso Sam, que parecía un poco fuera de lugar entre la multitud con su camisa de cuadros y sus vaqueros, se puso en pie y silbó.

April colocó bien los formularios de la subasta y se aseguró de que hubiera bastantes bolígrafos a fin de prepararse para la marea de gente que esperaba que se acercase a las mesas de la subasta a sobre cerrado en cuanto bajara el telón. Cuando estaba a punto de sentarse, escuchó el anuncio desde el escenario.

—Unos minutillos más, damas y caballeros, antes de que comience la subasta de todos los maravillosos objetos que tenéis en el programa impreso y que habéis visto en la pasarela. Os pido por favor que os quedéis sentados. Contamos con un invitado muy especial esta noche.

Ivanna dejó el escenario mientras sonaba música disco a todo volumen.

Una drag queen rubia apareció en la pasarela con un disfraz de enfermera, con botas blancas a medio muslo y una cofia con una brillante cruz roja. Cogió el micrófono del soporte.

—Damas y caballeros, he venido esta noche como ayudante y humilde asistente de un médico muy importante. Se llama doctor Amor. Démosle una cálida bienvenida para que pueda salir y demostrarnos su gran tacto con los pacientes.

La enfermera levantó los musculosos y delgados brazos, y los asistentes vitorearon.

April miró hacia las bambalinas en busca de Violet para verle la cara. ¿Estaba planeado? Esa parte del espectáculo no aparecía en el programa. Claro que ella se había perdido el ensayo general, así que podrían haberlo incluido en aquel momento. Con los brillantes focos, no podía verle la cara a Violet con claridad.

—¿Queréis que el buen doctor Amor nos visite? —gritó la enfermera.

April no sabía qué hacer. ¿Se habían descontrolado las drag queens? ¿Estaban llevando el espectáculo a otro terreno? A saber si el doctor Amor resultaba ser un stripper.

Cuando los murmullos crecieron en intensidad, April cerró los ojos, temerosa de ver lo que iba a aparecer a continuación. Escuchó que la enfermera decía:

—Hola, guapo. ¿Vas a realizar un reconocimiento médico hoy?

Los espectadores se echaron a reír y April abrió los ojos.

En el escenario, con una bata blanca de laboratorio ribeteada de lentejuelas doradas, estaba Charlie.

April sintió que le daba vueltas la cabeza y se dejó caer en una de las sillas situadas detrás de las mesas de subasta. ¿Cómo había acabado Charlie en el escenario?

—Lo siento, enfermera —contestó él—. Hoy no hago reconocimientos. Pero tengo que llevar a cabo una importante operación.

—¿En serio?

La enfermera parpadeó de forma exagerada, con sus pestañas falsas adornadas con cristalitos.

—He metido la pata y tengo que arreglarlo.

April notó que el bebé se movía en su tripa como un acróbata.

—¿Qué pasa? ¿Te dejaste el bisturí dentro del pecho de alguien? ¿Amputaste el... órgano equivocado?

La enfermera cerró el puño justo delante de la entrepierna de Charlie.

Él se puso tan rojo como la cruz de la cofia de la enfermera.

—No —dijo—. Todos los órganos están donde se supone que tienen que estar.

La enfermera se pasó una mano por la frente con fingido alivio.

—Menos mal. Porque sería una pena. Una auténtica pena. —Cambió el peso de una bota a la otra y se puso una mano de uñas largas en la cadera—. Bueno, ¿de qué se trata, doctor Amor? ¿Qué has venido a hacer aquí?

—He venido para decirle a mi novia, bueno, a mi ex novia, que siento lo que hice. He sido un capullo integral. Y un cobarde.

La enfermera meneó un dedo.

—Ay, doctor Amor, en la Pasarela Hourglass no toleramos esa clase de cosas, ¿verdad?

Los presentes abuchearon a Charlie, que levantó las manos.

—Sé que me lo merezco —dijo—. Cometí un error. Y por eso ahora tengo que repararlo.

April no acababa de asimilar que Charlie Cabot, que prácticamente se había criado en el club de campo de sus padres, estuviera en un escenario con una drag queen. Por ella.

—¿Tu ex está aquí con nosotros?

La enfermera se llevó una mano a la frente, como si estuviera saludando al estilo marinero, y miró de un lado a otro.

—Sí, pero no quiero avergonzarla. Sabe quién es.

El público gimió. Evidentemente, esperaban ver un drama en escena.

April se sintió aliviada. Todavía no sabía qué le parecía lo que estaba viendo y escuchando.

—Bueno, ¿qué quieres decirle, doctor Amor? —preguntó la enfermera.

Charlie se plantó bien derecho delante de la multitud y dijo:

—Lo siento. Siento que discutiéramos y siento todavía más haber suspendido la boda sin haber hablado antes contigo. Nunca más volveré a hacerte daño.

El público comenzó a murmurar y April se mordió el labio para no gritar. No quería que se fijaran en ella. Además, todavía no sabía si la escena la halagaba o la enfurecía.

—Doctor, has sido un chico malo, ¿a que sí? ¡Creo que necesitas unos azotes! —gritó la enfermera—. ¿No creéis que necesita unos azotes?

El público enloqueció. La enfermera se colocó detrás de Charlie y le dio unos azotes en el trasero. Los presentes se echaron a reír mientras Charlie se ponía colorado como un tomate.

April sonrió pese a la sorpresa. Al igual que ella había cumplido su penitencia con Violet al dejarle el ganso de plástico en la puerta, Charlie estaba haciendo lo mismo por ella de una forma muy pública. Y reconocía que era gracioso, aunque le resultara difícil verlo.

—Es justo —dijo Charlie cuando terminó la azotaina—. Me lo merecía.

—Ah, todavía no he terminado contigo —le aseguró la enfermera. Se inclinó de nuevo y le pellizcó el trasero—. Un pellizco para crecer un pizco. O unos cuantos si tu chica tiene suerte.

—Echó la cabeza hacia atrás, enseñando su nuez, y soltó una carcajada ronca. El público la imitó—. En fin, ¿hay algo más que quieras decirle a tu ex?

—Una cosa más. —Charlie metió las manos en los bolsillos de la bata blanca—. Estoy en la lista de admisión de la Universidad de Wisconsin.

April jadeó. Unas cuantas personas de la última fila se volvieron para mirarla y se dieron codazos los unos a los otros al darse cuenta de que ella era la chica de la que hablaba el doctor Amor.

Charlie siguió hablando en el escenario:

—Me voy a quedar en Madison con la esperanza de que algún día, tal vez no hoy, y es comprensible, pero con la esperanza de que algún día me aceptes de nuevo y podamos estar juntos. —Sacó una mano del bolsillo y sostuvo algo que brilló bajo los focos—. Esta vez tengo un anillo. Es tuyo si lo quieres.

El público comenzó a aplaudir, emocionado. Todos se movieron en sus asientos en busca de la chica que estaba recibiendo la proposición. Los de la última fila, que se habían fijado en ella antes, se volvieron y la miraron, pero no dijeron nada.

—¿Dónde está? —preguntó la enfermera al micrófono—. Sube aquí, guapa. Queremos verte.

—No —dijo Charlie—. Solo si ella quiere. Como he dicho, no quiero avergonzarla. Solo quiero que sepa lo importante que es para mí.

—Tonterías —replicó la enfermera—. Sube aquí. Vamos, público, necesito ayuda. ¡Queremos a la chica! ¡Queremos a la chica!

El público se puso a corear la consigna mientras golpeaba el suelo con los pies y tocaba las palmas. En ese momento, no solo la última fila, sino las últimas ocho o diez filas estaban mirando a April fijamente. Una parte de ella quería correr al escenario y arrojarse a los brazos de Charlie. Lo había echado muchísimo de menos y quería creer que había cambiado de opinión. Pero su lado más precavido y protector se lo impedía.

El público empezó a corear con más fuerza. April vio que

Amithi se acercaba a ella a toda prisa por el pasillo, todo lo rápido que el ajustado sari le permitía. Amithi se inclinó sobre la mesa de subastas y le tomó la cara a April con sus pequeñas manos.

—¿Cómo vas, cariño? —preguntó—. Violet me ha pedido que venga a ver cómo estás. Le preocupa que esto sea demasiado estresante para ti.

—Ah, estoy bien. —April se secó una lágrima de la mejilla después de que Amithi apartara las manos de su cara—. Pero alucinada. Charlie era la última persona que esperaría ver en un escenario.

—No tienes que subir si no quieres —le aseguró Amithi—. Puedo sacarte de aquí e ir a algún sitio tranquilo donde hablar.

April negó con la cabeza.

—Quiero estar aquí para encargarme de la subasta. Estaba deseando que llegara el momento.

Y también deseaba que llegara el momento de contar el dinero en efectivo tras el desfile y, con suerte, averiguar cuánto beneficio habían sacado. No todos los días podía jugar con números y con cálculos con una aplicación tan real.

—Bueno, podemos irnos unos minutos si quieres, hasta que baje el telón —sugirió Amithi.

April miró el escenario, donde Charlie parecía muy triste.

La enfermera gritó:

—Chica, ¿no tienes corazón? Míralo. Ha hecho todo esto por ti. Sube y demuéstrale un poco de cariño.

Amithi examinó la cara de April en la oscuridad.

—Quieres subir, ¿no? Lo deseas aunque solo sea un poquito.

—Tal vez un poquito —susurró April—. Pero me da miedo lo que pasará si lo hago. Creo que le importo de verdad, pero ¿cómo puedo estar segura? Nos hemos hecho mucho daño.

Amithi le puso una mano en el brazo.

—Me recuerdas un poco a mí hace mucho tiempo. Era joven, como tú, cuando me casé.

April había escuchado varias conversaciones entre Amithi y Violet en la tienda acerca de problemas conyugales.

—Sí, pero él...

—Mi marido me partió el corazón, sí. Con el amor siempre cabe esa posibilidad. Pero no intentarlo siquiera... En fin, es como no vivir la vida, porque nada es seguro. A veces hay que arriesgarse.

Era lo que la madre de April solía decir.

Miró de nuevo a Charlie, de pie en el escenario con la reluciente bata de laboratorio, algo que no se habría puesto ni muerto si no creyera que a ella le haría gracia. Estaba convencida de que su madre, tan decorosa, se moriría si viera a su hijo en ese momento, toqueteado por la enfermera cachonda... y todo por ella.

Se levantó, y aunque le costaba muchísimo ponerse en pie por el peso de la barriga, se sentía ligera. Recorrió el pasillo hacia el escenario y corrió con torpeza los últimos pasos, con cuidado de no tropezarse con el dobladillo del vestido largo que llevaba puesto.

Charlie la vio y bajó corriendo los escalones que descendían del escenario para abrazarla. Se besaron, y April sintió que no había pasado el tiempo desde la última vez que lo hicieron. Fue una sensación cálida, familiar. Era el mismo Charlie de siempre, aún olía a jabón Ivory.

Aunque se dio cuenta de que ella sí debía parecerle muy distinta, porque Charlie le puso una mano en la abultada barriga y la miró a los ojos con expresión alucinada.

—Es nuestro bebé —dijo.

—¿Sabes si es niño o niña? —preguntó él.

Negó con la cabeza.

—Todavía no.

—Bien. Quiero estar ahí cuando lo averigües. Quiero estar a tu lado en todos los momentos.

—Todavía no estoy segura con lo del anillo —dijo April—. Necesito tiempo para pensar bien lo de casarnos y demás. Esta vez no quiero precipitarme.

—Vale. Tómate todo el tiempo que necesites. Lo siento mucho, April. Nunca debería haber dicho esas cosas de tu madre y de ti. No estás loca, y aunque lo estuvieras, te seguiría queriendo.

—A lo mejor lo estoy algún día —replicó April—. El tiempo lo dirá.

—Si puedo evitarlo, no dejaré que pase. —Charlie se miró la reluciente bata de laboratorio—. Además, ¿quién es el loco aquí? Me he plantado al lado de una drag queen para abrir mi corazón ante cientos de personas.

April se echó a reír, aunque se atragantó por las lágrimas.

—Yo también lo siento. Te dije algunas cosas espantosas.

—Sí, pero lo que yo dije fue peor. Y no debí suspender la boda. Estaba enfadado por la discusión y dejé que mis padres me convencieran. Me pareció la idea perfecta por un segundo, pero enseguida me di cuenta de que fue un error garrafal. Por eso he estado intentando ponerme en contacto contigo. Mi madre fue quien envió las tarjetas para anunciar que la boda se suspendía. No lo supe hasta después de que estuvieran en el correo, y no sabes cómo detesto haber sido un calzonazos y no haber hecho nada hasta ahora.

En el escenario, la enfermera dijo:

—Vale, vale. Ya habéis tenido vuestra reunión privada. Ahora subid aquí para que podamos veros todos.

Charlie cogió a April de la mano y la ayudó a subir los escalones. Cuando llegaron arriba, el público vitoreó.

—Bueno, aquí tenéis, damas y caballeros —dijo la enfermera—. Los finales felices no están reservados a los cuentos de hadas y a los salones de masajes.

April sintió que su cuerpo irradiaba calor, por la emoción y por la potencia de los focos.

La enfermera enseguida vio que April estaba embarazada.

—Ay, doctor Amor —dijo—. Tienes suerte de haber hecho la elección correcta, porque, en caso contrario, las drag queens en grupo te habríamos echado de la ciudad dándote patadas con nuestros tacones en esa birria de culo que tienes.

—Sé que tengo suerte. —Charlie se aferró a la mano de April como si fuera su salvavidas—. Y no se me volverá a olvidar.

21

Objeto: vestido.
Fecha aproximada: 1982.
Estado: excelente.
Descripción: vestido rojo de tafetán de seda con el bajo abullonado y escote con volante.
Origen: tienda Ragstock en State Street.

VIOLET

Violet golpeaba el suelo con los pies enfundados en las medias mientras April contaba el dinero por segunda vez. Ambas se habían quitado los zapatos y estaban sentadas, todavía arregladas, a una mesa de la parte posterior del teatro.

April, que movía los labios mientras contaba, dejó los últimos billetes sobre la mesa.

—¿Y? —preguntó Violet, que había metido las manos en los bolsillos del vestido rojo para evitar morderse las uñas, algo que hacía cuando estaba nerviosa.

—Lo mismo que la última vez. Ya te lo he dicho, nunca me equivoco al contar.

La decepción le provocó a Violet un nudo en el estómago.

—Esperaba que te hubieras equivocado esta vez al menos.

—Pero es un montón de dinero —señaló April—. La rifa ha sido un exitazo.

—Sí, pero no alcanza para cubrir la entrada de un edificio por el que piden un millón de dólares —replicó Violet.

A lo mejor había pecado de inocente, pensó, y había esperado poder conseguir suficiente dinero en una noche como para solucionar todos sus problemas.

—¿Te he dicho que me he encontrado a Karen y a Tom? —preguntó April—. Te estaban buscando después del espectáculo.

—No, no sabía que habían venido.

—Te estuve buscando, pero Karen me dijo que tenían que volver a casa para que la canguro pudiera irse. Me dijo que te felicitara por el desfile.

Violet pensó en lo que Karen le había dicho la primera vez que hablaron del desahucio, que debería considerar la posibilidad de aceptar la oferta de Mortensen. Seguramente tenía razón al decir que aceptar la oferta sería la opción menos arriesgada. Pero la experiencia le había enseñado que a veces merecía la pena correr ciertos riesgos. Cuando era joven se había conformado al casarse con Jed, del que estaba enamorada de una forma infantil, algo que a esas alturas de su vida no alcanzaba a comprender. En aquel entonces se había dejado cegar por la compulsión de cuidarlo y había olvidado su sueño de ir a la universidad, ya que pensaba que ambas cosas eran incompatibles. Le había asustado la posibilidad de no alcanzar jamás una meta que fuese demasiado alta, la posibilidad del fracaso, de modo que no se había molestado en intentarlo siquiera.

Pensar en Jed le recordó el dilema sobre la denuncia por vandalismo. Todavía no le había dicho a April que la policía lo había encontrado. Sabía que la chica le diría que presentara una denuncia, y necesitaba tomar esa decisión por sí sola.

—No me puedo creer que estuvieras en el ajo de la aparición sorpresa de Charlie —le dijo April.

—Soy muy buena guardando secretos —replicó Violet—. Lo que yo no me puedo creer es que te haya pedido matrimonio. No sabía que iba a llegar tan lejos.

—No sé si decirle que sí. Tengo que pensarlo a fondo.

April guardó el dinero en un sobre de vinilo acolchado.

—Aunque yo le eché una mano, todo fue idea de Charlie, en serio —le aseguró ella—. En cuanto se enteró del desfile de modelos, me preguntó si podía aparecer en el escenario en algún momento. Según él, era la única manera de llegar hasta ti, ya que no le cogías el teléfono ni nada. La verdad, no estaba segura de cuál iba a ser tu reacción. Pero me pareció tan triste que decidí permitírselo. Y se me ocurrió que todo eso del doctor Amor sería un toque magistral. No me digas que no es un detalle muy dulce que haya hecho el ridículo de esa manera por ti. —Violet le tendió una mano—. A ver, dame ese sobre. Lo depositaré en el cajero de vuelta a casa. Estoy segura de que Charlie y tú tenéis muchas cosas de las que hablar para poneros al día.

April le dio el sobre.

—¿Sam va a recogerte? Lo he visto por aquí tras el desfile.

Violet negó con la cabeza.

—Le he dicho que no me espere porque no sabía cuánto tiempo íbamos a tardar en recogerlo todo. Además, tenemos una mesa reservada para cenar mañana por la noche. Ya nos veremos entonces.

Sin embargo, el verdadero motivo por el que Violet había mandado a Sam a casa no era su renuencia a que la esperara. Lo había hecho porque estaba segura de que después de haber visto todo lo que había pasado entre Charlie y April en el escenario, el tema del futuro saldría a colación. O más bien el dilema de si ellos tenían o no un futuro juntos. Y esa noche no podría mantener esa conversación, más que nada porque no sabía qué iba a decirle.

—Vale —dijo April—. Si estás segura de que no me necesitas, nos veremos mañana en la tienda.

Se levantó y se dirigió hacia la puerta, dejando a Violet en el teatro vacío.

Después de las sorpresas y del revuelo de los últimos días, estaba deseando regresar a la tranquilidad de su apartamento.

Aún no estaba segura de la respuesta que iba a darle al abogado de la fiscalía sobre la denuncia, pero decidió que fuera cual fuese bien podía esperar al día siguiente. Mientras tuviera la certeza de que Jed estaba entre rejas, al menos durante unas horas, podría dormir tranquila en su propia cama.

«Después de todo lo que ha hecho, es lo mínimo que me debe», pensó.

A la mañana siguiente, Violet se levantó con la mente despejada. Preparó café y bajó a la tienda antes de que amaneciera. Lo primero que hizo fue llamar al número del abogado de la fiscalía que le había dado el agente de policía. El abogado todavía no había llegado, pero le dejó un mensaje que decía que presentara la denuncia contra Jed. A lo largo de los años había excusado su comportamiento en demasiadas ocasiones, lo había sacado de muchos apuros. Y, la verdad, su compasión había tenido poco efecto en él. Más bien había sido contraproducente para ella.

April llegó justo antes de que abriera la tienda a las diez, feliz y relajada.

—Supongo que has pasado una noche estupenda, ¿verdad? —dijo Violet.

April asintió con la cabeza.

—Charlie y yo hemos hablado mucho. Quiere que volvamos a estar juntos. Bueno, creo que eso ya quedó claro anoche. Pero no estoy segura. Sé que me quiere y también sé que quiere que lo nuestro funcione, así que vamos en la buena dirección. Pero necesito aprender a confiar otra vez en él antes de decidir si quiero casarme.

—Eres joven. Tienes tiempo para decidirlo —replicó Violet.

«Al contrario que yo, que no tengo mucho tiempo», pensó.

Sabía que debía tomar una decisión sobre Sam y sobre el hecho de no tener hijos con él, aunque su relación fuera a buen puerto.

Era consciente de que a su edad quedarse embarazada podía ser muy complicado, si acaso llegaba a tomar esa decisión, pero también había otras alternativas. Podía adoptar un bebé, aunque no hubiera un hombre en su vida. Ya lo había pensado antes. Sin embargo, no sabía qué la haría más feliz: ¿tener a Sam y no tener hijos, o tener un bebé y no tener a Sam? Hasta que no fuera capaz de responder esa pregunta, no quería pasar mucho tiempo con él, porque sabía que eso le dificultaría la tarea de decidirse. Se recordó que debía llamarlo más tarde para cancelar la cena de esa noche.

El sonido de un plástico agitado por el viento la sacó de su ensimismamiento.

—¿Cuándo va a arreglar el escaparate el propietario? —le preguntó April señalándolo—. Pensaba que él se haría cargo de eso.

—¿Sabes qué? Voy a ir ahora mismo a su oficina para hablar con él —dijo Violet. A veces tenía la impresión de que su propio destino era una loneta que se agitaba por el efecto de distintas fuerzas que escapaban a su control. Y ya estaba cansada de permitirlo—. ¿Puedes encargarte de todo durante una hora mientras yo voy a hablar con Ted? —le preguntó.

—Sí, claro —respondió April—. Para eso estoy aquí.

Cuando llegó a las oficinas de Mortensen & Son, la recepcionista le preguntó si tenía una cita.

—No —respondió ella—. Pero tengo información importante relacionada con la venta del edificio de Johnson Street.

La recepcionista cogió el teléfono y después de hablar en voz muy baja, la acompañó hasta el despacho de Ted.

—Violet —dijo él cuando la vio—, por favor, siéntate. ¿Has venido para hablar de la oferta?

—No, he venido para preguntarte cuándo vas a arreglar el escaparate. Sé que planeas vender el edificio a una promotora inmobiliaria y conozco a una persona que tiene cierta amistad con el dueño. Seguramente le interesará mucho saber que estás desatendiendo unas reparaciones que, en última instancia, afectarán al valor del edificio.

—Cierto. —Ted carraspeó—. Sobre ese tema... He hablado de nuevo con la compañía aseguradora y dado que el promotor planea demoler el edificio, el seguro no cree que merezca la pena asumir el coste de esa reparación. Sobre todo teniendo en cuenta que faltan pocas semanas para que un juez emita la orden de desahucio, siempre y cuando tú no te marches antes de la fecha acordada.

—Un momento, tenía entendido que la promotora iba a remodelar el edificio, no a demolerlo —replicó Violet.

—Los planes han cambiado.

—Así que tu intención es dejar que mi negocio siga abierto, aunque el escaparate esté tapado solo con madera contrachapada y plástico.

—Si quieres, puedes pagar tú los costes de la reparación, aunque no creo que te compense —sugirió Ted, que unió las manos y las colocó sobre el escritorio—. La oferta sigue en pie, así que todavía puedes irte sin necesidad de esperar a una orden judicial.

—Antes necesito hablar con mi abogada —repuso Violet.

Regresó a Hourglass Vintage hecha una furia. Algo debió de notársele en la cara porque cuando April la vio, dijo:

—Me da que la conversación no ha ido muy bien.

—No van a arreglar nada —le informó Violet—. La promotora que va a hacer los pisos en cuanto nos vayamos de aquí va a demoler el edifico. Ojalá pudiera mandarlos a la mierda a todos y comprar el edificio antes que la promotora. Pero ambas sabemos que no tengo tanto dinero.

April movió la cabeza.

—¿Cómo es posible que todo esto sea legal?

—Tengo que llamar a Karen, pero hace unos meses que miró todo el papeleo y me dijo que lo llevaba muy crudo. Que como mucho, podía conseguirme un poco de tiempo para reunir dinero y tener la oportunidad de comprar el edificio. Pero eso es imposible. No me puedo creer que en algún momento me pareciera posible lograrlo. La cantidad que hemos conseguido con el desfile de modelos no se acerca ni de lejos a la suma que necesito. Y lo peor es que en el vecindario no hay ninguna propiedad que pueda alquilar para trasladar el negocio.

April abrió los ojos como platos y jadeó.

—¿Qué? —preguntó Violet—. ¿Es el bebé? ¿Quieres que te lleve al hospital?

April negó con la cabeza, cogió un trozo de papel y empezó a echar cuentas mientras se mordía el labio inferior.

—¿Qué estás haciendo? —le preguntó Violet—. Me estás asustando.

—Espera un momento... déjame pensar.

April hizo algunos cálculos más y después cogió el papel y lo agitó en el aire.

—¿Has descubierto el secreto para viajar en el tiempo o algo así? ¿Podemos retroceder hasta antes de que empezara todo este follón del desahucio?

—Pues no. —April ladeó la cabeza—. Pero ¿y si compraras la casa de mi madre? No pido tanto como el dueño del edificio.

—¿En serio? —Violet recordó la casa de una planta con su fachada de estuco verde, situada en la misma calle—. ¿Estarías dispuesta a vendérmela?

—¿Por qué no? Ya la han visitado muchas personas y no hemos tenido ni una sola oferta, aunque el agente inmobiliario me convenció de que bajara el precio. Con todos los restaurantes y las tiendas que han aparecido últimamente en la calle, la gente se queja de que es una zona muy ruidosa. O de que la casa necesita demasiadas reformas.

—¿Es posible? Quiero decir, ¿el ayuntamiento permitiría abrir un negocio en lo que hasta ahora ha sido un domicilio particular?

April asintió con la cabeza.

—Sé que es posible, porque mi madre estuvo sopesando la posibilidad de convertirla en un espacio comercial cuando se le ocurrió montar su propia asesoría. En el vecindario hay muchos otros negocios domiciliados en residencias particulares. En la casa victoriana de la fachada azul que está en la acera de enfrente hay un spa y un salón de masajes. Y en la casa blanca de la esquina han montado un restaurante de sushi. Es increíble que no se me haya ocurrido antes.

—Pero ¿seguro que no te importa vendérmela? —Violet bajó la voz y le preguntó—: Sé que la casa guarda muchos recuerdos para ti.

—En realidad, me estarías haciendo un favor. Estoy ansiosa por venderla antes de que nazca el bebé y empiece el curso en la universidad. —April soltó el papel y el lápiz—. De todas formas, no quiero presionarte. Solo es una idea.

Violet siguió pensando en voz alta:

—La casa tiene una localización fantástica, incluso mejor que este edificio. Está al lado de la cooperativa agrícola, así que hay mucho tránsito por allí. —Se imaginó colgando el cartel con el nombre de la tienda sobre las cristaleras de la entrada y colocando un par de sillas de madera de estilo Adirondack en el porche delantero para que los clientes pudieran sentarse todo el rato que quisieran. Después, guardó silencio un instante para asimilar la idea—. ¿Cómo crees que reaccionaría tu madre si lo supiera? —quiso saber.

—La verdad es que creo que sería una forma de honrar su recuerdo. Siempre tuvo espíritu empresarial. —April sonrió con timidez—. Además, es lo más parecido que se me ocurre a mantener la casa en manos de la familia.

22

Objeto: delantal.
Fecha aproximada: años cincuenta.
Estado: aceptable.
Descripción: delantal de algodón azul con estampado de margaritas algo descolorido.
Origen: mercadillo de la asociación de veteranos de guerra.

Amithi

Amithi abrió la puerta de Hourglass Vintage con una pequeña bolsa de la compra aferrada en una mano.

En la tienda, Violet estaba guardando vestidos vintage, protegidos con papel de seda libre de ácidos, en cajas de plástico. Al ver a Amithi, se apartó de la caja y se limpió las manos en el delantal de volantes que llevaba.

—Hola, perdida —dijo—. No te he visto desde el desfile. Estás guapísima.

Amithi se miró la blusa de cachemira de estilo indio que había combinado con unos pantalones de lino anchos, sandalias de cuña y un collar turquesa. Después de pasarse años preocupada por lo que debía ponerse en según qué ocasión, tenía la sensación de que había alcanzado un estilo que no era del todo indio ni norteamericano. De hecho, era un estilo muy personal.

—Gracias —replicó Amithi al tiempo que dejaba la bolsa de la compra en el mostrador—. ¿Qué haces con todas esas cajas?

Señaló las cajas de mudanza apiladas por la tienda.

—Voy a comprar la casa de la madre de April —contestó Violet—. Le estaba costando venderla porque necesita reformas, pero precisamente por eso yo puedo permitírmela. En fin, por eso y porque me ha hecho un buen descuento. El caso es que algunas de las características más peculiares espantaban a los demás compradores, como los dinteles bajos o el hecho de que la cocina o los baños no se hayan reformado desde los años cincuenta... Pero a mi entender, esas cosas le confieren más personalidad.

—Felicidades, son muy buenas noticias —dijo Amithi—. ¿Cómo le va a April? ¿Ha tenido ya al bebé?

—Todavía no. De hecho, ahora mismo está en la consulta del médico. Ahora que está en el último mes, tiene que ir todas las semanas. Pero te avisaré en cuanto el bebé nazca, no te preocupes.

—Ahora que hablamos de niños, no te vas a creer lo que me ha pedido Jayana —comentó Amithi—. Después de ver el desfile, me ha dicho que quería aprender a coser.

—Uau. El trabajo que hiciste debió de impresionarla muchísimo.

—Le he dicho que podría darle algunas clases, pero a ella se le ha ocurrido algo mejor. Me dijo que deberíamos ir a la India para comprar telas y visitar a mi familia. —Amithi sonrió. Aún no podía creerse que Jayana se lo hubiera sugerido—. Así que haremos el viaje en octubre. Mientras estamos allí, mi madre, mi hermana y yo enseñaremos a Jayana a coser. Y después de ir a la India con ella, estoy pensando en ir a otro sitio, pero yo sola. Nunca he viajado sola, y creo que ha llegado el momento.

—Es una idea maravillosa. —Violet se llevó las manos a la espalda para desatarse el delantal. Se lo quitó y lo dejó en el mostrador—. ¿Dónde has pensado ir?

—Todavía no lo sé. Ah, casi se me olvida.

Amithi sacó un montoncito de tarjetas de visita de su bolso y se lo dio a Violet.

—«Arreglos a medida Amithi Singh» —leyó Violet con una deslumbrante sonrisa—. ¿Vas a montar tu propio negocio? Bienvenida al club. Bien sabe Dios que tiene sus cosas buenas y sus cosas malas, pero puedo asegurarte que no hay nada como ser tu propia jefa.

El orgullo se apoderó de Amithi. Era una sensación distinta al orgullo que sentía como madre de Jayana, o al orgullo de ver los éxitos de Naveen como su esposa que era. Se sentía orgullosa de sí misma, y eso era algo desconocido y maravilloso a la vez.

—Nunca he tenido un jefe —dijo—. Nunca antes había trabajado... Bueno, a cambio de dinero, claro.

Nunca había tenido que hacerlo. Incluso en ese momento, Amithi seguía usando la cuenta conjunta que compartía con Naveen y las tarjetas asociadas a dicha cuenta, como siempre. De momento, no se había encontrado con resistencia alguna, aunque habían pasado semanas desde que se mudó al apartamento de Jayana y de Jack. Aun así, saber que podía ganar dinero propio, en caso de necesitarlo, era un gran consuelo.

—La gente no para de preguntarme si conozco a una buena costurera —dijo Violet—. Ahora puedo darles tu nombre.

Dejó el montón de tarjetas de Amithi delante de la caja registradora.

—Y una cosa más. —Amithi metió la mano en la bolsa que había llevado y sacó un vestido suelto de seda rosa—. He hecho un vestido de prueba con la seda de uno de mis saris viejos.

Violet tocó una de las costuras laterales.

—Es precioso. Me lo pondría sin dudar.

Amithi sonrió de oreja a oreja.

—He empezado con algo muy sencillo, pero espero aprender a hacer algunos diseños más complicados.

—¿Me lo has traído para venderlo? —preguntó Violet.

Amithi negó con la cabeza.

—Tal vez algún día tendré una línea de ropa completa que vender, pero ahora mismo solo estoy experimentando. Supongo que tendré que buscarme un sitio para trabajar. Mis proyectos ya se están apoderando del apartamento de Jayana y de Jack. De momento sigo con ellos, pero no creo que les haga gracia que amontone telas por todas partes.

—Oye, en cuanto me mude a la casa nueva, a lo mejor puedo alquilarte una parte. Hay una sala de estar preciosa con ventanales en la segunda planta que sería perfecta como sala de costura. Yo también voy a vivir en esa planta, pero no necesito tanto espacio.

—Lo tendré en mente —repuso Amithi.

—¿Qué opina tu marido de todo esto?

—Da igual lo que opine. Pase lo que pase con Naveen, esto es algo que tenía que hacer yo sola. Cuando estuve trabajando en el desfile, me sentí útil. Y me gustó esa sensación.

Amithi no mencionó lo otro que descubrió durante el desfile, el hecho de que no estaba preparada para perdonar a Naveen ni de que tampoco estaba segura de que algún día lo estuviera. Se alegró al ver que Charlie y April hacían las paces, pero al verlos a los dos en el escenario, tan jóvenes y tan llenos de esperanza, su enfado con Naveen aumentó. Porque desde su punto de vista, su juventud y la esperanza que sintió en otro tiempo eran sinónimos de ingenuidad. April y Charlie tenían mucho tiempo para recomponer la confianza que habían perdido. Ella también tenía tiempo, pero menos. Había pasado muchos años como esposa y madre. Había llegado el momento de ser ella misma. Aunque primero tenía que averiguar quién era.

No experimentaba la sensación de poder elegir entre tantas posibilidades desde niña, y eso la emocionaba y aterraba a la vez.

12 de agosto de 1956

Amithi, que tenía seis años, contemplaba con la boca abierta el enorme Hawa Mahal. Jamás había visto un edificio tan grande, tan complejo. Su fachada rosa debía de tener por lo menos mil ventanas. No podía creer que ese palacio estuviera en la misma ciudad en la que ella vivía. ¿Por qué nadie se lo había enseñado antes?

Su madre las llevaba de la mano, a Priya y a ella. Se la apretaba tan fuerte que a Amithi le dolían los dedos.

—Mamá, me haces daño —se quejó.

—Vale, pero prométeme que te quedarás a mi lado.

Su madre la soltó, pero siguió sujetando a Priya, que apenas sabía andar.

Amithi asintió con la cabeza mientras entraban en el palacio. Se quedó junto a su madre mientras recorrían las amplias estancias, cada cual más opulenta que la anterior. Se detuvo en uno de los anchos pasillos, hipnotizada por una vidriera que contenía todos los colores del arcoíris. El sol se filtraba por los paneles de cristal y los hacía brillar como piedras preciosas.

—¿A que es bonito, mamá? —preguntó.

Se volvió para mirar a su madre, pero ya no estaba a su lado. La marea de turistas que cruzaba el pasillo la envolvió. Miró delante y detrás de ella, pero no reconoció a nadie.

Aterrada, se abrió paso entre la gente y atravesó la puerta que daba a la siguiente sala. Una sala que también estaba atestada. Los demás visitantes eran mucho más altos que ella y le bloqueaban la vista. Siguió por un estrecho pasillo mientras llamaba a su madre. La gente pasaba a su lado, pero nadie se detenía.

Subió una escalera, y luego otra, hasta que llegó a la planta superior, cinco pisos por encima del suelo. Miró a través de la celosía de una ventana con la esperanza de poder atisbar a su madre y a su hermana en uno de los patios del palacio.

Se le puso el vello de punta al mirar por la ventana. Jaipur entero estaba a sus pies: los templos con sus torres, sus enormes jardines y sus relucientes lagos, con la cordillera Aravalli de fondo. Mientras contemplaba la belleza que tenía delante, se le olvidó que se había perdido.

23

Objeto: traje.
Fecha aproximada: 1999.
Estado: excelente.
Descripción: falda y chaqueta de la marca St. John Sportwear. Jersey de lana de color azul pavo real con ribete blanco. Como nuevo.
Origen: subasta benéfica de la Junior League.

April

Charlie cerró la puerta del camión de mudanzas.

—¿Quieres echar un último vistazo para asegurarte de que no te dejas nada? —preguntó.

—Estoy segura de que si me olvido de algo, Violet me lo dirá —contestó April.

—Sí, pero ¿no te apetece... despedirte? —Charlie le dio un apretón en la mano—. La próxima vez que vengas estará distinta.

April asintió con la cabeza y entró en la casa de su madre. Atravesó el vestíbulo y siguió hacia el salón y la cocina, asombrándose al ver lo grande que parecía la casa cuando estaba vacía. Subió la escalera y pasó junto a los dormitorios. El suyo, que hasta unos días antes estaba atestado con la ropa y las fotos enmarcadas que había ido reuniendo a lo largo de sus dieciocho años de vida, más unas cuantas muñecas que atesoraba desde la infancia, le pareció el dormitorio de otra persona. Las paredes estaban pintadas de blanco y el único objeto a la vista era el radiador. Regresó a la planta baja con la esperanza de sentir un poco de tristeza al menos por el hecho de que, aunque la había comprado una amiga, la casa ya no sería suya, ya no sería de su madre. No obstante, sin la rara mezcla que conformaban los muebles y los objetos artísticos, ya no le parecía la casa de su madre en absoluto, algo que le facilitó el momento de cerrar la puerta y echar la llave, tras lo cual se la metió en el bolsillo para entregársela más tarde a Violet.

Charlie extendió un brazo para ayudarla a subirse en el camión y sentarse en el asiento del copiloto.

—¿Seguro que no quieres conducir este chisme? —le preguntó.

—Bastante mal lo he pasado conduciendo el coche de mi madre después de un año sin sentarme al volante. Creo que el camión te lo dejo a ti.

Charlie se acomodó en su asiento y metió la llave en el contacto. Antes de arrancar, le preguntó:

—¿Estás bien?

April contempló la casa a través de la ventana.

—Mientras empaquetaba las cosas, Violet encontró una nota que mi madre había escrito para recordar que debía comprobar ciertos detalles en su póliza de seguro. Parece que podrías tener razón. Es posible que mi madre... —Se obligó a decirlo en voz alta—. Es posible que se suicidara.

Charlie no dijo nada. Se acercó a ella y la abrazó sin levantarse de su asiento mientras ella lloraba y daba rienda suelta a la pena que solo podía compartir con él. Siguió abrazándola en el interior del camión de mudanza y sin haberse movido del camino de entrada de casa de su madre, hasta que April se tranquilizó.

Una vez que se apartó de él, dijo:

—Quería decírtelo, pero no sabía cuándo sacar el tema. He disfrutado tanto estos días contigo que no quería estropear las cosas con malas noticias. Parece que desde que nos conocimos solo hemos tenido problemas. Uno tras otro.

—¿En serio? Pues yo no lo veo así —la contradijo Charlie—. A mí me parece que somos muy afortunados por habernos conocido. Y que todas las dificultades que hemos soportado... bueno, todas las parejas pasan por momentos malos antes o después, ¿no? Supongo que en nuestro caso hemos tenido que enfrentarnos a muchos desafíos, así que ahora nos esperan los buenos tiempos.

April asintió con la cabeza.

—Y eso nos hará más fuertes.

—Exacto —replicó él, que añadió al instante—: Ojalá hubiera tenido más tiempo para conocer mejor a tu madre.

—A mí también me habría gustado conocerla mejor. —April se limpió las lágrimas con el dorso de una mano y miró la casa de nuevo. Después golpeó el asiento con tapicería de vinilo y dijo con una sonrisa, mirando a Charlie—: ¡En marcha!

Condujeron hasta su piso nuevo, situado a menos de un kilómetro de su antigua casa. April había meditado a fondo si debían vivir juntos o no. Charlie fue quien lo propuso. Hasta entonces había compartido piso con un compañero de estudios, pero el contrato de alquiler había llegado a su fin y necesitaba buscar un nuevo hogar ya que iba a asistir a la facultad de Medicina de Madison. April dudaba en parte, ya que era consciente de que si la relación no funcionaba, vivir juntos haría que una segunda ruptura fuera más difícil. Pero la verdad era que, pese a lo incierto del futuro, quería estar con él y bien sabía Dios que necesitaría ayuda cuando el bebé naciera al cabo de un mes. Si decidía nacer pronto, claro estaba. De modo que habían firmado un contrato de alquiler e iban a vivir en un apartamento de dos dormitorios, situado en la planta baja de una casa antigua, emplazada cerca del campus y de la parada del autobús. Charlie aún no les había dicho nada a sus padres.

Fue él quien descargó todas las cajas mientras April las iba abriendo, sentada en el suelo. Desenvolvió platos y tazas, que había protegido con papel de periódico, y las colocó en una vitrina. Sospechaba que sus platos eran mucho más bonitos que los de cualquier otra chica de su edad. También tenía cuencos de barro hechos por amigos de su madre que eran artistas, bandejas de estaño que les habían regalado a sus padres cuando se casaron hacía ya veinte años, y copas de vino grabadas que había heredado de sus abuelos maternos, que murieron cuando ella era pequeña. La vitrina, con sus puertas de cristal, había sido uno de los detalles que la habían ayudado a decidirse por el apartamento. Aunque solo eran dos y posiblemente apenas iban a usar todo lo que había heredado, se sentía mejor al poder colocar todas esas cosas tan bonitas en un lugar donde pudiera verlas. Esa era su forma de lidiar con la pena: exponer esos objetos pertenecientes a su pasado para que fuesen admirados, en vez de guardarlos en una caja.

April detuvo un momento a Charlie, que en ese momento pasaba por su lado cargado con un montón de ropa aún en las perchas.

—Tenemos que decirles a tus padres que vamos a vivir juntos —le recordó.

—Lo sé.

Charlie siguió hasta el dormitorio, y después salió con las manos vacías.

—No, me refiero a que hay que decírselo ya.

—¿Ahora mismo? Tenemos que devolver el camión de mudanzas a las tres y después tengo que llevarte a la casa para liquidar la venta.

—Vale, ahora mismo no puede ser, pero pronto. Al menos, que sea esta semana. El bebé y yo no deberíamos ser algo que tengas que ocultar.

Charlie se agachó a su lado.

—No lo sois. Ya saben que hemos vuelto.

—Sí, pero no me ven desde la primavera, así que seguramente no les parezca muy real. Te apuesto lo que quieras a que piensan que vamos a cortar otra vez cualquier día de estos. Para que sea real, a sus ojos e incluso a los nuestros, debemos ser sinceros. Decírselo abiertamente.

Charlie le colocó una mano en la base de la espalda.

—Sé que tienes razón. Se lo diré.

—¿Cuándo?

—Los llamaré esta noche y quedaré con ellos.

La noche siguiente, April y Charlie enfilaron cogidos de la mano el camino de entrada a la enorme casa de estilo Tudor de los Cabot. La puerta de la casa estaba flanqueada por rosales blancos en flor. Charlie llamó al timbre y se escuchó un agudo ladrido a modo de respuesta. Judy Cabot abrió la puerta una rendija y dijo:

—Cuidado con los perros.

Charlie y April tuvieron que entrar sin abrir la puerta del todo, algo que para ella fue difícil debido a su enorme barriga. Tan pronto como estuvieron dentro, dos bolas de pelo blanco empezaron a saltar en torno a sus pies. April sintió que esas diminutas uñas le arañaban los tobillos, ya que llevaba una falda y unas chanclas. Semejante calzado no sería del gusto de Judy, estaba segura, pero estaba embarazada de ocho meses y la idea de ponerse unos zapatos cerrados o incluso unas sandalias con cuña le resultaba intolerable.

—¡Madre mía, mírate! —exclamó Judy cuando posó la mirada en la barriga de April.

Eso fue todo lo que dijo. No hubo ni una sola mirada de madre a madre, ni ningún comentario sobre el resplandor de la maternidad que muchas mujeres le habían comentado a April que tenía.

—¿A que está preciosa? —preguntó Charlie al tiempo que le pasaba un brazo por la amplia cintura.

Ver a Judy le recordó el momento en el que recibió por correo la nota con la noticia de que la boda se había suspendido, y eso le escoció. Sin embargo, la sonrisa orgullosa de Charlie le hizo comprender que habían avanzado mucho como pareja desde aquel entonces y eso le dio fuerzas para decir:

—Hola, Judy.

Charlie le dio a su madre un beso fugaz en una mejilla.

—¿Dónde está papá?

—En el patio. Salgamos.

La siguieron por la cocina, donde se detuvo y preguntó:

—¿Os apetece un gin-tonic? Acabo de preparar uno para tu padre y otro para mí.

—Claro.

April contempló sorprendida que Judy le preparaba la bebida a su hijo sin molestarse siquiera en ofrecerle algo sin alcohol a ella, un detalle de lo más lógico ya que no tenía edad para beber y además estaba embarazada de su nieto. Charlie resultó más observador que su madre y abrió el frigorífico.

—April, ¿quieres una limonada o un vaso de San Pellegrino? —le ofreció.

—La limonada, gracias —contestó.

Mientras Charlie le servía un vaso, April miró a Judy, que estaba exprimiendo una lima con una concentración absoluta, o eso parecía. Tras sacar la cuchara que había usado para mezclar el combinado, dijo:

—Pues ya está. Vamos fuera, ¿sí?

Trip estaba sentado en el patio trasero, con un vaso casi vacío en la mano, mientras contemplaba su deslumbrante césped, cuyo color era tan espectacular gracias al añadido de productos químicos.

—Hola, papá —lo saludó Charlie, que se sentó frente a él e invitó a April a hacer lo propio a su lado.

April se aferró a los brazos de la silla, un poco baja para ella, y se sentó en el cojín. Jamás se había parado a pensar que algún día podría costarle trabajo sentarse y levantarse.

—Hola —replicó Trip—. ¿Qué os trae por aquí esta noche?

April pensó que era raro que Charlie viviera en la misma ciudad que sus padres y necesitara tener un motivo para visitarlos.

—Bueno, quería poneros al día de ciertos detalles antes de que empiece el curso y nazca el niño, y tengamos un lío que te cagas —contestó Charlie.

Judy frunció el ceño.

—Charlie, esa lengua.

—Mamá, soy un adulto. Puedo decir «que te cagas» sin problemas. Ni que hubiera soltado un «coño».

Judy se quedó boquiabierta.

—¡Charles!

April le asestó a Charlie un codazo con disimulo. Bastante tenían con las noticias que iban a darles. Solo faltaba que él cabreara a su madre antes de empezar siquiera a hablar.

—Sí, creo que te queda un duro camino por delante —comentó Trip—. Estoy convencido de que estudiar Medicina es lo bastante difícil como para que además tengas que preocuparte de cuidar a un bebé.

—Creo que podré arreglármelas —le aseguró él—. April y yo vamos a compartir responsabilidades y por eso hemos decidido vivir juntos.

—¿Eso quiere decir que habéis retomado los planes de boda? —preguntó Judy, que no parecía muy contenta.

—Tal vez algún día —contestó Charlie—. Eso espero. Pero ya tendremos tiempo de pensarlo a fondo. De momento, vamos a ver cómo van las cosas.

—¿Qué es eso de «ver cómo van las cosas»? —Judy ni siquiera trató de disimular el disgusto que sentía—. Charles, no estamos hablando de un noviazgo de instituto.

—Ya no voy al instituto —le recordó April—. Empezaré la universidad dentro de unas semanas.

—¡Sigues siendo una adolescente! —exclamó Judy al tiempo que cruzaba los brazos, tonificados gracias al tenis, por delante del pecho. Miró a su hijo—. Charles, haz lo que quieras. Ya no voy a intentar hacerte cambiar de opinión. Pero ten claro que no vamos a darte ni un centavo.

—Bueno, ya me habíais dejado muy claro que solo conseguiría vuestro dinero si hacía las cosas a vuestro modo. No te preocupes. Ya me han concedido el préstamo estudiantil, así que no lo necesitaré.

—Muy bien. —Judy soltó el vaso sobre la mesa con muy poca delicadeza. Los cubitos se movieron e incluso cayeron unas gotas de gin-tonic por el borde—. Nos has demostrado que eres incapaz de trazar un plan y llevarlo a cabo. Primero ibas a casarte, y luego no. Ibas a estudiar en Boston y ahora estás aquí. No vamos a financiarte una vida yendo de un lado para otro, ¿verdad, Trip?

—Mmm —murmuró su marido.

En ese momento fue Charlie quien soltó el vaso con fuerza sobre la mesa.

—Tengo un plan. El mismo que tenía desde el principio: asistir a la universidad local y estar con April y con el bebé. Que no sea vuestro plan no significa que yo no sea responsable.

—Queríamos decíroslo porque nos gustaría que formaseis parte de la vida del bebé y de la nuestra —terció April, aunque en el fondo pensaba que sus vidas serían muchísimo más fáciles si Judy y Trip vivieran en la otra punta del país; sin embargo, sabía que era lo correcto: los padres de Charlie llevaban treinta años viviendo en Madison y no iban a irse a otro sitio, salvo para jugar algún torneo de golf o hacer algún crucero por el Mediterráneo.

Judy suspiró.

—Solo digo que me gustaría que reflexionaras antes de tomar decisiones tan importantes.

—Mamá, lo he pensado bien. Y no voy a quedarme aquí sentado si sigues criticando mis decisiones.

—Pues lo siento, pero no podemos dejar que arruines tu vida sin hacer nada, ¿no te parece? —replicó Judy, que miró a su marido.

Trip se removió en su silla.

—Esto... sí —dijo él—. Quiero decir, no.

April sintió que la recorría un ramalazo de emoción. Una oleada de rabia que amenazaba con desbordarse, similar a la que había sufrido aquel día en Hourglass Vintage cuando renunció al trabajo. Se imaginó a Judy colocando todos esos sellos botánicos en los sobres de las tarjetas con las que comunicó que se suspendía la boda y, sobre todo, se la imaginó colocándoselo al suyo.

Charlie se puso en pie de un brinco y le tendió una mano para ayudarla a levantarse.

—¿Adónde vas? —preguntó Judy.

—Nos vamos a casa —contestó él—. No pienso quedarme aquí sentado para escuchar tus insultos y tu desprecio. No te necesito.

Tal vez eso fuera lo más doloroso que Charlie podría haberle dicho a su madre. April observó que el semblante de Judy perdía su rictus airado y que el fuego desaparecía de su mirada. Charlie era hijo único, como ella (nunca tenía en cuenta a sus hermanastros de Ohio, porque apenas los conocía). Que Charlie dijera que no necesitaba a su madre la dejaba sin propósito en la vida. Porque April no se había dejado engañar por los almuerzos que organizaba Judy ni por sus obras de caridad. Esas cosas eran solo formas de ocupar sus larguísimos días y una excusa para lucir su último traje de St. John. Su verdadera vocación era preocuparse por su hijo de pelo rubio, y verse privada de esa ocupación hizo que de repente pareciera perdida.

El vaso de Charlie se quedó en la mesa sin haber bebido siquiera. Charlie se acercó a su padre, le dio unas palmaditas en un hombro y siguió con April hacia la casa.

—Mi madre es increíble —dijo Charlie en cuanto cerraron las cristaleras por las que se accedía al patio—. Solo intento ser sincero con ella a ver si en algún momento dejan de criticar todo lo que hacemos, pero es que es imposible.

—Ya se le pasará —replicó April esperando que fuera cierto.

Charlie siguió hacia la puerta principal.

—Vámonos.

—Espera, tengo que ir al baño. Lo siento.

Estar embarazada era un fastidio en ocasiones.

Charlie parecía impaciente.

—Vale, te espero en el coche.

April atravesó el vestíbulo y entró en el baño de invitados. Al salir, casi se dio de bruces con Trip.

—Ah, bien. Todavía no os habéis ido —dijo el padre de Charlie.

—No, pero estamos a punto.

Trip se rascó la cabeza, con su abundante pelo canoso.

—Siento la discusión.

April se encogió de hombros.

—No pasa nada.

Trip miró su barriga y le preguntó:

—¿Te encuentras bien? Me refiero a si va todo bien con el niño.

April se colocó una mano de forma protectora sobre la barriga al recordar lo asustada que había estado por culpa de la tensión arterial y del reposo al que se había visto sometida.

—Lo pasé mal durante un tiempo, pero ya me encuentro bien. Gracias por preguntar.

Trip carraspeó y dijo:

—Mi mujer adora a Charlie y solo quiere lo mejor para él, aunque no siempre lo parece.

Se metió una mano en un bolsillo y sacó un trozo de papel, que le colocó a April en una mano.

Ella lo miró y en cuanto vio la firma del dorso, comprendió que era un cheque.

—No se lo digas a Judy —le advirtió Trip.

April se lo devolvió sin mirar siquiera la cifra escrita en él.

—No puedo aceptarlo.

—Por favor, me siento fatal por todo lo sucedido. Sobre cómo hemos manejado... —Carraspeó y miró la barriga de April de nuevo—. Sobre cómo hemos manejado la situación.

April no podía aceptar el dinero, aunque sería estupendo si pudieran depositarlo en un plan de ahorro para los futuros estudios universitarios del bebé. Sin embargo, sabía que Charlie se sentiría dolido si ella aceptase el cheque, mucho más después de haberle dicho a su madre que no la necesitaba. No obstante, ver que Trip quería ayudarlos la conmovió.

—Por favor, acéptalo —insistió él.

April negó con la cabeza.

—Guárdalo para algún cumpleaños del bebé o para su graduación. Espero que asistáis a ambas cosas. Judy y tú.

Trip no la abrazó, los Cabot no eran dados a demostraciones físicas de afecto, pero la miró a los ojos en silencio un rato y April juraría que lo vio parpadear para librarse de las lágrimas.

24

Objeto: abrigo.
Fecha aproximada: 1962.
Estado: bueno.
Descripción: abrigo blanco de cachemira con manga francesa. Guantes al codo a juego.
Origen: Betsy Barrett. Lucido en un almuerzo de apoyo a las artes celebrado en la Casa Blanca.

Violet

Una noche de finales de agosto, Violet tarareaba una canción de Dolly Parton mientras pintaba una pared de naranja en su nueva tienda, a modo de contraste con el resto. Sonrió al recordar la cara de Ted Mortensen cuando le dijo que, después de todo, aceptaría su oferta de darle dos meses de alquiler para renunciar a su derecho de opción preferente de compra y se mudaría de forma voluntaria... aunque en realidad había exigido el equivalente a seis meses de alquiler. A iniciativa de Karen, le había dicho a Ted que era «una cantidad de dinero insignificante» a fin de evitar las molestias de un proceso judicial para rescindir el contrato, sobre todo cuando la promotora inmobiliaria estaba tan ansiosa por cerrar el trato e iniciar el proyecto de construcción antes de que llegara el frío.

Para su sorpresa, Ted accedió. Violet usó el dinero, así como los beneficios de la Pasarela Hourglass, como parte de la entrada de la hipoteca que le concedieron para comprar la casa de la madre de April.

Estaba llegando a un rincón superior con el rodillo cuando sonó el teléfono y casi se cayó de la escalera. Bajó y apagó la música antes de contestar.

—¿Podría hablar con Violet Turner? —le preguntó una voz femenina desde el otro lado de la línea.

Violet asió el cable enrollado de su teléfono.

—Soy yo.

—Me llamo Ellen y soy asistente social en el Agrace Hospice, una residencia medicalizada. Tengo entendido que es usted amiga de Betsy Barrett, ¿es así?

—Sí.

Violet estuvo a punto de caerse al suelo. Tuvo que apoyarse en el mostrador. «¿Una residencia medicalizada? ¿No es donde atienden a los enfermos terminales?», se preguntó.

—Estamos organizando una celebración espiritual en la capilla en su honor y me ha pedido que me ponga en contacto con usted por si quiere participar.

Violet sintió que se le formaba un nudo en la garganta. No quería escuchar lo que se temía que estaba a punto de oír.

—¿Está... está muerta?

—Ay, no, lo siento. Debería haberme explicado mejor. La señora Barrett está ingresada en la residencia. Nuestro personal de enfermería la ha estado tratando en casa durante un tiempo, pero la atención a domicilio tiene muchas limitaciones. La semana pasada contrajo neumonía, así que las enfermeras dijeron que había llegado el momento de ingresarla, a lo que ella accedió.

—Pero la neumonía se puede curar, ¿no? —preguntó Violet.

—En personas sanas, sí. Suele curarse sin problemas. Pero en una enferma de cáncer como la señora Barrett, con un sistema inmunológico debilitado... En fin, es muy difícil recuperarse.

Violet asimiló la información.

—Pero es imposible —replicó—. La vi hace unas cuantas semanas. Asistió a un desfile de modelos organizado por mi tienda y parecía estar bien. Supongo que un poco delgada, pero siempre ha sido así.

—Las cosas pueden cambiar muchísimo para alguien con una enfermedad terminal, sobre todo a su edad.

Las palabras «enfermedad terminal» resonaron en la cabeza de Violet.

—Siento que sea una sorpresa para usted —se disculpó Ellen—. Pero me veo en la obligación de decirle que la llamo porque la señora Barrett quiere verla. Ha pedido una ceremonia espiritual, una especial de funeral en vida a fin de prepararse para su siguiente viaje. Me ha pedido que le pregunte si estaría dispuesta a hacer una lectura o una reflexión. La habría llamado ella misma, pero está muy cansada y lleva todo el día durmiendo a ratos, así que le he dicho que yo me encargaría de llamarla.

—Claro que lo haré —le aseguró Violet—. ¿Tiene alguna oración o algún texto en mente?

—No. La señora Barrett quiere que los asistentes empleen su creatividad para compartir lo que crean conveniente. Sí puntualizó que no quiere algo demasiado religioso, nada que parezca un sermón. No quiere que nadie se sienta excluido por no compartir una fe en concreto.

—Típico de Betsy. Bueno, ¿cuándo se va a celebrar la ceremonia?

—Mañana por la noche, en la capilla de la residencia, a las seis en punto. Siento mucho haberla avisado con tan poca antelación, pero vamos al día, y la verdad es que no sé cuánto tiempo va a seguir la señora Barrett con nosotros. Creo que ella también lo sabe, razón por la que quiere hacer esto.

—De acuerdo, allí estaré.

Violet colgó y se sentó en la lona que había estado usando para pintar. No se echó a llorar, estaba demasiado conmocionada.

Amithi bajó la escalera, ya que se encontraba arriba modificando la sala de estar. Violet le había dejado probar el espacio para ver si le interesaba alquilarlo cuando volviera de sus viajes con Jayana y montar en él su taller de costura.

Amithi le tocó el hombro.

—Te he oído hablar por teléfono y parecías alterada. ¿Pasa algo?

—Acabo de enterarme de que Betsy está ingresada en una residencia para enfermos terminales.

—Qué horror. —Amithi frunció el ceño—. Solo la he visto un par de veces, pero me pareció una mujer encantadora. Ha hecho mucho por la comunidad.

—Ahora que lo pienso, ha pasado bastante desde la última vez que vino a la tienda. Debería haber imaginado que pasaba algo y preguntarle. No tiene a nadie, ni hijos ni nada. —La culpa le provocó un nudo en el estómago—. Tengo que llamar a April y contarle lo de la ceremonia.

—¿Betsy no te habría dicho algo si quisiera ayuda?

—No, no lo habría hecho. Es demasiado orgullosa. Y ya es demasiado tarde.

—No es demasiado tarde. Todavía puedes verla, ¿no? —preguntó Amithi.

—Quiere que participe en una ceremonia espiritual que van a celebrar mañana. Se supone que tengo que llevar algo que leer. No tengo ni idea de lo que hacer.

—¿Tiene un poema preferido? ¿Algún salmo?

—Adora la música, el arte y el baile —contestó Violet—. Pero no sé bailar. Eso requiere equilibrio y yo casi no me mantengo en pie.

Mientras Violet conducía hasta la residencia la noche siguiente, para lo cual dejó atrás los nuevos barrios monocromáticos del sudoeste de la ciudad, su mente insistía en recordarle todo aquello que podría haber hecho de forma distinta. Entre otras cosas, se preguntó si debería haber insistido en saber más sobre el cáncer de Betsy cuando fue a su casa a comienzos de verano. En su momento se aferró encantada a la afirmación de Betsy de que estaba en remisión; tal vez no quiso ver los indicios físicos de que no todo estaba bien.

Cuando llegó, Violet le preguntó a la recepcionista de la residencia si podía ver a Betsy antes de la ceremonia, pero la mujer le dijo que no. Todos los invitados debían dirigirse a la capilla.

Violet entró en la capilla, iluminada tan solo por la luz de las velas. El olor a incienso, tal vez a sándalo, flotaba en el ambiente. Lo que más la impactó fue ver todas las flores. No eran los típicos arreglos florales que solía asociar con las ceremonias religiosas. Eran ramos enormes de dalias naranjas, púrpuras y amarillas; larguísimos gladiolos rosas y ramilletes de girasoles que parecían sacados de algún jardín.

La pequeña capilla estaba atestada de invitados, aunque la ceremonia no comenzaría hasta dentro de veinte minutos. Todos los asientos parecían ocupados salvo las dos primeras filas. Varias personas se encontraban en los laterales, de pie, sin poder sentarse.

Una mujer con traje de falda y chaqueta se acercó a Violet.

—Soy Ellen —se presentó—. ¿Va a participar en la ceremonia de esta noche?

—Sí. Creo que hemos hablado por teléfono. Soy Violet Turner.

—He reservado asientos para los invitados de honor de Betsy.

—¿Invitados de honor?

—Sí, sígame.

Ellen apartó uno de los cordones y dejó que Violet se sentara en primera fila.

—La ceremonia de esta noche será muy informal, así que no tiene que ponerse nerviosa. Yo dirigiré las intervenciones desde el estrado y la nombraré cuando le toque subir para compartir su experiencia. Ahora, si me disculpa, tengo que ocuparme de unos detalles de última hora.

Violet no reconoció a ningún otro invitado. Se preguntó si April asistiría. Le había dejado un mensaje con la hora y el lugar de la ceremonia.

Una chica que estaba sentada a su lado se volvió hacia ella.

—¿Cómo conoció a Betsy? —preguntó la muchacha.

Violet supuso que tendría la edad de April.

—Tengo una boutique de ropa vintage de la que Betsy es clienta desde hace años —contestó—. ¿Y tú?

—Creó una beca musical en la universidad hace unos años y yo la conseguí. La beca paga la mitad de la matrícula durante los cuatro años. Sin ella, tendría que pedir un montón de préstamos que me llevaría toda la vida devolver. —La muchacha se colocó el pelo detrás de las orejas—. Los músicos no suelen ganar mucho, así que es estupendo saber que tendré un poco más de libertad económica cuando me gradúe.

—¿Qué tocas? —preguntó Violet.

—Ah, muchas cosas, pero me encanta el violín y cualquier instrumento de cuerda.

Los ojos de la chica se iluminaron mientras hablaba de sus compositores e intérpretes preferidos, aunque Violet no conocía ni a la mitad.

Ellen apareció empujando la silla de ruedas de Betsy y la dejó junto a la primera fila. El aspecto tan frágil de su amiga la impresionó. Betsy llevaba un jersey ancho de estilo étnico, muy colorido, pero bajo la lana se veía que estaba en los huesos. Llevaba una manga enrollada para no rozar las agujas de las vías, clavadas en la pálida piel. Una bolsa de suero colgaba de una barra junto a la silla de ruedas.

Violet la saludó con una mano y Betsy le sonrió, aunque parecía cansada. Algunas personas se acercaron a Betsy para saludarla y Ellen les permitió hablar unos minutos con ella antes de pedirles que se alejaran.

Ellen subió al estrado y les dio la bienvenida a los presentes antes de explicar que la idea para esa ceremonia surgió de una conversación que mantuvo con Betsy.

—La señora Barrett y yo estábamos organizando su funeral, y creo que se estaba frustrando mucho —dijo Ellen—. Después de pasarnos una hora hablando de flores y de música, dijo: «¿Para qué personalizar todo esto si ni siquiera voy a estar presente? A la mierda. ¿Por qué no celebrar una ceremonia mientras estoy viva y puedo ver a todos mis amigos?». Ese es el motivo de que todos ustedes estén hoy aquí como invitados: porque la señora Barrett quería celebrar su vida ahora, mientras está aquí. Quiere que la recuerden por quién es, no como «un cadáver lleno de químicos en un féretro». —Ellen sonrió—. Palabras suyas, no mías.

Los presentes se echaron a reír con cierta renuencia.

El programa que siguió fue un testamento de todo lo que Betsy quería y de todas las vidas que había tocado. Un trío de jazz interpretó una mezcla de ritmos swing que hizo que todo el mundo, Betsy incluida, siguiera la música con los pies. Una pareja joven interpretó una coreografía moderna con elevaciones y saltos que desafiaron la ley de la gravedad. Varias personas contaron anécdotas compartidas, pasajes literarios o canciones.

Y le llegó el turno a Violet. Violet no solía considerarse una persona normal. Se enorgullecía de ser un poco distinta con su ropa, sus gustos y sus manías. Sin embargo, en mitad de esa multitud de artistas e intérpretes, se sintió muy vulnerable y anodina. El conjunto que escogió la noche anterior, un traje de manga corta de los años cuarenta con cintura ajustada y brillantes botones de latón, le pareció perfecto cuando se lo puso, un guiño a los años de la juventud de Betsy. En ese momento parecía aburrido, incluso conservador.

Subió al estrado, desde donde pudo ver a todos los asistentes. Atisbó a April en la última fila y la miró a los ojos un momento antes de bajar la vista a la hoja de papel que tenía en las manos. Había pasado horas escribiendo la reflexión que estaba a punto de leer, y en ese momento temía que sonara prosaico. Claro que ya no podía hacer nada para remediarlo, así que carraspeó y comenzó a leer.

—«Es lo bello alegría para siempre.» John Keats fue el autor de estas palabras y Betsy Barrett las entiende, más que ninguna otra persona que conozca. Betsy adora la belleza y tiene buen ojo para buscarla. La muestra en su hogar y la canaliza en su forma de vestir, pero lo más importante de todo es que auspicia la belleza en el mundo que la rodea. —Levantó la vista y vio a Betsy sonriendo, con los ojos vidriosos. Esa mirada la animó a distanciarse de su discurso—. Esta noche hemos visto bailarines, cantantes y músicos. Todos están aquí por el constante apoyo de Betsy hacia las artes y los negocios locales. Mi tienda vintage no existiría sin su ayuda. Por suerte, su legado seguirá viviendo gracias a las numerosas prendas que salieron de su armario. Cada una de ellas va acompañada de una anécdota de la increíble vida de Betsy. ¿El abrigo de lana blanco? Me contó que se lo puso cuando conoció a Jackie Kennedy en la Casa Blanca, un espíritu afín que también apoyaba las artes. ¿El vestido de noche plateado? Se lo compró en París en los años cincuenta, cuando por fin convenció a su marido de que la llevara a Europa, donde estuvo destinado durante la Segunda Guerra Mundial. Cuando le pregunté a Betsy por qué se deshacía de todas estas prendas preciosas, me dijo: «Ya he disfrutado de ellas. Ha llegado el momento de que otra persona lo haga». Betsy no se guarda las cosas bellas. De ella he aprendido que algo bello no vale mucho si no puedes compartirlo con otra persona. Solo es un objeto más. Únicamente cuando dejas que alguien más lo disfrute, se convierte en algo bellísimo.

Violet tragó saliva para deshacer el nudo que tenía en la garganta y bajó del estrado. Solo cuando volvió a su asiento se permitió derramar unas lágrimas en silencio. Miró a Betsy, quien asintió con la cabeza y musitó un «gracias».

Después de la ceremonia, todos quisieron pasar unos minutos a solas con Betsy. Violet se quedó en un lateral, a la espera, y April se acercó a ella.

—Ha sido precioso —dijo April.

—Gracias —replicó Violet—. Me alegro de que hayas podido venir.

—Claro que sí. Betsy ha hecho muchísimo por mí. Pero ni siquiera sabía que estaba enferma, ¿y tú?

—No. Bueno, más o menos. Es complicado.

Betsy les hizo un gesto con la mano para que se acercaran.

—Ve tú primero —dijo April—. Yo hablaré después. Deberías pasar a solas unos minutos con ella. La conoces desde antes que yo.

—Vale. —Violet consiguió esbozar una sonrisa—. Gracias.

Violet abrazó a Betsy, con cuidado de no tocar las vías. El cuerpo de su amiga era muy frágil y huesudo, tal como parecía de lejos. Ocupó el asiento que había junto a la silla de ruedas.

—Gracias por venir —dijo Betsy—. Sé que ha debido de ser una sorpresa.

—¿Por qué no me dijiste que habías recaído? —preguntó Violet.

—Sucedió de repente. Cuando por fin me di cuenta de que no era solo un virus, de que el cáncer había vuelto, tenía neumonía y las enfermeras no me dejaban ni de día ni de noche. Sabía que estabas muy ocupada con la tienda. No quería preocuparte si al final no era nada grave.

—Pero sí era grave. Y ahora me siento fatal por no saber lo que te estaba pasando. ¿Cuánto hace que reapareció el cáncer?

—Sé lo que estás pensando. Cuando viniste a mi casa aquel día, te dije la verdad. Estaba en remisión. Todo estuvo normal durante un tiempo. Y me alegro de ello.

Betsy tosió, una tos afónica, sibilante, que le provocó un estremecimiento a Violet.

—¿Puedo hacer algo para que te sientas más cómoda por aquí? —preguntó.

—Ah, el personal está siendo maravilloso. Y voy a contarte un secreto de la residencia. —Se inclinó hacia ella y le colocó una mano huesuda y cubierta de venas azuladas en el brazo—. Aquí dan unas drogas buenísimas.

Violet se echó a reír.

—Seguro que hay formas más fáciles de conseguir drogas, Betsy.

—Muy bonito, ahora me lo dices. Aunque es un alivio. Porque no me duele nada.

Violet dejó de sonreír y dijo con voz seria:

—Si necesitas algo, dímelo. Si quieres algo de tu casa o te apetece algo especial de comer, estaré encantada de traértelo.

—La comida que me apetece ahora mismo es la que se me queda en el estómago.

—Ay, lo siento mucho.

—Deja de disculparte —replicó Betsy—. No hay nada peor que tener a un montón de gente sintiendo pena por ti, y la verdad, no hay motivos para tenerme lástima. He tenido más suerte en la vida que mucha gente. Y mira esta sala, todas estas personas son amigos, no familia. Algunos creerán que es una pena que no tenga hijos ni queden miembros de mi familia. Pero no se dan cuenta de que la familia tiene la obligación de venir a algo así. Los amigos no. Los amigos deciden venir. Así que tengo suerte. Todas estas personas quieren estar aquí.

—Bueno, pero ojalá que estuviéramos aquí por otro motivo.

—Por favor, cualquier motivo es bueno. Prométeme que cuando te vayas, no sentirás pena por mí.

—Te lo prometo. Eres muchas cosas, Betsy, pero no una persona por la que tenga que sentir pena.

—¿Me prometes otra cosa?

Violet asintió con la cabeza.

—No cometas el mismo error que yo y esperes al momento perfecto para hacer lo que quieres hacer con tu vida. Durante mucho tiempo me quedé de brazos cruzados por miedo a lo que los demás pensaran de mí: mi marido, sus compañeros y nuestros amigos. Me daba miedo volcarme con lo que verdaderamente me gustaba porque no quería levantar ampollas ni discutir con los demás. No hagas eso.

La cola de personas que esperaba para hablar con Betsy se había duplicado desde que Violet se sentó a hablar con ella, y April era la siguiente.

—De acuerdo. —Se puso en pie—. Será mejor que deje que los demás invitados te saluden. Eres muy popular. —Se inclinó y le dio un beso en la mejilla—. ¿Puedo venir a verte?

Betsy asintió con la cabeza.

—Voy a estar muy liada los próximos días, pero la semana que viene me vendría bien.

Violet había visitado a muy pocas personas ingresadas: a su abuela justo antes de morir, tumbada sobre las almohadas con su quimono de seda; a Karen, después de dar a luz a Edith, con la arrugada niña pegada al pecho; y a Jed, cuando tuvo una intoxicación etílica, con la cara llena de ronchas. En ninguna de esas situaciones tuvo que competir con otros visitantes por un hueco.

Cuando los invitados comenzaron a marcharse, Violet buscó su coche con la sensación de que debería sentirse más apesadumbrada. Pero recordó lo que Betsy le había dicho sobre no tenerle lástima e intentó con todas sus fuerzas cumplir su promesa. También pensó en el otro consejo de Betsy, en no esperar para conseguir lo que su corazón deseaba.

Condujo hasta la casa de Sam.

Él abrió la puerta, vestido con un pantalón de pijama a cuadros y una desgastada camiseta gris.

—Hola —dijo, y se inclinó para besarla—. Me alegro de verte. Pasa. ¿Quieres tomar algo? ¿Una cerveza? ¿Una taza de té?

Violet entró en la casa.

—Una cerveza me vendría bien, gracias. Vengo de la ceremonia en honor a Betsy.

—Lo siento.

Sam la abrazó con fuerza y ella inspiró su aroma. Parecía que acababa de ducharse, y de hecho aún tenía el pelo húmedo.

Violet se apartó.

—No, la verdad es que ha estado bien. Y me ha hecho pensar en varias cosas.

—¿Quieres hablar de lo que sea? —preguntó él—. Espera, deja que te traiga esa cerveza y luego nos sentamos fuera. ¿Has visto la luna que hay? Hace una noche estupenda.

Sam fue a la cocina y volvió con dos botellas de una cerveza artesanal.

Se sentaron en los escalones del amplio porche delantero, iluminado por farolillos de papel y la luna de agosto, y Violet le dijo que quería tener un hijo.

—Sé que puede sonar ridículo —dijo—. Es ridículo terminar una buena, no, una buenísima relación porque quiero tener un hijo algún día. A ver, casi tengo cuarenta años. No me queda mucho tiempo para ese «algún día». Y tampoco es que haya otra persona con la que quiera tener una familia. Pero supongo que no estoy preparada para eliminar esa posibilidad. Hay otras alternativas en el caso de que no pueda formar una familia tradicional. Y mentiría si dijera que no las estoy considerando.

El cricrí de los grillos rellenó el silencio que se produjo a continuación. La luz de la luna permitía a Violet ver la expresión decepcionada de Sam.

—No es ridículo —repuso él—. Deberías conseguir lo que quieres en esta vida. Jamás te pediría que renunciaras a uno de tus sueños.

—Y yo tampoco te pediría que cambiaras de opinión —dijo Violet, con la esperanza de que Sam le dijera que se equivocaba—. ¿Te sorprende mi decisión?

—No —contestó Sam—. Debería haberla previsto en nuestra primera cita al ver cómo se te iluminó la cara cuando cogiste en brazos a la hija de Karen.

Violet bebió un sorbo de la cerveza que Sam le había dado. Tenía cuerpo y sabía un poco a chocolate. A diferencia de Jed, que bebía cajas y cajas de lo que estuviera de oferta, Sam se ceñía a unas cuantas botellas procedentes de cervecerías locales y, a veces, incluso a cervezas artesanales de sus amigos. Le gustaba de Sam que prefiriese tomar un poco de algo excepcional a tomar mucho de algo mediocre. Así se lo dijo.

—Tú eres excepcional —dijo él al tiempo que le apartaba un mechón rebelde de la cara—. Pero no quiero tener que conformarme con una parte de ti. —Apartó la mano y se la puso en el regazo—. Por desgracia, lo de los niños suele ser motivo de ruptura.

Violet se preguntó con cuántas mujeres había mantenido

Sam la misma conversación. Detestaba cortar con él cuando, salvo por lo de los niños, todo iba tan bien entre ellos. Lo que Violet estaba haciendo violaba toda la filosofía de Sam de vivir el momento. Ella no estaba viviendo el momento. Estaba sacrificando la felicidad del momento por la esperanza de una felicidad distinta en el futuro.

—Ojalá pudiera decirte otra cosa.

Extendió los brazos y le tomó la mano entre las suyas.

—Ojalá yo pudiera hacerlo —replicó él; en su voz no había deje sarcástico alguno, solo tristeza.

Violet se dio cuenta de que lo decía en serio.

Sabía que estaba siendo infantil, pero le dolía no ser capaz de hacerlo cambiar de opinión, carecer de una habilidad especial de la que también habían carecido otras mujeres. Claro que creerse capaz de cambiar a los demás siempre había sido un defecto muy suyo. Y había llegado el momento de dejar de cometer los mismos errores.

25

Objeto: pantalones.
Fecha aproximada: comienzos de los noventa.
Estado: bueno.
Descripción: pantalones capri de Brooks Brothers. Confeccionados en algodón rosa y bordados con tortugas verdes.
Origen: tienda de ocasión Dig & Save.

April

April se incorporó en la cama haciendo un gran esfuerzo mientras trataba de recordar qué día era. A esas alturas del embarazo, contaba los días que le faltaban para salir de cuentas. Dichos días parecían eternos, porque apenas podía dormir por las noches. Daba igual de qué lado se pusiera, siempre había alguna parte de su cuerpo que le molestaba y, si no, le molestaba el bebé. Quien, por cierto, no paraba de moverse. Esa mañana tenía un dolor persistente en la parte baja del abdomen.

Recordó que era 31 de agosto y que faltaban seis días para celebrar el Día del Trabajo, la fecha en la que salía de cuentas.

—Te noto un poquito impaciente —dijo April mientras se ponía las manos en la barriga—. Pero te advierto que aquí fuera no todo es risas y felicidad. A veces este mundo es una locura.

Charlie se volvió sobre el colchón y le acarició un muslo.

—¿Qué hora es?

—Las seis.

—Vuelve a acostarte.

—No puedo. Casi no he pegado ojo. Llevo una hora despierta esperando que amanezca para poder levantarme y sentirme un poco normal.

—Si quieres, yo puedo hacer que te sientas mucho mejor que «normal».

April se alejó un poco.

—No, estoy espantosa.

—Pues a mí no me lo parece. Creo que estás preciosa.

Después de haber pasado tantos meses de embarazo sola, le encantaba recibir un cumplido, y se dejó envolver por la maravillosa sensación como si fuera una manta de pelo. Charlie se acercó de nuevo a ella y en esa ocasión no se alejó.

Esa misma mañana, cuando April fue a trabajar a la tienda, se detuvo nada más entrar para admirar el trabajo que Violet había hecho en la casa de su madre desde que la compró. Había pintado las paredes de su azul preferido, salvo la que estaba detrás de la caja registradora, que lucía un alegre tono naranja a modo de contraste. Violet también había organizado la tienda por secciones: la ropa estaba en la primera estancia, nada más entrar; las vajillas, cristalerías y demás, en el comedor; la ropa blanca, doblada primorosamente y ordenada en los armarios, cuyas puertas estaban abiertas. Era como entrar en una preciosa casa habitada por alguien, donde todo estaba en venta. La lámpara Gladys se encontraba en una mesa en el vestíbulo, bañando con su suave resplandor a todo aquel que entrara por la puerta. Sin embargo, lo más impresionante en opinión de April era el hecho de que Violet había instalado un ordenador nuevo en el mostrador y, con su ayuda, había instalado un programa de gestión con código de barras para seguirle la pista a todos los objetos del inventario.

Violet estaba sentada en la alfombra blanca del comedor, sacando copas, cuencos y vasos de sus cajas. Después de limpiarles el polvo, les colocaba una etiqueta con el precio y el código de barras, y los ponía en una estantería.

Violet la miró cuando entró.

—Buenos días.

—Veo que sigues ordenándolo todo —dijo April.

—Sí, es increíble la cantidad de cosas que tengo.

—¿Te echo una mano?

—Claro —contestó Violet—. Me vendría bien un poco de ayuda para quitar la ropa de verano. Los estudiantes han empezado a volver de las vacaciones y están buscando ropa de otoño.

—Eso es bueno —replicó April—. Pero no puedo levantar mucho peso.

—No te preocupes. Yo me encargo de sacar las cajas del sótano, donde están apiladas. Solo tendrás que colgar las prendas en las perchas. ¿Por qué no empiezas quitando las cosas de verano? Si las vas guardando en las cajas, las bajaré cuando vaya a buscar las otras.

April guardó vaporosos vestidos, bermudas de algodón y tops de tirantes de las perchas. Era increíble lo rápido que había pasado el verano. Ese año, a medida que los días se acortaban y el verano iba quedando atrás, sentía una cierta nostalgia. No solo estaba dejando atrás el verano, sino que pronto dejaría atrás la vida que había conocido hasta entonces. Cuando su madre murió, tuvo la impresión de que la infancia había llegado a su fin. Pero a esas alturas, cuando le faltaban tan pocos días para dar a luz, era como si la hubieran catapultado a un nuevo nivel dentro del mundo de los adultos. Menos mal que contar con la ayuda de Charlie la ayudaba a mantener el pánico a raya.

Después de retirar todo un perchero de ropa de verano, se sentó en el suelo con las piernas cruzadas y dobló las prendas para guardarlas en cajas. En un momento dado sintió una sensación húmeda en los pantalones. Se le aceleró el pulso. ¿Acababa de romper aguas? Se movió para mirar el suelo. Al no ver nada, se levantó y sintió que le caía algo húmedo por la cara interna de los muslos. Corrió hacia el baño del final del pasillo con las manos cubriéndose el trasero. Una vez que cerró la puerta, se bajó los pantalones y la ropa interior, que estaban empapados con un líquido de color claro. Dobló un poco de papel higiénico y se lo colocó en las bragas. Tenía que llamar a su doctora. Pero antes debía cambiarse de pantalones, y no tenía una muda limpia.

Salió corriendo del baño y rebuscó en una de las cajas que acababa de llenar hasta dar con unos pantalones lo bastante grandes como para poder ponérselos. Unos capri de talla XXL de color rosa, con tortuguitas verdes bordadas. Tendría que apañarse con eso. Tras coger un pañuelo largo de una de las perchas para usarlo a modo de cinturón, corrió de vuelta al baño para quitarse la ropa mojada.

Violet la miró con curiosidad al verla entrar en el comedor.

—Creo que he roto aguas —anunció April—. Espero que no te importe que me haya puesto esto.

Violet abrió los ojos como platos.

—Claro, lo que necesites. ¿Quieres que yo haga algo?

—No lo sé. Tengo que llamar a mi doctora.

Sacó el teléfono del bolso y marcó el número de la consulta de la doctora Hong.

Le contestó una de las enfermeras que, al escuchar que seguramente había roto aguas, le dijo que se fuera al hospital de inmediato.

—Tengo que irme —dijo April después de colgar. Echó un vistazo a las cajas esparcidas por la estancia—. Siento mucho dejarte con todo este lío.

—No vas a dejarme —la contradijo Violet—. Voy a llevarte al hospital.

—Puedo llamar a Charlie.

—Ni hablar. Dile que nos vemos allí.

Violet sacó el jeep del garaje y ayudó a April a sentarse en el asiento del copiloto. Tomaron la ruta más rápida al hospital, por John Nolen Drive, que discurría junto a la orilla del lago Monona. April observó a los ciclistas y a los patinadores que circulaban por el sendero del lago, sorprendida al ver que para ellos era un día normal.

—¿Estás bien? —le preguntó Violet, que la miró de reojo—. ¿No deberíamos estar contando los minutos que pasan entre contracciones o algo así?

April se encogió de hombros.

—Yo estoy tan perdida como tú. La verdad es que no estoy sintiendo nada, así que no sé qué vamos a contar.

—¿Estás nerviosa? —quiso saber Violet—. ¿Emocionada?

April se echó a reír.

—Tú sí que estás emocionada.

—Lo siento, supongo que estoy viviendo un poco tu momento.

—Vale, sí, estoy emocionada —admitió April—. Y asustada también.

Una vez en el hospital, Violet insistió en entrar por urgencias y le dio las llaves del coche al vigilante del aparcamiento.

—Podríamos haber entrado por la puerta principal —protestó April—. Estoy segura de que soy capaz de andar unos cuantos metros.

—Ni hablar —la contradijo Violet, que cogió una silla de ruedas y la instó a sentarse. Después, la llevó hasta el ascensor y subieron hasta la planta de maternidad.

Mientras April hablaba con la chica encargada del mostrador de recepción, echó un vistazo y se percató de que era por lo menos diez años más joven que las demás mujeres que esperaban. Las demás iban vestidas con ropa premamá. Una de las mujeres abrazaba una carpeta con una etiqueta que rezaba «Planes para el nacimiento» mientras mascullaba órdenes sin cesar al hombre sentado a su lado, que April supuso que se trataba del obediente marido. Otra llevaba una americana negra a través de la cual sobresalía su inmensa barriga y no paraba de teclear en su Blackberry como si estuviera negociando un contrato multimillonario desde la silla de ruedas.

«¿Dónde están las madres adolescentes de las que siempre hablan en las noticias?», se preguntó. Le encantaría ver al menos a una persona que pareciera tan perdida como ella se sentía.

Charlie llegó diez minutos después y entró en tromba por las puertas de la sala de espera, donde April aguardaba en la silla de ruedas a que la trasladaran a la sala de exploración.

—¿De verdad crees que va a nacer el bebé?

April se encogió de hombros.

—Eso es lo que pasa en la tele cuando las mujeres rompen aguas. Pero no te asustes. La enfermera me ha dicho que todavía falta, porque no tengo contracciones. O por lo menos creo que no las tengo. El caso es que ha dicho que me van a hacer una prueba para ver si de verdad he roto aguas o si me he hecho pipí encima sin darme cuenta.

—¿Eso puede pasar? —le preguntó Charlie.

—Supongo. La enfermera ha reaccionado como si fuera lo más normal del mundo.

Una vez que April estuvo en una diminuta sala de exploración, protegida del resto del mundo por una cortina de color verde claro, insistió en que Violet se marchara.

—Esto puede ir para largo —dijo April—. Además, Charlie está aquí.

—Vale, me voy si me prometes que me llamarás en cuanto nazca el bebé —replicó Violet—. O si necesitáis cualquier cosa.

—Te llamaremos —le aseguró ella—. Gracias por todo.

Después de que Violet se fuera, Charlie se colocó junto a la cama de April y observó con tensión a la enfermera ordenarle a April que separara las piernas para hacerle un test con un trozo de papel de color, como los que se usaban en clase de química.

—Ajá, has roto aguas —anunció la enfermera.

—Bien, me alegro de escuchar que no me hice pipí en los pantalones. He perdido el control de muchas partes de mi cuerpo durante los últimos meses y la vejiga es lo último que me queda.

April intentó aligerar el momento con una broma, pero a la enfermera no pareció hacerle gracia.

La mujer se limitó a preguntarle:

—¿Cada cuánto son las contracciones? ¿Y cuánto duran?

—No lo sé. He tenido dolores, pero no de forma regular. —Pensó en los eventos que habían tenido lugar esa mañana y se puso colorada—. Pero... Mmm, he mantenido relaciones sexuales esta mañana. ¿Cree que puede ser la causa de esto?

Para bochorno de April, la enfermera tecleó la información en su informe médico.

—El orgasmo puede estimular el útero y, de esta forma, entra en acción —le explicó la enfermera—. Sobre todo en esta última fase del embarazo. Así que sí, es posible que te haya ayudado. De todas formas, con sexo o sin él, el bebé está listo para salir. Eso sí, es posible que vaya para largo si no tienes contracciones.

—¿Para largo? ¿Horas?

—Horas o, en algunos casos, días.

¿Días? April suplicó que no fueran días.

—Entonces ¿puedo irme a casa y volver más tarde? —preguntó.

La enfermera negó con la cabeza.

—Una vez que rompes aguas, el riesgo de infección aumenta. Y como tuviste ciertas complicaciones al inicio de tu embarazo, preferimos ingresarte para tenerte controlada.

La enfermera instaló a April en una estancia más grande a la que llamó «sala de partos». La verdad era que se trataba de una habitación de hospital normal y corriente, pero con las paredes pintadas de malva y unos sillones más cómodos. A April le alegró no tener que compartirla con nadie, sobre todo con mamá BlackBerry ni con la señora de la carpeta.

Charlie se sentó en uno de los mullidos sillones, cerca de su cama y le dio un apretón en una mano.

—¿Estás preparada para esto?

April meditó al respecto.

—Creo que jamás podría estarlo. Estoy segurísima de que por eso el embarazo es como es. Tienes nueve meses para acostumbrarte a la idea de que llevas un ser en tu interior y cuando estás en la recta final, te encuentras tan incómoda que lo único que quieres es que salga, aunque la simple idea de tener que cuidar a un bebé sea aterradora.

—¿Estás aterrada? —le preguntó Charlie.

—Me han asustado las mujeres que he visto en la sala de espera. Parecen tenerlo todo planeado.

—Bueno, si algo he aprendido del material que he tenido que estudiar para acceder a los estudios de Medicina es que el cuerpo humano es capaz de hacer cosas increíbles. Por muy preparadas que estén, no hay garantía alguna de que las cosas vayan a salir tal como las han planeado. El cuerpo es impredecible.

April se acomodó en la cama y replicó:

—La vida es impredecible.

26

Objeto: gorro de bebé.
Fecha aproximada: años cuarenta.
Estado: excelente.
Descripción: gorro de bebé de lino blanco con patitos bordados en amarillo, ribeteado con una cinta de seda amarilla y encaje blanco.
Origen: subasta pública de propiedad en una granja.

Violet

Violet esperó la llamada telefónica mientras colgaba abrigos con cuellos de piel en los percheros. Esperó mientras doblaba jerséis de lana de angora y los colocaba en las mesas expositoras. Y esperó todavía más mientras preparaba el cierre de la tienda de esa noche y aseguraba la puerta de doble hoja de la casa.

Necesitaba buenas noticias. Los últimos meses habían estado cargaditos de algunas malas, así que suponía que ya le tocaba tener motivos para celebrar. El bebé de April y de Charlie parecía la excusa perfecta. Aunque la espera la estaba volviendo loca.

Salió de la casa, donde había estado trabajando sin descanso, o eso le parecía, a fin de que las cosas quedaran como ella quería. Para no quedarse parada, deambuló hasta llegar a Pinkus

McBride's, una tienda de barrio, para comprarle una tarjeta a April. La tienda contaba con algunas tarjetas con motivos de bebé, pero todas eran azules o rosas. Como no sabía qué color escoger, optó por una tarjeta blanca con un «enhorabuena» escrito por delante en brillantes letras doradas.

—¿Celebra algo especial? —preguntó el adolescente que hacía de dependiente mientras pasaba por el lector el código de barras de la tarjeta.

—Mi empleada... bueno, mi amiga está en el hospital ahora mismo dando a luz.

Violet rebuscó en la cartera y sacó unos billetes arrugados.

—Genial. ¿Tiene usted hijos? —preguntó él.

Violet negó con la cabeza.

—A lo mejor algún día.

El dependiente la miró de arriba abajo con expresión escéptica. Violet cogió la tarjeta y salió de la tienda. Pasó junto al parque James Madison de vuelta a casa, donde unos universitarios jugaban descalzos a lanzarse un disco volador y otros descansaban tumbados en toallas junto al lago. Ojalá pudiera disfrutar con la misma despreocupación de la cálida noche, tal vez una de las últimas de la temporada, pero tenía demasiadas cosas en la cabeza.

Caminó hasta la playita que había en el parque y se quedó de pie con los dedos enterrados en los guijarros de la orilla, viendo un grupo de barquitas virar al llegar a la boya situada en medio del lago Mendota. Un hombre que vendía helados con un carrito gritaba:

—¡Helado fresquito para el calor!

Una niña compró un polo rojo, blanco y azul, y Violet recordó el cuatro de julio. Sintió un aguijonazo de tristeza al pensar en su primera cita con Sam. Volvió a casa.

Cuando llegó a la casa verde, Miles la recibió en la puerta. Mientras lo acariciaba, comenzó a sonar el teléfono. Contestó, esperando recibir la noticia de que el bebé de April y de Charlie por fin había nacido.

—¿Diga?

—¿Hablo con Violet Turner? —preguntó una voz que le resultaba familiar.

Violet se quedó sin aliento.

—Sí.

—Soy Ellen, del Agrace Hospice, y me temo que tengo malas noticias.

Violet se apoyó en la encimera.

—¿Sí?

—Betsy ha muerto esta tarde.

Violet escuchó un pitido en los oídos y sintió que todo empezaba a darle vueltas. Se dio cuenta de que había estado conteniendo la respiración desde que había cogido el teléfono. Soltó el aire y, al hacerlo, las lágrimas resbalaron por sus mejillas y cayeron al suelo.

—Siento tener que comunicarle tan malas noticias —continuó Ellen—. Pero creo que le gustará saber que murió mientras dormía, sin dolor.

Esos detalles no cortaron sus lágrimas. Violet preguntó:

—¿Habrá funeral?

—Betsy no quería funeral. Ha donado casi todo su patrimonio a una fundación benéfica que convertirá su casa en una residencia para artistas, un lugar donde la gente puede optar a becas y encontrar un ambiente tranquilo y propicio para trabajar. Dijo que ese sería su funeral: el Centro Barrett para las Artes. No quería un ataúd ni una ceremonia ni nada parecido.

—Bueno, ¿van a enterrarla?

—Será incinerada —contestó Ellen—. Violet, normalmente no comparto este tipo de detalles con personas que no son de la familia, pero Betsy dejó muy claro que quería que usted fuera informada cuando muriese.

Violet se obligó a decir:

—Gracias. Gracias por ponerse en contacto conmigo.

—¿Quiere hacerme alguna pregunta?

Violet se sorbió las lágrimas.

—Yo... ¿puedo hacer algo?

—Ya está todo organizado —respondió Ellen—. Su abogado ha sido notificado para que pueda poner en marcha el fondo benéfico, y la residencia ya se ha puesto en contacto con la funeraria para la incineración. Betsy dejó instrucciones muy detalladas acerca de lo que debía suceder cuando muriera. No quería molestar a nadie.

Fue una sorpresa, y motivo de inspiración para Violet, comprobar que incluso en su lecho de muerte Betsy pensaba en los demás antes que en sí misma. Aun así, después de colgar el teléfono, no pudo evitar sentirse triste y además inquieta. Había estado esperando la muerte de Betsy, pero había pensado que habría alguna especie de aviso antes, que dispondría de otra oportunidad para verla y despedirse. Ya ni habría funeral, y no estaba segura de poder cerrar esa página de su vida de forma satisfactoria.

Se sentó y, como si se percatara de su tristeza, Miles apoyó el hocico en su regazo. Violet se inclinó hacia delante y le dio unas palmaditas en la cabeza, aliviada al contar con su compañía. Sabía que Betsy le había dicho que no sintiera pena por ella, pero no pudo evitar preguntarse si su amiga había muerto sola. Por supuesto, habría estado rodeada por el personal de la residencia, pero ¿habría tenido a algún ser querido para tomarla de la mano? ¿Para decirle que no tuviera miedo?

Pensó en April, que estaría en otra cama de hospital, experimentando algo totalmente distinto. Envidiaba un poco a April, no el hecho de que estuviera de parto, por supuesto, pero sí el hecho de que pronto tendría una familia. Cuando April y ella se conocieron, tenían mucho en común. Las dos estaban solteras y sin familia, y Violet sospechaba que eso las había ayudado a conectar, pese a las diferencias. En ese momento April tenía a Charlie, y dentro de nada los dos tendrían a su bebé. Se alegraba por ellos, pero su situación también tenía el incómodo efecto secundario de resaltar lo que ella no tenía, sobre todo cuando ya ni siquiera tenía una relación.

Desde su ruptura con Sam, los días habían pasado muy despacio. Intentaba distraerse con el trabajo, pero incluso las tareas que solían gustarle, como revisar cajas de tesoros que algunos clientes querían vender o ayudar a una universitaria a escoger vestido para una cita, la dejaban indiferente. Había pasado mucho tiempo desde la última vez que se permitió querer tanto a alguien como había querido a Sam, y por fin sabía el motivo: si la relación acababa, el dolor era demasiado grande.

Antes de conocer a Sam, casi se había resignado al hecho de que nunca volvería a encontrar el amor. Había salido con hombres, como era su deber, casi siempre por insistencia de Karen, que le decía que tenía que «volver a ponerse en el mercado». Aunque, en realidad, Violet solo quería estar en paz consigo misma y con su pasado, y probó todo lo que pudiera ayudarla a conseguirlo. Practicó taichi y yoga, pero eso solo la puso más nerviosa, ya que le proporcionaba demasiado tiempo a su mente ociosa para darle vueltas a las cosas de las que se arrepentía. Un maestro reiki le abrió los canales de energía, un acupuntor le acribilló el cuerpo con sus agujas. Incluso había visitado, a sugerencia de Erma, a una bruja local; se había sentado en mitad de un círculo de tiza con un chamán y había realizado un viaje mental para conocer al animal que era su espíritu guía. Una estrella de mar en su caso. El chamán le dijo que era porque las estrellas de mar se regeneraban. Podían sufrir accidentes, perder una extremidad, pero eran capaces de recuperarse y volver a estar completas incluso tras un gran trauma. A Violet le gustaba pensar que en eso se parecía a una estrella de mar, pero se temía que seguía sin estar completa.

Se distrajo de la tristeza y del anhelo organizando las cosas en su nueva tienda. Jugueteó con la disposición de la ropa en los percheros y con la distribución de los muebles. Estaba tan concentrada en el trabajo y en su dolor que dio un respingo cuando sonó el teléfono pasadas las diez y media de la noche. Contestó:

—¿Diga?

—¡Es una niña! —exclamó Charlie al otro lado de la línea—.

Espero que no sea demasiado tarde para llamar. Pero creíamos que te gustaría saberlo después de que April se fuera del trabajo como se fue.

—Nunca es tarde para recibir buenas noticias. Llevo todo el día pensando en ella, rezando para que todo fuera bien. ¿Le habéis puesto ya nombre a la pequeña?

—Katherine, por la madre de April. Pero vamos a llamarla Kate.

—La pequeña Kate. —Violet sonrió—. Es perfecto. ¿Cómo está April?

—Ahora mismo está dormida, pero está estupenda. Se muere por presumir de bebé.

—¿Y cuándo podrá hacerlo? Vamos, que cuándo puedo ir a veros.

—Con suerte, volveremos a casa pasado mañana, así que a lo mejor podrías pasarte por casa ese día.

—Claro. Puedo pasarme por la noche después de cerrar, pero ¿seguro que no será demasiado pronto? ¿No estará April muy cansada?

—Es posible, pero se muere por que conozcas a Kate. Eres la primera persona en la que April pensó en cuanto todo se tranquilizó después del parto. Dijo: «Me muero por que Violet la vea».

Violet sintió que se henchía por el orgullo. Tal vez no tuviera familia propia, pero eso se le acercaba muchísimo.

Dos noches después, Violet estaba sentada en una mecedora en el apartamento de April y de Charlie, con la pequeña Kate en brazos. Debido a las pérdidas de su abuela y de Betsy, había experimentado la muerte más de cerca de lo que le gustaba. Por eso era maravilloso tener ese bultito cálido acurrucado contra su pecho. La niña había estado durmiendo desde que llegó, así que todavía no le había visto los ojos, pero esos mofletes regordetes, esas manos arrugaditas y esas largas pestañas eran la viva imagen de la perfección.

—Es preciosa —dijo Violet.

—Me alegra que te lo parezca, porque yo también lo creo.

April tenía grandes ojeras y llevaba el pelo recogido en una coleta medio deshecha. Aun así, parecía mucho menos agobiada de lo que Violet recordaba haberla visto jamás, no solo porque ya no llevara a un bebé dentro, sino por algo más profundo: April parecía contenta.

Violet señaló con la cabeza un paquete que había dejado en la mesa, envuelto con un mapa viejo y atado con cuerda de esparto.

—Te he traído una cosa para Kate.

—Te lo agradezco —dijo April—. Pero no hacía falta.

—¿Lo dices en serio? ¿Cómo iba a desperdiciar la oportunidad de escoger algo pequeñito y bonito? —Violet arropó mejor a Kate con el arrullo—. Ábrelo.

April cogió el paquete y lo abrió, con cuidado de no romper el papel. Dentro había una cajita y cuando levantó la tapa, vio un gorrito blanco adornado con patitos amarillos bordados y encaje hecho a mano.

—Es precioso —dijo April—. Nunca había visto algo así.

—Es de los años cuarenta. Mientras estabas... —Violet dejó la frase en el aire, ya que no quería hablar de su discusión en un momento tan feliz—. Lo encontré en una de las cajas de la trastienda del antiguo edificio durante tu ausencia, mientras revisaba cosas para el desfile. Lo compré hace unos cuantos años en una subasta pública en una granja.

—No sabía que tuvieras cositas de bebé en el inventario —comentó April.

—Bueno, tengo algunos artículos. Durante un tiempo empecé a coleccionar cosas de bebé porque... —Violet se detuvo, avergonzada de admitir la verdad, una verdad que no era otra que el hecho de haber estado reuniendo ropa de bebé durante un tiempo, con la esperanza de tener un hijo algún día—. Yo... bueno... sopesé la idea de vender algunas prendas de bebé en la tienda, pero nunca la puse en práctica —terminó—. El asunto es que lo vi y lo guardé para ti.

—¿Te acordaste de mí después de haberme portado tan mal contigo? —preguntó April.

—Pues claro. Aunque ya no trabajabas para mí, esperaba tener la oportunidad de dártelo y de conocer al bebé.

Kate abrió los ojos en ese momento y extendió los bracitos por encima de la cabeza con un suspiro.

—Mira, le gustas —dijo April—. Es la primera vez que abre los ojos en horas.

Violet se inclinó de modo que su cara quedó a escasos centímetros de la de la pequeña.

—Hola, Kate. Soy Violet. Me alegro mucho de conocerte.

April sonrió y acarició con un dedo la cinta amarilla del gorro.

—Muchísimas gracias.

Se escuchó el cricrí de los grillos en el exterior y a dos niñas hablar cuando pasaron con sus bicicletas bajo la ventana abierta.

—Me gusta tu nuevo apartamento —dijo Violet, que se fijó en las vitrinas empotradas y en las molduras del techo—. Tiene unos detalles antiguos preciosos.

—Sí, me recuerda un poco a la casa de mi madre, bueno, ahora es la tuya. Pero está cerca de la facultad de Medicina, así que a Charlie le resultará mucho más cómodo. El horario de su primer semestre está muy cargado y no tiene mucha flexibilidad. He organizado mis clases teniendo en cuenta sus descansos para poder alternarnos y cuidar a Kate. Pero hay un seminario con un profesor invitado al que me muero por asistir que coincide con una clase en el horario de Charlie, así que no sé cómo lo vamos a hacer. Solo es una noche por semana. Supongo que tendremos que encontrar a alguien que cuide del bebé esa noche.

—Yo lo haré —se ofreció Violet.

Ni siquiera se lo pensó, lo dijo sin más. Y cuando se escuchó, le pareció lo correcto.

April se alegró.

—¿De verdad? ¿No será demasiado con la tienda y todo lo demás?

—Claro que no. Me encantan los bebés, y tal como me van

las cosas, cada vez tengo menos posibilidades de tener uno propio, así que disfrutaré de todas las oportunidades que se me presenten para estar con uno.

—Sí, pero ¿y todo lo que tienes que hacer para cerrar la tienda por las noches?

—Siempre puedo dejar lo más complicado para otras noches, y si no hay clientes a última hora, puedo cerrar un poco antes.

—Ay, Dios, sería maravilloso —dijo April—. Me muero por contárselo a Charlie. Será un alivio enorme. Estaba pensando en hablar con uno de sus profesores para ver si lo dejaba salir un cuarto de hora antes los miércoles, pero ya no hará falta.

—Por cierto, ¿dónde está Charlie?

—Ah, ha ido a la tienda a comprar pañales y ropita, y un montón de cosas más que nos hacen faltan. Teníamos algunas cosas, pero creo que no calculamos bien cuántas veces tendríamos que cambiar a esta pequeñina. La he cambiado de ropa al menos tres veces por... en fin, por algunos accidentes.

—Bueno, pues tienes que haberla lavado muy bien, porque ahora huele de maravilla.

Violet sintió que se le dormía el brazo, así que cambió a Kate de postura.

—Oye, antes has dicho que se te había ocurrido vender objetos vintage de bebé —comentó April—. Creo que deberíamos hacerlo.

Violet sopesó la idea.

—Claro, podríamos probar. A ver, no quiero llenar la tienda con cosas de bebé. Mi idea sigue siendo la de centrarnos en la ropa femenina. Pero si así la gente compra más cuando venga a la tienda, a lo mejor para ellos o para sus hijos...

—Exacto.

Kate comenzó a llorar y Violet se puso en pie para andar por la habitación mientras la mecía.

—Necesito una de esas cosas que mecen a los niños —dijo April—. Le encanta que la mezan, y sería estupendo tener las manos libres de vez en cuando.

A Violet se le ocurrió una idea.

—Voy a preparar una fiesta de bienvenida para Kate —dijo—. Puedes hacer una lista de todo lo que necesitas y que todavía no has comprado.

—¿No se supone que eso tiene que hacerse antes de que nazca el bebé?

—Sí, pero ¿quién dice que no puedo organizarte una ahora? Nunca me han gustado los convencionalismos. Háblalo con Charlie y pensad una fecha que os venga bien a los dos. Yo lo organizaré todo.

April esbozó una enorme sonrisa. Violet no quería contarle lo de Betsy, no quería hacer nada que estropeara la felicidad de esa noche, pero sabía que tenía que decírselo. April acabaría enterándose.

Se volvió a sentar mientras arrullaba a la pequeña. Cuando Kate se tranquilizó, dijo:

—Betsy murió hace dos días.

—No. —April se llevó una mano a la boca—. ¿Estuviste con ella cuando...?

Violet negó con la cabeza.

—Me dieron la noticia un par de horas antes de que Charlie me llamara.

—Malas noticias seguidas de buenas noticias.

Violet se calló la otra mala noticia, su ruptura con Sam; guardaría el secreto de momento. No quería que nada desviara la atención de la perfecta Kate, que en ese instante dormía de nuevo en sus brazos.

27

Objeto: funda de pasaporte.
Fecha aproximada: 1975.
Estado: pasable.
Descripción: funda de pasaporte de piel de potro, marrón y blanca, forrada de cuero. Se le nota el uso y tiene algunos roces.

Amithi

Amithi abrió la puerta principal de la casa en la que había entrado miles de veces. Escuchó el crujido de las bisagras y se irritó por el hecho de que Naveen no las hubiera engrasado. Cerró la puerta tras ella. Pese al precioso día de septiembre, cálido y soleado, las ventanas estaban cerradas y en la casa reinaba cierto olor que delataba la falta de ventilación. Si sus cálculos eran correctos, Naveen debía de estar dando una clase esa tarde. Pasó por la cocina y vio que la encimera estaba llena de platos sucios. En el frutero había unos cuantos plátanos marrones y una manzana arrugada. Sobre la mesa descansaba la caja de un plato precocinado con la mitad de su contenido aún en el interior. Le costó la vida misma no entrar en la cocina para limpiarla. Se recordó que solo había ido en busca de su pasaporte y siguió andando.

Al llegar al despacho, abrió el armario y sacó la carpeta donde Naveen y ella guardaban todos los documentos importantes, como los que acreditaban su nacionalidad estadounidense y sus tarjetas de la seguridad social. Hojeó los documentos y encontró su pasaporte debajo de una copia del certificado de nacimiento de Jayana. Ver su firma junto a la de Naveen en dicho certificado, algo que hicieron hacía tantos años, le recordó hasta qué punto estaban entrelazadas sus vidas.

«Razón de más por la que tengo que marcharme una temporada», se recordó al tiempo que cerraba la carpeta. Mientras apagaba la luz del despacho y atravesaba la silenciosa casa, se percató de lo extraño que le parecía estar en ella. Ya no le parecía su hogar.

Acababa de llegar a la puerta principal cuando escuchó pasos tras ella. Se volvió y vio a su marido en la escalera. Llevaba una barba muy descuidada y un albornoz, que dejaba a la vista unas piernas muy delgadas. Había perdido peso.

—¿Amithi? —lo oyó decir.

Ella aferró el pomo de la puerta.

—Por favor, espera.

Naveen bajó hasta el vestíbulo y le colocó una mano en un brazo. Tenía una expresión frágil y esperanzada en la cara.

Por un instante, Amithi se compadeció de él, pero la compasión no tardó en ser reemplazada por la ira. Se zafó de su mano.

—Solo he venido a por mi pasaporte —dijo—. Esperaba que estuvieras trabajando.

—Jayana me ha dicho que el mes próximo te vas a la India —comentó él con expresión dolida.

—¿Ya te devuelve las llamadas telefónicas? —le preguntó ella.

Según tenía entendido, su hija seguía dándole la espalda. Amithi no sabía qué pensar al respecto. Por una parte, agradecía la lealtad que le demostraba su hija. Por otra, quería que tuvieran una buena relación. Aunque Jayana era una adulta, y muy independiente además, no quería que algún día se arrepintiera de haberse alejado de su padre.

—No —contestó—. Es que me encontré con ella por casualidad en una tienda de bocadillos cerca del campus.

—Quiero que sepas que no le he dicho a Jayana que te dé la espalda.

—No, por supuesto. Sé que serías incapaz.

El sufrimiento que se reflejaba en los ojos de Naveen era un sentimiento con el que podía solidarizarse, aunque tenía muy claro que se lo había buscado él solo. Ella también había vivido con el miedo de distanciarse de su hija, algo que la ayudaba a valorar mucho más la cercanía que existía entre ellas en ese momento.

—¿Recuerdas la última vez que fuimos juntos a la India, en familia, cuando Jayana era adolescente? —le preguntó Naveen—. Se estuvo quejando durante todo el vuelo porque no quería ir, pero luego no quería venirse cuando llegó el momento de regresar.

Amithi lo recordaba, pero le enfureció que los recuerdos que guardaba de dicho viaje, algo que también sucedía con todos los recuerdos que guardaba de su familia, estuvieran mancillados por la traición de Naveen.

Se produjo un silencio entre ellos, cargado con las emociones de media vida.

Al final, Naveen dijo:

—Supongo que debería decirte que estoy planeando viajar a la India al mismo tiempo que vais a hacerlo Jayana y tú. Para visitar a mi familia.

Amithi apretó con fuerza el pasaporte, doblando la funda al hacerlo.

—Naveen, este es mi viaje —replicó con un deje irritado—. Rara vez te he pedido algo para mí durante todos estos años.

—Lo sé. Lo sé. —Naveen levantó las manos, con las palmas hacia arriba—. Te prometo que no tengo intención de interferir en el tiempo que vas a pasar con Jayana. Me quedaré en casa de mi hermana. Te juro que no espero nada de ti. Solo quería estar cerca de vosotras. —Hizo un gesto para abarcar la casa polvorienta—. Todo está vacío sin ti, *jaanu*.

Jaanu, un apelativo cariñoso que en hindi significaba «vida mía».

Amithi soltó el aire. Dudaba mucho que Naveen no esperase nada de ella. ¿Alguna vez había sido cierto, en su caso y en el de cualquier otro marido?

—Si no esperas nada de mí, ¿por qué no vas a la India en otro momento, cuando Jayana y yo regresemos? —quiso saber.

La mirada de Naveen reveló la verdad antes de que hablara siquiera.

—Supongo que espero que, al estar en el lugar donde nos conocimos, seamos capaces de recordar cómo eran las cosas entre nosotros. Todavía te veo tal como estabas la primera vez que te vi en casa de tus padres. Yo estaba nervioso y no paraba de sudar, pero tú estabas preciosa con tu sari azul, muy serena. Siempre has sido la serenidad de mi vida, Amithi. Cuando pienso en el daño que te he hecho, en lo tonto que he sido...

Se le quebró la voz y apartó la mirada.

Escuchar la nostalgia que embargaba a Naveen mientras hablaba del pasado la enfureció. ¿Cómo se atrevía a añorar algo que él mismo había arruinado? ¡Menudo egoísmo sentir lástima de sí mismo cuando él le había hecho tantísimo daño! Su soledad se evidenciaba no solo en el mal estado de la casa, sino también en su barba. Pero él mismo podía haber evitado ese desenlace si hubiera pensado en las consecuencias que tendrían sus actos sobre su familia.

—Naveen, esos días ya pasaron —le dijo.

—Amithi, lo siento muchísimo. Tienes todo el derecho del mundo a estar enfadada conmigo. Entiendo que no quieras verme mientras estés en la India. Pero si nos vemos, aunque sea para tomarnos un té, el viaje merecerá la pena para mí.

Amithi suspiró.

—¿Cuánto tiempo vas a estar?

—Dos semanas. Es lo máximo que me permite el trabajo. ¿Y vosotras? ¿Cuándo regresáis?

—No lo sé con seguridad —contestó Amithi—. Cuando

volvamos, pasaré unos días en Nueva York. Me he matriculado en el FIT para asistir a unas clases.

—¿En el FIT? —Naveen lo preguntó con escepticismo—. Es la primera vez que lo oigo. ¿Qué tipo de clases?

—Es el Fashion Institute of Technology —explicó ella, que no esperaba que Naveen lo entendiera—. Imparten una serie de clases abiertas al público que me parecen muy interesantes. Hay una sobre diseño y patronaje que creo que me ayudará en mi trabajo.

—Eso explica el pago que he visto reflejado en la tarjeta de crédito.

Amithi se puso a la defensiva.

—Las clases son un poco caras, pero podré desgravármelas como gasto en cuanto mi empresa de corte y confección genere beneficios.

—No me preocupa el coste —le aseguró Naveen—. ¿Qué es eso de una empresa de corte y confección? No sabía que estuvieras trabajando.

—Ni siquiera sabías que tenía intereses que no estaban relacionados con tu persona —apostilló Amithi con un subidón de adrenalina.

Naveen pareció tan sorprendido al escucharla como lo estaba ella de haber hablado. Jamás había sido tan sincera con su marido.

—Siempre he sabido que te gusta coser —señaló él—. Y sé que antes de casarnos diseñabas cosas. Lo mencionaste cuando nos conocimos.

—No sabía que lo recordaras —replicó Amithi.

—Recuerdo todos los detalles de nuestro primer encuentro. —Naveen se metió las manos en los bolsillos—. Ojalá hubiera sabido que estabas interesada en asistir a clase. Podríamos haber organizado las cosas para que lo hicieras.

—Naveen, las clases no son lo importante —dijo Amithi, cada vez más frustrada—. Lo importante es el hecho de que me traicionaras y me mintieras.

Naveen clavó la mirada en las baldosas del suelo.

—Lo sé. Lo siento mucho, Amithi. Solo deseo que las cosas vuelvan a ser como antes.

—Eso es imposible. La vida que creíamos tener... solo es una ilusión, es ficción. Y es demasiado tarde como para intentar reescribirla.

—Bueno, en ese caso, tal vez sea posible empezar una historia nueva —sugirió Naveen con cierto titubeo—. Una historia en la que yo pueda ser un esposo mejor para ti.

—Es posible —replicó Amithi.

—Entonces, tómate un té conmigo cuando estemos en la India. Te prometo que no te pediré nada más. Podemos vernos en aquella cafetería pequeña de la parte antigua de la ciudad que tanto te gustaba.

—No —rehusó ella con voz firme.

La esperanza desapareció del rostro de Naveen.

—Iré a casa de tu hermana y nos prepararás el desayuno a Jayana y a mí —dijo Amithi—. Nada más. Desayunaremos juntos.

Naveen pareció sorprendido al principio, pero después esbozó una sonrisa.

—Sí —accedió, encantado—. Prepararé ese pan relleno que tanto te gusta, *aloo paratha*. Y mangos. Esos pequeños y dulces que venden allí. Ya verás. Será el mejor desayuno que hayas comido en la vida.

Amithi aferró de nuevo el pomo de la puerta. En esa ocasión sí la abrió y salió a la luz del sol.

28

Objeto: broche.
Fecha aproximada: década de los sesenta.
Estado: aceptable.
Descripción: broche de imitación de oro con forma de estrella de mar y adornos de piedrecitas, algo desgastado en los bordes.
Origen: mercadillo particular.

VIOLET

El tatuador, que lucía perilla, examinó el broche que le dio Violet. El engaste dorado y las piedrecitas azules brillaban bajo las luces de neón que tenía en el escaparate de su local.

—¿Qué te parece, Gary? —preguntó ella—. ¿Crees que podrás hacer algo parecido?

—Claro. —Le dio la vuelta al broche en sus enormes manos—. Nunca he hecho una estrella de mar como esta, pero sí he tatuado vida marina. Un montón de delfines, claro. Fueron muy populares durante un tiempo. Y también he tatuado corales, conchas... Una mujer incluso me pidió que le tatuara el pececillo ese tan mono de la película. ¿Cómo se llamaba? ¿Nemo?

Violet se echó a reír.

—Por el amor de Dios, no quiero que este tatuaje se parezca en nada a un personaje de dibujos animados.

Gary levantó las manos.

—Oye, yo no critico a nadie. Solo hago lo que la gente me pide. Además, no te pega. —Rodeó a Violet para echarle un buen vistazo a su brazo—. El fénix que te tatué hace unos años sigue en buen estado.

—Por eso he vuelto —replicó ella—. Me fío de ti.

—Voy a tener que hacer un boceto a mano del diseño. ¿Te importa esperar unos minutos?

—Sin problemas —contestó Violet.

Mientras Gary estaba sentado a su escritorio, Violet esperó en un sofá de imitación de cuero lleno de cojines, contemplando la marea de transeúntes que paseaba esa noche por Williamson Street. En el porche de una cafetería al otro lado de la calle había unas cuantas cajas de verduras. Violet vio a una mujer cargar el contenido de una de las cajas en una bolsa de tela. Supuso que se trataba de un punto de recogida para alguna de las granjas comunitarias que entregaban verduras a sus cooperativistas todas las semanas.

Gary se levantó, sosteniendo el papel sin dejar de dibujar.

—¿Qué te parece esto? —preguntó al tiempo que apartaba el lápiz para que Violet pudiera ver el dibujo—. ¿Es lo que tenías en mente?

—Es preciosa —contestó mientras pasaba un dedo por uno de los delicados brazos de la estrella de mar.

—Pues siéntate.

Violet volvió a sentarse en la camilla y se levantó la manga.

—¿Otra vez en el bíceps? —preguntó Gary.

Violet asintió con la cabeza.

—Pero en el otro brazo.

—Lo tuyo tiene mérito, que lo sepas. Muchas tías los quieren donde no se vean, como en la cadera o en la espalda.

—Ya, pero yo no soy como la mayoría de las tías.

Violet creyó atisbar una media sonrisa en los labios de Gary mientras le limpiaba el brazo con un algodón empapado en alcohol, tras lo cual empezó a dibujar con el lápiz. Cuando lo apartó, tenía una fina línea azul que marcaba el contorno del tatuaje.

—Dime, ¿por qué una estrella de mar? —preguntó—. No tienes que decírmelo si no quieres, pero me gusta escuchar las historias de los clientes si les apetece contármelas.

—A mí también me gusta. Escucho las historias de mis clientas a todas horas —dijo Violet—. He escogido una estrella de mar porque se curan y pueden regenerarse, aunque estén heridas o pierdan un brazo. He sufrido muchas pérdidas en mi vida recientemente.

Pensó en Sam y en lo mucho que lo echaba de menos, en lo mucho que ansiaba sentir sus cálidos brazos a su alrededor. Pensó en la abuela Lou y en Betsy, que se había convertido en una especie de abuela para ella. También pensó en su antigua vida en Bent Creek y en cómo, al alejarse de Jed, había tenido que alejarse de sus padres y de todos los recuerdos de la niña que fue en otro tiempo.

—Regeneración. —Violet soltó una carcajada seca—. Suena muy raro, ¿a que sí?

—No, me gusta. He escuchado cosas más raras.

Gary empezó a trabajar y montó un artilugio intimidatorio con agujas y tubos.

Violet lo observó mientras intentaba aparentar tranquilidad. Al fin y al cabo, la idea de hacerse un tatuaje era recordarse que una experiencia dolorosa podía conllevar algo bueno.

Gary le frotó el brazo con un líquido y se inclinó sobre ella con una aguja sujeta a una bolsa.

—¿Lista?

—Ajá.

—Recuerda: respira.

Gary encendió el artilugio.

Violet sintió el aguijonazo y el dolor que se extendió por su brazo en cuanto la aguja comenzó a atravesarle la piel con un zumbido constante. Para evitar regodearse en las pérdidas que había sufrido, se concentró en su nueva casa, en su nuevo comienzo. Tal vez tardara bastante, pero estaba decidida a sentirse completa de nuevo.

—¿Vas bien? —preguntó Gary.

Asintió con la cabeza, aunque apretó el puño del otro brazo.

El zumbido cesó y Gary apartó la aguja.

—Bien hecho. Ya hemos terminado con el contorno, que siempre es lo peor.

Violet sonrió.

—Es bueno saber que lo peor ya ha pasado.

A la mañana siguiente Violet aún tenía el brazo dolorido. Se puso crema y buscó en el armario una prenda que cubriese el tatuaje enrojecido e hinchado, pero que no le rozara la piel. Se sobresaltó cuando escuchó el timbre. Solo eran las ocho y media, y todavía faltaba hora y media para la apertura de la tienda.

Se puso un vestido camiseta de algodón antes de bajar corriendo la escalera para abrir la puerta. Cuando lo hizo, se encontró a un hombre trajeado con un maletín en las manos. En ese momento creyó que se le iba a salir el corazón del pecho, ya que recordó el día que le entregaron la notificación de desahucio.

—¿Puedo ayudarlo? —preguntó.

No lo invitó a pasar.

El hombre dejó el maletín sobre los desgastados tablones del porche.

—¿Es usted Violet Turner?

—Sí. ¿Qué desea? —preguntó mientras intentaba mantener una voz serena.

—Mi bufete se encarga de la liquidación de la propiedad de Elizabeth Barrett —contestó el hombre—. Y me han encomendado la tarea de ponerme en contacto con las personas interesadas.

Violet soltó el aire.

—Bueno, yo no me incluyo entre ellas. Quiero decir que era

amiga mía, pero no soy parte de su familia ni uno de los herederos ni nada por el estilo.

—Según el testamento de la señora Barrett, va a recibir algunas de sus posesiones.

Violet se quedó sin aliento.

—¿Qué?

—La señora Barrett la nombró beneficiaria en su testamento. De hecho, es usted el único ser humano que nombró como tal. Todo lo demás pasará a disposición de su fundación para las artes o a diversas obras benéficas.

—Tiene que estar de broma. No en lo de las obras benéficas, claro, sino sobre mí.

El hombre cogió el maletín y lo abrió.

—Aquí tiene mi tarjeta y una copia del testamento para que pueda comprobarlo usted misma. Betsy me indicó que tenía que comunicárselo en persona, no por teléfono ni por correo electrónico.

Violet extendió una temblorosa mano y aceptó los documentos que le ofrecía.

—Debo decirle que primero hay que crear la fundación, el Centro Barrett para las Artes. Y también tenemos que pagar las facturas médicas con el dinero de Betsy —explicó—. Esas son nuestras prioridades ahora mismo. En cuanto esté solucionado, nos pondremos en contacto con usted para hacerle entrega de los efectos personales que la señora Barrett quería que tuviera. Seguramente en el plazo de un mes.

—De acuerdo —replicó Violet, aturdida.

—También tenemos que tasar los objetos para calcular los impuestos, de modo que en cuanto lo hagamos, le daremos un listado pormenorizado para sus archivos. —El hombre sonrió—. No entiendo mucho de moda, pero aun así sospecho que algunas de las prendas son muy valiosas.

Violet pensó en los preciosos trajes y vestidos de su amiga, en las decenas de zapatos y de gafas de sol de marca. Se entristeció al pensar que nunca vería a Betsy con alguna de esas prendas.

Después de que el abogado se marchara y con las manos aún temblorosas por la sorpresa, Violet hojeó los documentos que le había dado y buscó la hoja en la que aparecían las rúbricas. Observó que el testamento estaba firmado desde hacía más de un año, antes de que empezaran sus problemas con el antiguo edificio y antes de que se enterase de la enfermedad de Betsy. Por algún motivo, eso la alegró. Betsy sabía de sus problemas con el propietario del edificio y ella esperaba que no le hubiera dejado dinero por esa razón. Al igual que le sucedía a Betsy, no le gustaba nada que le tuvieran lástima. Saber que su amiga la había incluido en el testamento solo por afecto y no por caridad hizo que valorara aún más el regalo.

Tras la última página del testamento había un documento que rezaba «Anexo sobre la disposición de los efectos personales». El abogado de Betsy le había explicado que en esa parte se encontraban las disposiciones según las cuales se repartían las posesiones personales de Betsy y que debería buscar su nombre en esa parte. El anexo constaba de varias páginas, con listas de los tesoros de Betsy y las personas que debían recibirlos. Su colección de plata iría para la asociación histórica local. Sus obras de arte estaban detalladas, unas irían para la fundación que controlaría el Centro Barrett de las Artes y otras al museo de arte contemporáneo. Algunos objetos tenían notas manuscritas al lado, como «para la colección permanente» o «para el mejor uso según las necesidades».

En la última página aparecían los abrigos de piel, la colección de bolsos y «todo el contenido del armario del dormitorio» de Betsy. Junto a dichos objetos, Violet leyó la siguiente frase: «Para Violet Turner, para su disfrute personal o para que lo use, lo done o lo venda según crea conveniente».

Violet se dio cuenta con pesar de que por fin vería el contenido del armario de Betsy, algo que siempre había deseado hacer, pero lamentaba que su amiga no estuviera allí para contarle las anécdotas de todas esas prendas tan bonitas.

April apareció por la tienda esa tarde, con Kate dormida en la sillita del coche. Dejó la sillita en el mostrador, donde Violet y ella pudieran admirarla.

—Bienvenida, mamá —la saludó Violet mientras se fijaba en la falda de estampado degradado y en los collares de cuentas de madera que había comprado en la tienda—. Tienes muy buen aspecto para alguien que acaba de dar a luz. ¿Por qué has venido? Te dije que tenía las cosas bajo control. Creía que ibas a tomarte un tiempo libre.

—Ah, no te preocupes, no he venido a trabajar —le aseguró April—. Es que tenía que salir de casa. Estar sentada todo el día me recuerda al tiempo de reposo. Bueno, ¿qué me he perdido?

Violet deslizó la copia del testamento por el mostrador.

—¿Qué es? —April lo cogió—. ¿Algo de la «propiedad Barrett»?

Violet sonrió.

—Acabo de descubrir que la maravillosa y ladina Betsy me ha dejado todo el contenido de su armario.

—¿De verdad? ¡Qué pasada! —chilló April.

La pequeña Kate abrió los ojos al escuchar la voz de su madre, pero bostezó y los volvió a cerrar.

—Bueno —dijo Violet—, dado que ya no estoy a punto de que me desahucien y dado que al parecer voy a recibir unos objetos muy valiosos en poco tiempo, parece que ya no tendré un presupuesto tan ajustado como en el pasado. Eso ha hecho que me ponga a pensar en cómo quiero llevar las cosas de ahora en adelante.

—¿En serio? ¿Has pensado mejor lo de vender disfraces?

—Sí, y creo que deberíamos hacerlo, pero estoy hablando de una imagen más amplia.

—¿A qué te refieres?

—En fin, cuando te fuiste, antes de que tuvieras a Kate y hace unos cuantos días, me di cuenta de lo mucho que aportas a la tienda.

—Gracias —dijo April—. No sabes lo que significa para mí.

—He decidido que ahora que se acaban tus prácticas, me gustaría ofrecerte un empleo remunerado si crees que tendrás tiempo para trabajar unas cuantas horas a la semana en cuanto te aclares con las clases, con Kate y con todo. —Sonrió—. Si quieres, claro. Sin presiones.

—Pues claro que quiero —dijo April—. Aunque debo admitir que no lo creía posible.

—Sabes que por más que adore la tienda, también adoro otras cosas —continuó Violet—. Y mientras yo sea la única persona encargada de este lugar, no tendré tiempo para nada más. Al verte con Kate me he dado cuenta de que algún día, no ahora mismo, claro, porque sigo muy liada aclimatándome, pero con suerte en un futuro no muy lejano, me gustaría formar mi propia familia.

Se inclinó y tocó la rosada mejilla de la niña.

—¿De verdad? ¿Estás considerando adoptar o probar la inseminación o algo? —April se tapó la boca con una mano—. Lo siento, ¿me he pasado?

Violet se encogió de hombros.

—A lo mejor opto por la acogida. No sé. Todavía no he pensado a fondo la idea. Pero sé que es algo que quiero hacer. Y cuando eso suceda, no sé de dónde voy a sacar el tiempo para ser madre y seguir encargándome de la tienda siete días a la semana. Así que, si te interesa trabajar aquí...

—Me interesa muchísimo —le aseguró April—. Pero seguramente podré trabajar muy pocas horas durante el curso. Creo que las clases van a ser muy duras. Me he presentado a las pruebas de admisión para algunas clases de cálculo que suelen estar reservadas para alumnos de cursos superiores.

—Tranquila, encajaremos el horario de trabajo con tus clases.

April sonrió.

—¿Qué te ha hecho cambiar de idea? —preguntó—. Debes reconocer que al principio no te gustaba ni un pelo trabajar con alguien. Estoy casi segura de que Betsy te obligó a aceptarme.

—Pues sí —reconoció Violet—. Pero Betsy sabía lo que hacía.

29

Objeto: disfraz.
Fecha aproximada: 1995.
Estado: excelente.
Descripción: disfraz de equilibrista de circo. Malla de satén con estampado de leopardo, adornada con lentejuelas rojas y doradas.
Origen: Lane Lawton. Se lo puso para una obra de teatro independiente en Nueva York.

April

Un martes del mes de octubre, April estaba ordenando los vestidos de cóctel en su perchero con la esperanza de atraer a las estudiantes que pronto celebrarían las reuniones con sus antiguos compañeros del instituto, cuando sonó el teléfono de la tienda. Se acercó al mostrador y lo cogió.

—Soy yo, Violet —dijo esta casi sin aliento, desde el otro lado de la línea—. ¿Hay algún cliente en la tienda?

—No. Hemos tenido mucho movimiento durante la hora del almuerzo, pero las cosas se han calmado —contestó April—. Amithi está arriba, haciendo algunos arreglos.

—Vale. ¿Puedes cerrar la tienda durante una hora más o menos? Necesito que vengas a recogerme al 215 de South Hamilton ahora mismo. He encontrado algo increíble, y creo que, como no mueva ficha, me lo quitarán de las manos.

April apuntó la dirección.

—Claro, ahora mismo voy. Pero no creo que haga falta cerrar la tienda. Puedo pedirle a Amithi que se encargue mientras yo estoy fuera.

—No, tráela contigo. Me vendrá bien su ayuda.

—Pero ¿y si llegan más clientes? —preguntó April—. Con Halloween a la vuelta de la esquina, puede venir gente en busca de disfraces. Que conste que te lo advertí. Desde que pusimos los disfraces a la venta, nos los quitan de las manos. Ah, ¿recuerdas el de equilibrista de Lane? Lo han dejado reservado y hoy volverán para llevárselo.

—Vale, pues pon un cartel en la puerta que diga que volveremos pronto y cierra la tienda. No tardaremos mucho, te lo prometo.

April subió a la primera planta, donde Amithi cosía inclinada sobre su máquina de coser, trabajando en una prenda confeccionada con un reluciente tejido negro.

—Violet acaba de llamar —anunció alzando la voz, para hacerse oír por encima del ruido de la máquina de coser—. Quiere que vayamos a buscarla.

Amithi detuvo la máquina.

—¿Ahora? Tengo que acabar este vestido antes de marcharme mañana a la India. Le prometí a la clienta que se lo acabaría.

—Violet dice que vayamos ahora mismo.

—¿Por qué? —preguntó Amithi.

—He aprendido que, tratándose de Violet, a veces es mejor no preguntar.

April le echó la llave a la puerta de la tienda. Amithi y ella cogieron el autobús y se bajaron en South Hamilton Street, una calle cercana al capitolio. April comprobó varias veces el número y el nombre mientras miraba a su alrededor. Solo veía el juzgado, un banco, un aparcamiento y varias casas de alquiler con muy mal aspecto, cuyos jardines estaban plagados de propaganda electoral debido a las inminentes elecciones. ¿Dónde había encontrado Violet un tesoro vintage teniendo en cuenta el vecindario? A lo mejor había encontrado algo en Craigslist, alguna prenda de ropa carísima que estaba escondida en el sótano de una de esas desvencijadas casas.

Amithi y ella caminaron de un lado para otro de la calle, mirando los números. 210. 212. Pero ni rastro del 215. April detuvo a un hombre que salía del juzgado con un maletín.

—Perdone, señor, ¿sabe dónde está el número 215 de South Hamilton Street? —le preguntó.

El hombre señaló con el pulgar el enorme edificio que tenía a su espalda.

—Es el número del juzgado.

April y Amithi subieron perplejas los escalones de la entrada y, al llegar a la puerta, un vigilante de seguridad las obligó a quitarse el abrigo y los bolsos para pasarlos por un detector de metales. April se asustó al pensar que Violet podía haber recibido una citación para algo relacionado con el alquiler del antiguo edificio. Aunque sabía que Karen y ella habían estado ocupadas con todo el papeleo referente a ese tema antes de mudarse a la que fuera la casa de su madre, tal vez se les hubiera escapado algún detalle.

—Perdone —le dijo Amithi al vigilante—. ¿Ha visto entrar a una mujer con el pelo corto?

El hombre se rascó la barba canosa.

—¿Iba vestida de novia?

Amithi se encogió de hombros mientras April respondía:

—Mmm... no creo.

—Casi todas las mujeres que he visto entrar durante la última hora o así parecían abogadas. Ya saben, trajeadas y con maletines. La única que no me ha parecido una abogada iba vestida de novia.

—Mmm... —murmuró April—. Gracias de todas formas. Supongo que esperaremos en el vestíbulo hasta que veamos a nuestra amiga.

—Ah, la mujer vestida de novia tenía tatuajes. Un pájaro y otra cosa. ¿Una estrella de mar?

A través de la puerta situada detrás del vigilante de seguridad, April vio a Violet salir del ascensor, ataviada con el vestido de novia de color marfil de los años cincuenta que ella misma había comprado para su boda y que después había devuelto en primavera.

Amithi jadeó.

April se acercó a Violet a la carrera.

—¿Es lo que creo que es?

Violet las abrazó como pudo para no aplastar el ramo de ranúnculos rojos que llevaba en una mano.

—Sam y yo vamos a casarnos y necesitamos dos testigos. ¡Vamos! —Violet, que llevaba los labios pintados de rojo, sonrió y las invitó a entrar en el ascensor.

—Por supuesto que seremos tus testigos —dijo Amithi—. ¡Es maravilloso!

April no estaba tan segura. Violet y Sam habían estado separados durante unos meses. Aunque tenía ciertas preguntas en la punta de la lengua, se mantuvo en silencio como todos los demás, porque había más gente con ellas en el ascensor (unos hombres de pelo canoso, con traje y corbata, de aspecto muy serio).

Salieron del ascensor al llegar a la tercera planta y siguieron a Violet hasta una sala de justicia, en la que vieron a Sam pasearse de un lado para otro delante de la tribuna del jurado, cual abogado defensor a punto de soltar su alegato final. Al ver a Violet se le iluminó la cara y se abrochó la chaqueta de pata de gallo.

April aún estaba demasiado asombrada como para hablar, de modo que se quedó junto a la puerta.

Amithi la aferró de un brazo con delicadeza.

—Creo que debemos entrar y colocarnos junto a ellos.

La secretaria, una mujer con gafas, alzó la vista del monitor de su ordenador y preguntó:

—¿Le digo al juez que estamos listos?

—Sí —contestaron Violet y Sam a la vez.

30

Objeto: vestido de novia.
Fecha aproximada: 1952.
Estado: bueno, pero el forro está un poco descolorido.
Descripción: vestido corto de novia de color marfil con escote redondo y manga de casquillo. Falda de tafetán con cancán debajo.
Origen: vestido adquirido a través de la hija de la dueña. Comprado y devuelto más adelante por April Morgan. Lucido en la boda de Violet Turner y Sam Lewis.

Violet

Un domingo de octubre por la tarde, Violet estaba podando las peonías de la madre de April, en un lateral de la casa, cuando oyó que un coche aparcaba en el camino de entrada. Se quitó los guantes de jardinería y se limpió las manos en el uniforme vintage de los Boy Scouts que solía ponerse para trabajar en el jardín. Antes de comprar la casa, jamás habría pensado que podría gustarle quitar las malas hierbas de los arriates y cortar el césped del jardincito. Pero había descubierto que disfrutar del aire otoñal mientras cuidaba de seres vivos tenía un efecto calmante en ella.

Rodeó la casa y descubrió que Miles se había despertado de la siesta y estaba de pie en el porche, ladrándole al Subaru blanco de la entrada.

El coche de Sam.

Lo vio salir del coche y, en dos zancadas, atravesar el trocito de hierba que lo separaba de ella. Por un instante, creyó que iba a abrazarla, y ella se moría por hacer lo mismo. Pero la precaución y la confusión la tenían paralizada. Sam debió de percatarse, porque no se acercó más.

Lo oyó carraspear.

—La tienda tiene un aspecto estupendo —dijo—. Como si llevara aquí toda la vida.

—Gracias —replicó ella.

—¿Te pillo en mal momento?

—No, solo estaba arreglando el jardín.

Violet quería gritar «¡Basta de cháchara!». Estaba más guapo que en el recuerdo que la acompañaba desde que cortaron. Se había dejado crecer un poco la barba, y tuvo que contenerse para no tomarle la cara entre las manos y acercarse para besarlo.

—He estado de viaje espiritual —dijo él.

—Yo también.

—Si tengo mal aspecto, es porque he estado acampado en el lago Devil todo el fin de de semana.

—Tranquilo —dijo Violet—. Yo me he puesto perdida de tierra.

—Te sienta bien el conjunto —aseguró él—. ¿Tienes un tatuaje nuevo?

Violet asintió con la cabeza.

Sam extendió una mano y acarició con un dedo el contorno de la estrella de mar que Violet tenía en el bíceps, lo que le provocó un aguijonazo de deseo.

—Bueno, ¿qué has descubierto? —preguntó ella—. En ese viaje espiritual que has hecho.

Sam le acarició el brazo con los dedos hasta cogerla de la mano.

—Me he pasado el fin de semana haciendo senderismo por los barrancos y los cañones. Y no he parado de ver familias en todos lados. Ya sabes, niñas de ojos enormes con bastones y niños curiosos que recogían conchas de la orilla del lago. Me he percatado de que los padres tienen la costumbre de quedarse rezagados, ya sabes, hablando entre ellos.

Violet asintió con la cabeza. Se imaginaba a los padres, paseando bajo los árboles con sus hojas otoñales, y a los niños con sus sudaderas sucias y sus rodillas arañadas. Le daba miedo lo que Sam iba a decir a continuación. Le daba miedo la esperanza.

—Por primera vez en la vida he podido imaginarme como uno de esos padres sin tener miedo —continuó Sam—. Y creo que fue porque también te imaginé a ti corriendo detrás de un niño, llevando uno de esos vestidos tan poco prácticos que tienes.

Violet se echó a reír, envuelta de repente en una nube de alegría.

—¿A quién llamas poco práctica? Llevo puesta la indumentaria de un boy scout. ¿Qué hay más práctico que eso?

—Sí, pero mírate los zapatos.

Señaló los botines de encaje y tacón alto que llevaba.

—Vale —replicó—. Pero te aseguro que ando mejor con esto que con zapatillas de deporte.

—Ahora en serio —dijo Sam—. Quiero estar contigo, implique lo que implique. Cualquier cosa que haga contigo será una aventura. Por supuesto, soy consciente de que no hay garantías de que podamos, bueno, ya sabes, tener familia. O en el caso de que la tengamos, que se parezca en algo a las que he visto este fin de semana.

—Claro que no —repuso Violet sin perder la sonrisa—. Será más mona.

Sam le dio un apretón en la mano y se sacó un estuche de terciopelo azul del bolsillo de los vaqueros. Lo abrió para mostrarle un anillo vintage con un diamante cuadrado, engastado en un diseño plateado art decó. Ni siquiera tuvo que formular la pregunta.

En cuanto Violet vio el anillo, se desvanecieron sus miedos por casarse otra vez, por perder su libertad. Levantó las manos y le tocó la cara tal como había deseado hacer un momento antes y dijo:

—Hagámoslo.

En ese instante posaban en los escalones del juzgado mientras esperaban que April les hiciera una foto. Sam abrazó a Violet con fuerza y le levantó el velo para besarla. Los hombres y mujeres que entraban y salían del edificio los miraban boquiabiertos, pero a ella le daba igual.

—Me muero de hambre —anunció Sam al apartarse—. He estado tan nervioso durante todo el día que no he probado bocado.

—¡Ay! —Violet le tocó una mejilla—. ¿Estabas asustado, cariño?

—No, temía que te asustaras tú y salieras corriendo.

Violet se señaló los zapatos de tacón con los dedos al descubierto, de color crema con lacitos azules.

—Estamos en octubre, estos no son los zapatos más adecuados para esta época del año ni tampoco para salir corriendo. Anda, vayamos a comer algo. ¿Os apetece pizza?

—¿No quieres que vuelva a la tienda? —preguntó April.

—De eso nada. Soy tu jefa y digo que te vienes con nosotros a celebrarlo. No va a pasar nada por cerrar la tienda una tarde. Llama a Charlie y dile también que venga. Y que se traiga a esa preciosidad de niña.

—Si quieres, yo puedo encargarme de la tienda —se ofreció Amithi—. Tengo que terminar un arreglo antes de irme mañana.

—No, también quiero que vengas —dijo Violet—. Al menos un ratito.

—¿Me va a decir alguien qué pasa? Además de que os acabáis de casar, porque eso es evidente —dijo April—. No me aclaro. Creía que habíais cortado.

—Si subes al coche, te lo contaré todo de camino al restaurante —le aseguró Violet.

Los cuatro se montaron en el Subaru de Sam.

—Venga, ¿me vais a decir ya cómo ha pasado todo esto? —preguntó April—. ¿Cuándo decidisteis dar el paso?

Sam la miró a través del retrovisor.

—Hace cosa de una semana.

—¿Una semana? —April le dio un tortazo a Violet en el brazo—. Te he visto casi todos los días en la tienda y no has soltado prenda. Ni siquiera sabía que habíais vuelto. ¿Y ahora os casáis? No perdéis el tiempo, desde luego.

Sam se detuvo en un semáforo y miró a Violet.

—Bastante tiempo había perdido al permitir que mis estúpidos miedos me impidieran avanzar —dijo él.

—Y yo también —añadió Violet—. Así que cuando Sam me dijo que había cambiado de opinión sobre algo muy importante para mí, me lancé. No había motivo para esperar.

—Pero eso fue hace más de una semana —continuó Sam—. Después descubrimos que hay que esperar seis días desde que se solicita la licencia hasta que puedes casarte, y hoy es el primer día que el juez podía atendernos, así que hemos aprovechado la oportunidad.

—¿Cómo se lo pediste? —preguntó Amithi.

Sam se volvió hacia Violet.

—¿Se lo cuentas tú?

Violet se echó a reír.

—Supongo que podríamos decir que fue algo mutuo. No le di tiempo a Sam para proponerme matrimonio antes de decirle que sí.

—Pero solo lleváis saliendo desde... ¿julio? Solo han pasado unos meses —comentó April—. Ni siquiera eso, si contamos el tiempo que habéis estado separados.

—No siempre hace falta conocer a alguien mucho tiempo —dijo Amithi—. En la India, muchas personas se casan prácticamente después de conocer a su pareja. Creo que es maravilloso que os hayáis encontrado. El tiempo da igual.

Con el rabillo del ojo, Violet vio que se sorbía la nariz y que se secaba las mejillas con un pico del pañuelo azul que llevaba, el pañuelo de los pavos reales que casi le había vendido pero que acabó conservando. Se alegró al ver que Amithi, que parecía haberse endurecido por la infidelidad de su marido, aún se conmovía por el amor.

Violet se pasó el resto del trayecto llamando por teléfono y dejándoles mensajes a Karen y a Tom, así como a otros amigos que tenía en la ciudad. Les dijo a todos que se reunieran con ellos en el Greenbush Bar, la pizzería donde Sam y ella habían comido tantas veces, incluida la noche del último sábado, el día que se comprometieron.

Sam miró a Violet de reojo.

—Vas a dejar de piedra a un montón de gente cuando escuchen los mensajes.

—Bien —replicó Violet—. En estos últimos meses he aprendido que la vida puede darte muchas malas sorpresas cuando menos te lo esperas. Es agradable poder anunciar una buena de vez en cuando.

—¿Por qué no os bajáis mientras yo busco aparcamiento? —sugirió Sam.

Paró el coche delante de un pequeño edificio situado en Regent Street, sobre cuya puerta había un letrero que rezaba ITALIAN WORKMEN'S CLUB. De la fachada de ladrillos rojos colgaban banderas estadounidenses e italianas. Violet entró por la puerta y bajó una estrecha escalera en dirección al sótano del edificio, seguida de cerca por April. Violet se detuvo y se dio la vuelta.

—Espero que no te moleste que me haya puesto este vestido.

—Claro que no. Me alegro de que alguien haya podido usarlo aunque a mí se me torcieran las cosas.

Violet se alisó la falda a la altura de las caderas.

—Me sorprendió que me quedara bien. Creo que he perdido peso con tantas carreras y tanto estrés mientras organizábamos el desfile. ¿Te he dicho que la gente ya me está preguntando cuándo va a ser el siguiente?

—¿Quieres que haya otro? —preguntó April.

—¿Por qué no? Es un buen método para conseguir dinero extra y a lo mejor esta vez podemos entregar una parte de los beneficios a alguna causa benéfica. Me habría gustado hacerlo con este, pero no había bastante dinero. Creo que a lo mejor podríamos hacer una aportación a la fundación para artistas que creó Betsy. No sé, a modo de agradecimiento por todo lo que hizo por mí.

Entraron en el restaurante, que contaba con un techo bajo. Violet vio que Lane ya estaba en la barra, hablando con Charlie, que tenía a Kate en el regazo. La niña, que todavía era muy pequeña, se alegró al ver a su madre.

Lane se levantó de un salto y abrazó a Violet.

—No me esperaba ni por asomo que hubiera un banquete de bodas hoy. ¡Menuda sorpresa!

—No se puede decir que sea un banquete de bodas —replicó Violet—. Solo habrá bebidas y pizza.

Kate comenzó a removerse y a gritar en brazos de Charlie. April la cogió y dijo:

—Voy a ver si necesita que le cambie el pañal.

Mientras April se alejaba, Charlie preguntó:

—¿Dónde está el novio?

—Aparcando —contestó Violet.

—¿Quieres algo de beber? —preguntó Charlie.

Violet pidió una copa de vino tinto, pero luego se miró el vestido blanco y cambió de opinión, así que pidió una copa de Prosecco. El camarero, un chico moreno, le guiñó un ojo a Violet cuando se acercó con la copa.

—Enhorabuena, *bella*.

Sam entró en ese momento y se acercó para abrazar a Violet. Se besaron y los presentes comenzaron a aplaudir. Solo eran las cuatro y media, pero ya había unas cuantas mesas ocupadas con comensales cenando, casi todos parejas de pelo canoso y familias jóvenes. Un niño pequeño se puso de pie en la silla y levantó un puñito mientras gritaba:

—¡Beso, beso!

Violet y el resto del grupo se sentaron a una mesa redonda bastante grande. April regresó del cuarto de baño con Kate en brazos. Violet cogió a la niña enseguida. Se colocó el cálido cuerpecito en el regazo y miró a Sam a los ojos. El día no podía haber salido mejor.

—Bueno, ¿os costó descartar la idea de una gran boda? —preguntó Lane.

Violet negó con la cabeza. Ya tuvo una gran boda en Bent Creek, con toda la familia y los amigos presentes. En esa ocasión, una ceremonia íntima era lo que más le apetecía.

—Nunca me han gustado las ceremonias pomposas —contestó Sam—. Esperaba tener la suerte de encontrar algún día a alguien con quien compartir mi vida, a alguien dispuesto a aguantarme.

—Me alegro muchísimo por los dos —dijo Amithi—. Pero confieso que si mi hija se casara sin decírmelo, me enfadaría muchísimo.

—Llamamos a nuestros padres justo antes de la ceremonia —admitió Violet—. Les explicamos que no habíamos invitado a nadie, para que entendieran que no los estábamos dejando de lado. Hemos dejado de lado a todo el mundo... bueno, salvo por los dos testigos, que son imperativo legal.

—¿Cómo se lo han tomado? —preguntó Lane.

—Se... sorprendieron —respondió Sam—. Vienen ahora mismo de camino desde Bent Creek para celebrarlo con nosotros esta noche.

—Mis padres parecían tener ganas de matarme —añadió Violet—. Se tranquilizaron un poco cuando les dejé caer que uno de los motivos de las prisas es que queremos empezar una familia. La simple idea de tener nietos les cerró la boca.

—Y si bien es cierto que no llevamos mucho tiempo saliendo, técnicamente conozco a Violet desde el instituto, aunque ella ni sabía cómo me llamaba. —Sam se aflojó la corbata—. Pero estoy seguro de que a nuestros padres les pareció una locura. Eso sí, tengo treinta y nueve años y Violet treinta y ocho. No somos adolescentes.

Lane señaló a Sam con un dedo.

—Si quieres que tu matrimonio dure, no vayas diciendo por ahí la edad de tu mujer.

—Ah, me da lo mismo —terció Violet—. Cuanto más me aleje de la adolescencia y de los veinte, mejor.

—Yo creo que el tiempo que has pasado con una persona no importa —dijo Amithi en voz baja—. Lo importante es la confianza. Sin confianza, un matrimonio no puede sobrevivir.

Metió la mano en el bolso y sacó un estuche rojo que deslizó por encima de la mesa.

Violet lo abrió y se quedó sin aliento.

—¿Qué es? —preguntó April.

Violet sacó del estuche unos pendientes de oro con relucientes piedras rojas que colgaban de los extremos.

Amithi sonrió.

—Los llevo en el bolso porque tenía pensado venderlos en una joyería. Pero no soportaba la idea de que fueran a parar a manos de algún desconocido.

Violet cerró el estuche.

—No puedo aceptarlos. Son demasiado valiosos.

—Si no los aceptas, me lo tomaré como un insulto personal. —Amithi cruzó los brazos por delante del pecho. Pero después suavizó la expresión—. Por favor, acéptalos.

Violet se puso los pendientes.

—Te sientan muy bien. Mi madre se sentiría orgullosa al verte con ellos puestos. Mis padres llevan casados más de sesenta años. Ojalá que tú también conozcas tantos años de felicidad. —Amithi se levantó de su asiento—. Ahora, con todo el dolor de mi corazón, tengo que abandonar la fiesta y volver a la tienda. Prometí tener preparado el vestido que estoy arreglando para esta noche, antes de irme de la ciudad, dado que estaré ausente bastante tiempo.

—Que tengas un viaje maravilloso con tu hija —le deseó Violet—. La sala de costura te estará esperando cuando vuelvas.

—¿No te lo había contado? Cuando vuelva de la India, me iré a Nueva York para asistir a unas clases de diseño. Es algo que siempre he querido hacer pero que no he podido por tener que ocuparme de mi familia. Espero aprender a crear mis propios diseños para hacer ropa a medida en vez de simples arreglos.

—¡Qué bien! —exclamó Violet. Bajó la voz antes de continuar—: ¿Has decidido ya qué vas a hacer con tu marido?

—Hemos quedado en vernos en la India. Va a prepararme un desayuno. Me ha estado mandando mensajes de correo electrónico con fotos de las distintas recetas que ha estado probando. —Amithi sonrió—. Y después de eso, ya veremos. Dado que Naveen ha tardado tres décadas en contarme lo sucedido, lo menos que puede hacer es darme todo el tiempo que necesite para aclararme las ideas.

Violet se puso en pie y abrazó a Amithi.

—Ojalá que todo te vaya bien, implique lo que implique —dijo.

—Bueno, Violet —dijo Lane una vez que Amithi se fue—, sé que llevas algo antiguo. Siempre lo llevas. Y he visto que llevas lazos azules en los zapatos. ¿Tienes algo prestado y algo nuevo?

—Bueno, técnicamente el vestido es prestado —dijo Violet—. Dado que va a ir de vuelta a la tienda tras el día de hoy para que otra persona lo compre y añada más anécdotas a su historia. A menos que tú lo quieras, April.

La aludida negó con la cabeza.

—No después de cómo salieron las cosas la última vez.

Charlie esbozó una sonrisa culpable.

—Sé que lo pasaste fatal por mi culpa, pero al final las cosas han ido bien, ¿no?

April miró a Charlie y luego a Kate, a quien Violet aún tenía en brazos.

—Sí, supongo que han salido bien.

Lane soltó su copa y dijo:

—Vale, el vestido es prestado, los pendientes son antiguos y llevas azul en los zapatos, pero ¿qué es lo nuevo?

—¿Tengo que llevar algo nuevo? —preguntó Violet—. Nunca llevo cosas nuevas. Menos la ropa interior, claro, y por desgracia, hoy llevo un conjunto que tiene ya un tiempo. —Miró a Sam—. Lo siento, cariño.

Sam se limitó a sonreír.

—Yo veo algo nuevo —dijo Charlie.

Violet se miró el conjunto que llevaba.

—¿El qué?

—A la pequeña Kate, en tu regazo.

Violet miró a la niña, que dormía en sus brazos con la boquita fruncida.

—¿Eso cuenta? —preguntó Lane.

—Ay, sí, claro que cuenta. —Violet acarició la suave cabecita de la niña con la nariz y susurró—: Y nunca dejes que alguien te diga lo contrario, aunque cometas mil errores.

April levantó su copa.

—Por las segundas oportunidades.

Todos los comensales sentados a la mesa redonda del sótano brindaron.

Violet extendió el brazo para brindar con Sam y vio que este tenía la vista clavada en su tatuaje nuevo. Por fin había desaparecido la rojez y la estrella de mar azul y verde resaltaba en su blanca piel. Le gustaba mucho el resultado final, pero aún prefería su antiguo tatuaje, de modo que lo miró en ese momento. El fénix se alzaba, fuerte y majestuoso, por debajo de la manga de casquillo del vestido vintage.

AGRADECIMIENTOS

Este libro es el resultado de muchas manos. Mi más sincero cariño y agradecimiento a mi marido, Bill Parsons, por la paciencia demostrada a lo largo de todo el proceso. También me gustaría agradecer de corazón a mis padres, Frank y Kerry Gloss. Me animaron a escribir desde muy joven y, recientemente, me han proporcionado incontables horas de canguro gratis, al igual que hicieron mis maravillosos suegros, Bill y Peggy Parsons. No podría haber escrito una sola palabra si mi hijo no hubiera estado en tan buenas manos mientras yo trabajaba. La familia es el hilo a partir del cual se teje esta historia.

Una mención especial merecen Christina Hogrebe y sus compañeros de Jane Rotrosen Agency por su experta guía y su apoyo a *Club Vintage*. También les estoy agradecidísima a Rachel Kahan, a Trish Daly y al equipo de William Morrow. El entusiasmo de Rachel por este proyecto quedó patente cuando, antes de hablar siquiera por teléfono, se compró un vestido vintage de Diane von Furstenberg a través de mi tienda online. En ese momento supe que Rachel sería la editora perfecta para las historias de Violet, April y Amithi.

Además, me gustaría mencionar a mis grupos de escritura, las *Novellas* y las *Inkwellians*, y sobre todo a mi compañera de críticas, Rebecca Anderson-Brown, que ha leído más borradores de los que nadie debería leer, muy deprisa y a menudo sin previo aviso. Amy Robb contribuyó con su afecto por la tecla de «suprimir», y Kavita Mohan y Padma Shankar me ofrecieron una visión íntima de la experiencia de ser indio en Estados Unidos. Lectoras como Kori Yelle y Suzan Headley me ayudaron a poner muchas cosas en perspectiva. Kelly Harms compartió su conocimiento sobre la experiencia de descubrir que tu pareja te es infiel, mientras que Nick Wilkes, Autumn Burns y Corinn Swinson me ayudaron a plasmarlo de la forma adecuada en papel.

Por último, les debo una muestra de gratitud al personal de la cafetería Barriques en West Washington, por dejarme terminar siempre una última frase después del aviso de cierre.

El papel utilizado para la impresión de este libro
ha sido fabricado a partir de madera
procedente de bosques y plantaciones
gestionados con los más altos estándares ambientales,
garantizando una explotación de los recursos
sostenible con el medio ambiente
y beneficiosa para las personas.
Por este motivo, Greenpeace acredita que
este libro cumple los requisitos ambientales y sociales
necesarios para ser considerado
un libro «amigo de los bosques».
El proyecto «Libros amigos de los bosques» promueve
la conservación y el uso sostenible de los bosques,
en especial de los Bosques Primarios,
los últimos bosques vírgenes del planeta.

Papel certificado por el Forest Stewardship Council®

FSC
www.fsc.org
MIXTO
Papel procedente de
fuentes responsables
FSC® C117695